project
Origami

數學摺紙計畫
30個課程活動探索
Activities for Exploring Mathematics, Second Edition

湯瑪斯‧赫爾 THOMAS HULL ◎著

臺灣師範大學數學系教授
游森棚◎審訂
鹿憶之◎譯

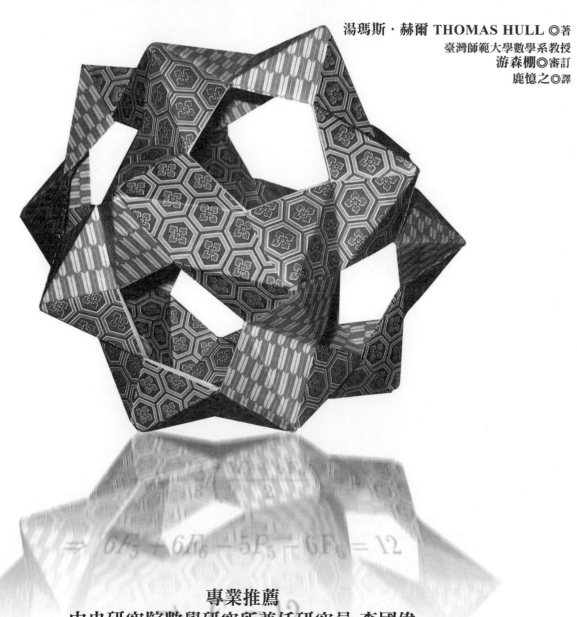

專業推薦
中央研究院數學研究所兼任研究員 李國偉
科學文創有限公司創辦人 余筱嵐

世茂出版

目錄

摺紙：數學教學的寶庫

讀者手上這本《數學摺紙計畫》是一本非常特別的摺紙書。

這本書透過三十個摺紙專題計畫（project）介紹各式各樣的數學理論。每一個計畫的活動都設計成學習單講義的模式，透過摺紙的實際操作解答講義的問題，然後引進背後的數學理論。

單純喜歡摺紙的人，可以不用理會這些數學理論。一樣可以透過學習單講義享受摺紙的樂趣。但這本書的野心與目標是連結摺紙與數學。對於同時喜歡摺紙與數學的學生、懂得欣賞幾何之美的學生、現任或未來的中小學數學教師，甚至數學系的教授，這是一本難得的結合數學，摺紙，與教學的夢幻之書。

年少的青春

應出版社邀請寫這篇導讀，使我回憶起年少時沈迷於摺紙的時光。我個人對「規則簡單卻能千變萬化」的事物（比如音樂、數學、文字、手工藝等）有天生的偏好。摺紙的規則簡單，但具多種變化，完成的作品有高度的美感，中間又藏著抽象的理論，剛好切中我心。因此我很早就關注摺紙（四十年前讀小學時我就用零用錢買摺紙書了）。而我有系統的蒐集摺紙書與資訊，可以追溯到三十年前。多年下來書架上蒐藏的摺紙書已不計其數。本書第一版在 2002 年出版時，我就已經從美國郵購了一本珍藏。

摺紙受到學界重視是近二十年的事，因此此間理論的發展有相當的進展。第二版不管是在數學深度，摺紙內容，活動設計上都比第一版更加豐富，整整多了一百多頁的篇幅！

我一直以為享受摺紙的魅力是只能獨樂樂而不足為外人道的樂趣。再加上人人聞之色變的數學，就更不用提了。現在竟然能有中文版的出版，是以前的我完全無法想像的。底下且讓我簡單導讀一下這本書。

摺紙的演進與摺紙的數學

在數十年前，「摺紙」基本上都還停留在對基本基礎形（base）的改變——比如折紙鶴時得到的鳥基礎（birdbase）可以折出一系列各式各樣的鳥。80 年代日本與歐美都各自出現了革命人物：日本的前川淳（Jun Maekawa）把折線的角色和折疊原理做了根本的分析，美國的 Robert J．Lang 用解構的方式設計新作品，從此摺紙界進入爆炸性的進展。摺紙界流傳一句豪語：沒有什麼是一張紙折不出來的！

隨著大量新的摺紙好手投入，眾多不可思議的作品紛紛出現。摺紙的數學面向也開始被挖掘。不僅包括了原本摺紙界就知道的模組摺紙（Modular Origami）——即利用諸多同樣小單位拼成一個立體的摺紙，更產生的新的折紙數學理論。這些新發掘的理論除了將摺紙與

數學的各面向連結之外，比如摺紙公理化，剛體摺紙等更有內在的數學深度。甚至，一些摺紙引出的數學問題至今仍無法解決。

但是回到摺紙本身，規則是如此簡單——只需一張紙和一雙手就可以了。這些，使得摺紙在數學教學上成為一個易入門又豐富的寶庫。

用摺紙學數學

這正是這本書的切入點。這本書的理念是「摺紙背後有數學，而且可以用摺紙學數學」。

我自己在教代數的群論或組合數學時也會讓同學摺紙，也曾到不少學校演講過摺紙與數學。學生的反應通常非常熱烈，因為數學只有在真正動手做過才會深刻理解。本書作者蒐羅可以用摺紙呈現的數學題材，累積到足以成書的份量，已經非常不簡單。

這本書的架構是這樣的：全書包含了三十個課堂活動。每個活動包含三個部分。

第一部分：活動的簡單介紹，並說明此活動適合哪些課程使用

第二部分：講義（即我們所說的學習單），常有數個版本可供挑選

第三部分：講義的解答，以及背後的數學理論，評註與教學法建議與可能的延伸活動。

以活動一為例：

第一部分：活動一的目的是在正方形中折出正三角形，適合微積分先修，初等代數，三角函數，幾何課，微積分最佳化，建模等。

第二部分：有三個版本的講義可供挑選。

第三部分：用代數，三角，幾何，微積分來分析問題。

不像一些科普書籍用與數學無涉的故事充篇幅，本書的題材與數學的分析真的都是言之有物。市面上談摺紙與數學的書其實有不少，但多半只關注以下幾個面向之一：多面體，畢氏定理，螺線，圓錐曲線。

以上這些面向的確都很有趣。但是這本書探討的數學遠不只此。身為一個熱愛摺紙的數學家，我必需說本書牽涉到的數學題材的多元讓我嘆為觀止，遠遠超過一般談摺紙與數學的書。底下再給出一些關鍵字，有一些數學背景的讀者可以很快地理解這本書的廣度：三角函數、解三次方程、三等分角、等份線段、巴克球、環面、碎形、矩陣、剛體運動、雙曲拋物面、同態、高斯曲率。

這些數學主題愈到後來愈加深入，最後幾個已經完全脫離中學數學，進到高等數學。這樣廣度討論數學與摺紙的書，目前找不到第二本。

教學的熱情

本書作者湯瑪斯‧赫爾（Thomas Hull）是美國麻州西新英格蘭學院（Western New England Colleague）的數學系教授。西新英格蘭學院是教學研究型大學。這一類大學中不乏許多專業實力堅強，但是對教學懷抱極大熱情的教授，對教學內容的鋪陳，設計與呈現有非

常獨特的見解——赫爾就是這樣的教授，這本書就是他真真切切在課堂上開「摺紙數學」這門課所用的材料。其中若干內容也用在幾何學、圖論和微積分課堂上。

　　這些題材的呈現經過作者精心的設計，更不容易的是真正的實地試教與反饋。作者非常誠懇，每一個活動都需要的時間，給教師的各種建議（甚至包括要去哪裡拿免費的紙，要用什麼紙效果最好），以及課堂上學生可能會有的反應，也非常翔實地敘述，數學理論更是紮實。這樣具有真材實料數學專業，又熱愛教學的認真實在令人感佩。

　　這本書牽涉到的數學面向非常廣且愈來愈深，譯者也做了相當的努力，將原作者的熱情做了忠實的傳達。欣見中文版的出版，這是出版社的遠見。因為十二年國教已經開始實施，未來的數學課堂有許多的分流機會，教師自主與設計課程的能力就需要更加靈活。最近已經有若干教師設計出一些利用摺紙的教學教案，是相當可喜的。期待這本書能使台灣的數學課堂更加精彩，更加豐富，也更加熱鬧。

國立臺灣師範大學數學系教授游森棚

第二版前言

本書《數學摺紙計畫》第一版首發於西元 2006 年，後續我收到很多回饋。每學期我都會收到電子郵件，讀者以各種方式運用此書；有些是大學教授，有些是高中老師，告訴我某些課程活動案的效果很好、他們的想法以及對學生奏效的教學法。有些電子郵件甚至來自學生，想要我指點一下他們的研究計畫，或能否提供進一步資源以供探索。其餘則是來自摺紙數學愛好者的致謝。

至於我自己，當然也經常使用本書！我在美國梅里馬克大學（Merrimack College）和西新英格蘭大學（Western New England）教授數門摺紙數學課程，並且在教授大學程度幾何學、多變數微積分（multivariable calculus）、圖論（graph theory）時，都會採用本書的活動教案。

所有教師都知道，教學行動並非由教師往學生的單向訊息流動，而更像是一個雙向回饋循環，教師藉由觀察學生的學習與反應，也學到新事物。因此，經過數年第一版《摺紙計畫》的相關電子郵件及我個人的教學之後，也產生了新活動案。我的想法來自與學生、同事的對話；有時是學生在網路或其他書籍上面看見一個摺紙模型，開始問我相關的數學問題。我在察覺到這種情形之前，已累積了將近半打的摺紙數學活動材料，因此勢必有寫作修訂版的需要。

這種藉由振奮和本書讀者所產生的新材料，是寫作修訂版令人愉快的一面。不過也有尷尬的一面，在於任何包含大量訊息並廣為使用的一本書中，都會發現訛誤。我得到許多誤差回報（或我自己發現的）如果是歸類於錯別字或不幸的遺漏，很容易訂正。然而其他仍有屬於數學上的誤差。儘管事實上第一版本手稿已經過全美數十所學院與大學教授（及學生）的大規模測試，仍有數學上的誤差沒有被抓出來。

其中最嚴重的誤差是在「五交四面體（Five Intersecting Tetrahedra）」活動中。第一版的活動解答的確很接近，但並非百分百正確。在修訂版中不但改正了，而且實際上這個新解答還比舊版更為簡單。

籌劃第二版的過程，讓我有機會重新閱讀全書。經過第一版發行五年後，關於呈現或教導教材最簡單方式的觀點，有部分已經改變，我感覺開心又驚奇。甚至相對來說結果較為直

觀的呈現方式，如平面頂點摺疊（flat vertex folds）的矩陣模型，看來還有改進的空間。因此，本書幾乎所有第一版的活動都經過重新編輯，進一步改善了解答和教學提示。

　　在我看來，第二版比第一版更加完善。目錄表從 22 個活動擴增為 30 個，增加新頁數超過一百頁，來自於我自己與其他數十人（詳見「致謝」章節）的進一步經驗，也大幅改善了許多其他活動部分。我希望你會贊同，一切都值得！

湯瑪斯・赫爾 Thomas C. Hull
西新英格蘭大學
美國麻州春田市

導讀

我為何寫這本書？

本書是我對於摺紙數學所希望各種主題的第一本，源自於我一生對摺紙與數學兩個學科的熱情。在我八歲的時候叔叔送了一本摺紙教學書，從此開始學習摺紙。還記得那是一本日文翻譯書，其中許多說明都看不懂，但我依然設法找出解答，不過由於某種原因而停擺。大約同時我發覺自己擅長數學，加法和乘法模式都很容易記憶（又有趣）。我的印象還很清楚，那幾年我注意到摺紙和數學之間的連結。有次我摺了一隻動物，可能是常見的紙鶴，卻沒有直接放入那內容物愈來愈多的摺紙模型盒子裡，而是小心翼翼地再把它展開。摺疊線條的圖案在紙上看來綜橫交錯，多麼可愛。顯然地，在我看來，裡面有一些數學。線條圖案必定遵守某些幾何規則，但這些規則的認識已超出了我的理解範圍；無論如何，當時我是那麼想的。

接下來我與摺紙和數學相遇的相交路口是在大學時代，當時我已精通複雜級摺紙，並將約翰・蒙特羅爾（John Montroll）、羅伯特・朗（Robert Lang）、前川淳（Jun Maekawa）和彼得・英格（Peter Engel）的書全部吞下。（見[Eng89]、[Kas83]、[Lang95]、[Mon79]）。我參加過幾次在紐約市舉辦的摺紙大會（由現在稱為OrigamiUSA的非營利組織所主辦），甚至還發明了一些我自己的摺紙設計。我也拿了幾門數學課，考慮以數學科學為一生所職，但後來發生一件事，迫使我思考和探索摺紙和數學的交集——我買到一本經典摺紙書，笠原邦彥（Kunihiko Kasahara）和高濱利惠（Toshie Takahama）所著《行家的摺紙》（*Origami for the Connoisseur*）[Kas87]。起先我以為這只是另一本複雜級的摺紙書，事實上我買這本書就是因為裡面包括約翰・蒙特羅爾威名遠播的劍龍模型說明步驟（無可挑剔的細節，由一張正方形紙摺成，沒有切割），但我不知道這本書還包括一些會抓住我興趣的說明；就像一隻誤入迷宮的老鼠，我在裡面拖了幾十個小時走不出來。

這本書是我首度見到組合式摺紙（modular origami），裡面用許多小正方形紙，摺成完全相同的「單位」，然後嵌在一起，組成各種形狀。《行家的摺紙》裡面的單位，使得人們可以用於展現所有柏拉圖多面體（Platonic solids，又稱「正多面體」）：四面體、立方體、八面體、二十面體和十二面體。在讀此書之前，我對於這些多面體只有一些鬆散的認識，但在摺了很多很多、甚至上百個單位，製作各種多面體後，我變得和這些形狀親密無間。可以這樣說，組合式摺紙算是我在多面體幾何方面的第一個師傅。

　　回想起來，現在我才看清發生了什麼事，雖然當時我只覺得製作漂亮的幾何物件來裝飾宿舍很有趣。摺紙卻教導我，讓我悠遊其中，探索和熟悉各種多面體。如何安排各單元的頂點來組成一個截半立方體（cuboctahedron，又稱立方八面體）？我需要不同顏色各多少個單位，以製作一個有趣的彩色截半二十面體（icosidodecahedron）？

　　多年以後，在研究所和擔任教授期間，我首先在梅里馬克學院和西新英格蘭大學持續蒐集所有與摺紙數學相關的一切。由於許多資源不易發現，或對圖案僅只有一些提示，我經常不得不自己投入研究，才能把零碎資訊拼湊起來。過程中，我看見摺紙與各種數學主題的各種交會，從比較明顯的幾何學範疇，到代數、數論和組合領域。似乎我知道的愈多，摺紙數學的分支便愈延伸擴張。

　　這次蒐集摺紙數學教材的驚豔，給予我靈感，隨即開始為大學生、高中生和老師們講課，從此，我對摺紙的興趣，清楚地轉變為一種數學教育的工具。我經常遇見老師們問我，想要知道哪裡可以取得更多資訊，好讓他們能在教室裡運用摺紙。後來終於出現幾本書，例如 [Fra99] 提供組合式摺紙的運用方式，來教導幾何學概念，但仍沒有屬於大學層級的摺紙教學，或主題仍受侷限。

　　這就是本書誕生的原因。我的目標是將我所發現的許多摺紙數學不同層面，加以編纂，使得大學和進階先修高中老師都容易在課堂上使用。

如何運用本書

　　本書包括 30 種活動教案，涵蓋各種數學範圍。目的是讓各大學甚至高中的數學教師，都能找到可加以運用的材料。

　　每個活動一開始都會列出適合的數學主題。你可利用附錄相交比對，就課程內容選擇適當的活動教案。

　　然而，重點是必須了解，這些活動其中有許多都可以應用在各種課程中，作各種不同層級的有效運用。例如任意角三等分（angle trisection）的活動，一直很受到高中幾何學老師的歡迎，不過此活動也在較高級的伽羅瓦理論課程中，可作為參考圖示。PHiZZ 單位巴克球（Buckyball）活動，不但是大學文組通識數學課程很好的延伸計畫，也提供了圖論學生的實作機會，探索三邊線著色立方體平面圖和四色定理的關聯，更別提在高級幾何學課程中還可提供測地線球面（geodesic spheres）分類的機會。

　　簡言之，運用本書有一個關鍵字：靈活度。每個活動都包括可以影印和班級一起使用的講義，並為教師講解解答提供重點，如何使用講義，教學法的建議事項，以及可進一步採取的方向。

　　但我鼓勵你，你可以根據班級、時間狀況和摺紙興趣，可以找到自己運用這些教材料的方法。或許你可以同時利用兩個活動「在正方形中摺一個正三角形」和「摺紙可將任意角三等分嗎？」進行教學。或許你只想要利用一部分講義，加上自己想要研究的問題。或許你的班級適合將這些活動用來當作家庭作業或課外分數。或許其中有些活動可以用來為進階的高級研究計畫打好基礎。或許你可以花一整年時間在大學或高中社團裡面運用這些活動。

　　為盡可能提供讀者更高的靈活度，出版商 A K Peters / CRC Press 已將本書所有講義放在網路上。許多測試這些活動的教授取得講義的 PDF 版本，進行修改，以供使用。有些人複製圖形，製作獨立的檔案，以便編寫自己的文字並修改問題。還有人刪除某些問題，或將數個活動組合為一個。也有人為學生加入更多解釋。老師是最了解自己學生的人，因此我們把制定活動的能力交給你，請任意使用。

　　講義的網路 PDF 版本，請到 CRC Press 網站下載：見 https://www.crcpress.com/Project-Origami-Activities-for-Exploring-Mathematics-Se cond-Edition/Hull/p/book/9781466567917。（或可到 CRC Press 官網搜尋本書名 Project Origami，進入網頁後尋找左下方「Downloads / Updates」）

　　我對於大家如何利用這些活動教案特別有興趣，所以如果你有自己的調整或發現有趣的運用方式，請隨時將你的經驗以電子郵件分享給我：thull@wne.edu。

發現式學習

　　本書所有活動背後的主要教學方法，都是活的、發現式的（相對於例如，演說式的教學法）。由於裡面具有邏輯的選擇，在此值得解釋一下。

　　運用摺紙來教數學，主要的吸引力之一是它需要動手參與。在大家忙著摺雙曲拋物面時（見活動 29 剛體摺疊之一），不可能有人躲在教室後面或打瞌睡。摺紙的定義就是要實際操作，因此摺紙自然成為主動式的學習。我們甚至還可以提出這樣的爭論，摺紙的時候，特別是製作幾何模型時，會發生潛在的數學學習。倘若學生沒有基本認識，就不可能利用 30 個 PHiZZ 單位做出一個十二面體。

因此，選用摺紙作為較有統整性的數學指導時，較為簡單的選擇是讓學生**自己去發現**。這種數學的教學方法，使得學生可以自行探索，發現基本原理和定理；這個理論首度由大衛・韓德森（David Henderson）在大學階段的幾何學課程（見[Hen01]）所提出。教學法不僅基於探索，同時在學生探索之際，也能**學習如何詢問正確的問題**。

我試圖想利用本書的講義，來達成這個目標。一部分的講義嘗試引導學生提出正確問題，導向定理，像芳賀和夫（Kazuo Haga）《摺紙》（Origamics）一書中的活動。其他像是「探索平面頂點摺紙」活動，解答故意安排為開放性的。這種開放式活動的具體目的，可在學生提問和建立推想中，加強學生的經驗值。

我強烈鼓勵教師不要迴避這種教學法。教授經常認為要更加強指導學生建立推想的藝術。但是，學習這個過程的最好辦法，就是練習。有些學生的表現，就像他們在等待有人要他們進行推想練習，他們一旦開始就停不下來！也有些學生在進行開放式功課上確有困難，不過困難依然是來自不知道正確提問。這樣的學生可多進行蘇格拉底式對話，往往幫助很大。

例如，一個在平面頂點摺疊找不到任何圖形模式的學生，教師可以問：「看看山摺和谷摺，看得出摺痕有什麼變化嗎？」如果沒有用，可用一個更具體的問題：「頂點的摺線有幾條？」讓學生可以繼續進行。這些問題有助於學生發現，原來摺紙是一個實驗室。數學不再只是一種心理的抽象存在，而是變得有實體，可以抓在手中，可以數數，用來計算，產生模式、推想和定理的流動。

一個人對於使用自己名字的感覺，會使學生感受到很大的所有權。當然，事實上，在一個可摺疊平面上的頂點，山摺和谷摺的摺痕的差必為 2，稱為 Maekawa 定理（參見活動「探索平面頂點摺疊」）。但這個定理也可用任一個學生的名字命名為「丹尼爾的推想」等，讓班上的學生去發現，去證明。

然而，值得注意的是，百分百完全基於發現式的指導方式，並不適合每一位老師。對於講課式較為熟練的教師，可以在課堂上進行 20 分鐘的活動，然後將重點和學生觀察以解說來進行。不過，看見學生們自己想出來的東西，可能更有趣，可以請一些學生把自己的想法分享給全班。

我們都清楚發現式教學法的價值，可提供學生體驗數學研究者的經驗。如果你的目標之一是幫助訓練學生進行自主研究，或高級總整（Capstone）經驗，那麼請務必試試這種方

法。其實想一想，關於數學探索究竟所需要的技巧和經驗是什麼，你可能會完全改變你的課程教學方式。例如，數學研究者非常重要的是要知道，不成功是沒關係的，因為失敗是發現過程的一部分。因此，當在課堂上探索這些摺紙活動時，教師應該有所準備，知道學生可能**作不到**，但學生也知道這樣沒關係。由此我們引申到下一個主題。

作好準備

這些活動所需的準備有用有幾種形式。

首先，如果活動具有強大的摺疊組件，例如摺疊模組單位或摺紙鶴，教師 需要事先練習。更重要的是，教師在練習的時候需要思考，如何將摺疊過程向整間教室的學生解說，或怎樣幫助想不通、作不到的學生。教摺紙與數學教學相當不同，牽涉到需要藉由「展示與討論」來傳達三維動作，但有些人就是難以將二維指導，轉為手指與摺紙的三維動作。請**永遠假設**有些學生就是需要摺紙步驟的一對一指導。

如果有技術支援，請使用實物投影機（如 Elmo 等機型），非常有幫助。摺紙的時候可將紙張放在投影機鏡頭下方，影像就會投影到螢幕上，如此全班同學都看得到你手的動作，就像在你身邊看一樣。以我的經驗來說，這是一次指導整個班級摺紙最有效的方法，也可以詳細展現把模組單元組合起來的樣子。模組單元通常很小，不錯的投影機還可以調節放大，一一呈現正確組合單元的細節。

但是請注意，例如在進行巴克球摺紙活動時，教師對裡面PHiZZ單位的熟悉程度當然很重要，也應該知道組合程序要如何進行，可以獨力製作一個 30 單位的十二面體（以及適當的三色），不過其他長程計畫則可以留給學生探索。教師不太可能有時間事先製作一個 270 單位的巴克球或 84 單位的圓環；雖然這些計畫很有趣，拿來裝飾辦公室也很壯觀。應多鼓勵學生嘗試大型計畫，事實上，你不親自完成，表示反而可以使學生得到額外的成就感。

除了摺紙本身，不用說所有教師都必須將這些活動根據自己課堂的需求另作調整。想要活動進行成功，你自己對活動的目標和期望就必須很明確。你的主要目標是加強學生認識歐拉公式及運用嗎？（如巴克球活動）還是讓學生能實際動手操作 $\mathbb{Z}_n$ 代數和數論？（如線條和結的摺紙活動、藤本近似摺法活動）還是你的主要目標是要促進課堂更積極參與，使學生自行探索和發現數學？

這些問題的答案，讓你能夠想清楚該如何在課堂上使用這些活動：動手操作安排多少時間，團體討論又要安排多少時間，要不要事先把摺疊說明當作家庭作業，還是希望學生在課堂上自行提出很多推測。當然我們任何人在第一次嘗試新活動的時候，特別是一個積極主動或基於發現的學習元件，我們需要想成是一個實驗。等到第二次想要利用任何這些活動的時候，準備就會減少。

準備紙張

怎樣準備紙張的問題有點複雜，完全要根據你或學生要摺疊的是什麼。有許多不同類型的紙，有些計畫和活動可以任意選用紙張，不必在意類型，但為了學生和教師作業順利，還是有適合的紙張，我會分別加以說明。

關於 PHiZZ 單位、平頂點摺疊、芳賀和夫定理、矩陣模型、蝴蝶炸彈活動

我推薦三寸正方形 memo 紙，到處都買得到（3 美金約可買 500 張），辦公文具用品店有售，也有各種顏色可選擇。可到便利貼架子附近找，但請確認，以免買成便利貼！（便利貼黏膠部分在摺紙、組合模組時會妨礙操作）memo 紙最好選有塑膠盒裝的，因為盒裝比無盒裝的形狀更平整。另外，仔細找雙面都空白的 memo 紙。如果不幸只找得到單面空白，另一面有印字的也可以，說不定學生會覺得挺幽默的。

名片

要是你被名片模組的摺紙蟲吃了（是的，本書有很多模組單元都是用名片摺成的），會變得特別喜歡收集大量廢棄卡片，有時這樣做並不困難。你可以造訪印製客戶名片的辦公文具用品供應商或印刷廠，詢問有沒有不要的名片。通常這些地方都有一些印製錯誤的卡片，或是幾個月都沒有人來取件。如果你告訴他們，你想要這些沒用的名片，通常都能順利拿到。

當然，如果拿不到，也可以購買空白名片，但有印刷的名片會有趣得多。平時多注意有顏色或圖案設計精美的餐廳名片，每次拿 10 張左右即可，慢慢建立收藏。你還可以事先要求學生準備名片，帶到課堂上。

紙條（摺紙結）

一般不容易找到紙捲。舊型電報紙捲很理想，但你也可以使用會計紙捲，像一些簿記員用計算器將計算結果印出來的那種，或是收銀機紙捲。你通常可以在辦公文具用品店買到。

專用摺紙

這種紙一面有顏色，另一面白色，摺紙專家常稱kami，這是日文紙張之意，專門用來摺紙，一般認為是「專用摺紙」。如果你想讓學生摺紙鶴或其他傳統摺紙模型，大約就會用這種紙（摺紙鶴並著色活動）。可在任何美術設或辦公文具店找到。在美國買通常是一百張正方形各色色紙，邊長六英吋，約五、六美元。或是到OrigamiUSA網站上面訂購（一間美國非營利組織。如果你喜歡摺紙，或想要摺紙，可以參加會員，它會寄雜誌給你，你可以登入會員看專屬網頁，參加摺紙大會，會員的消費可以打九折。見http://origamiusa.org）。

其他選擇（關於五交四面體）

你可以用的最基本紙張是複印紙。美國辦公室有一堆 8.5×11 吋的美規 Letter 回收紙（215.9mm×279.4mm），或是你也可以使用 A4 紙，只要裁成正方形即可。這些平整的紙可在任何情況下使用，用途廣泛，適合各種課程。例如摺紙鶴或五交四面體，而且用來摺五交四面體特別好，因為影印紙比摺紙專用紙還要厚。而且如果想要不同顏色的影印紙，也很容易在各書店、文具店或學校影印裝訂中心取得。

我在美國取得正方形紙和名片（還有紙條），有一個很好的的資源是學校裡面的影印裝訂中心，並不是人人的學校都有一間友善的影印裝訂中心，但值得去拜訪他們試試看，告訴他們你的班級在學摺紙，他們可能會樂意幫你把紙裁成所需的尺寸，或送你廢棄的名片，有些可能還有現成的長紙條。

其他資源

在每個活動中，我都會提供關於摺紙材料和購買地點的參考，以及哪裡可以搜尋進一步訊息。

由於對摺紙數學有興趣的人不斷增加，現在市面上已經有一些專題介紹的書籍，有些書籍其中有幾個摺紙相關章節，會介紹其他專業書籍及一些資訊，這些資訊對於某些摺紙數學主題可能很有價值，因此我也特別會寫在這裡。

《伽羅瓦理論》（Galois Theory by David Cox [Cox04]）這本書非常好，David Cox是一位優秀作家。本書第十章專門談論幾何結構，裡面的第 3 節才是關於摺紙。這部分可能是已知關於代數和伽羅瓦理論法相關的摺紙幾何構造，是目前最好的解釋。教師若對「拋物線摺紙」、「摺紙能作角三等分嗎？」以及代數進階課程相關的「解三次方程式」等活動有興趣，應參考這本書。

《幾何摺疊運算法》（Geometric Folding Algorithms: Linkages, Origami, Polyhedra by Erik Demaine and Joseph O'Rourke [Dem07]）。這本書是對計算摺紙領域有興趣的任何讀者都必讀的一本書，裡面有各種問題，從困難到簡單一應俱全。如書名所示，作者主要是在探討摺疊和展開的關係（可視為一維摺疊），以及紙張、多面體。對於這些主題屬於理論計算機科學感到疑惑的人，都應該讀這本書，認識機器人、蛋白質摺疊等許多相關應用。《幾何摺疊運算法》書中所提到的數學部分大多與本書一致。

《幾何摺紙》（Geometric Origami by Robert Geretschläger [Ger08]）。本書重點在於摺紙幾何結構，提出一種非常公理化和綜合性的方法。對幾何學以及「拋物線摺紙」、「摺紙能作角三等分嗎？」等活動有興趣的人，也會喜歡這本書。

《摺紙學：紙張摺疊的數學探索》（Origamics: Mathematical Explorations Through Paper Folding by Kazuo Haga [Haga08]）。這本書是集結許多芳賀和夫日文著作的英文翻譯本，使用非常簡單的幾何摺紙問題，使學生能夠沉浸在數學的發現過程中。芳賀和夫的幾何摺紙方法相當獨特，你可試摺他的摺紙活動，便能體會到這種樂趣。喜歡的話請務必購買。

摺紙《摺紙學 3》、《摺紙學 4》、《摺紙學 5》（Origami[3] [Hull02-2], Origami[4] [Lang09], and Origami[5][Wang11]）。這三本書分別是「摺紙科學、數學和教育協會」（Origami Science, Mathematics, and Education，簡稱OSME）召開國際會議的第三、第四、第五屆會議

記錄。前兩屆會議分別在義大利（1989）和日本（1994）舉行，但當時的會議記錄已付之闕如。後來的會議記錄則保留了印刷文件，呈現了當時優秀的摺紙科學、數學和教育。身為其中一冊的編輯，我要偏袒地說，無論你喜歡什麼樣的摺紙，都會發現這些書中的文章很有趣。若想讓學生看見目前摺紙學研究的最新趨勢，請確保學校系圖收藏此套書。

《摺紙設計的秘密》（Origami Design Secrets: Mathematical Methods for an Ancient Art, Second Edition, by Robert Lang [Lang11]）。羅伯特·朗（Robert Lang）是以創作複雜的藝術摺紙模型聞名的創作者，本書即是他的大作。書中詳細描述了作者特有的TreeMaker演算法及其他摺紙設計的技術。本書中的活動雖然都沒有直接與《摺紙設計的秘密》相關（例如，請試著回答以下問題：「怎樣不用裁紙，將一張正方形紙摺成一隻昆蟲？」）摺紙設計是現代摺紙家運用摺紙數學原理（例如，在「探索平頂點摺疊」活動中所呈現的前川定理和川崎定理）所發展的一種摺紙法。摺紙摺上癮的學生應購買此書。對於摺紙設計領域有興趣的人，這是一部重要參考資料。

《數學反想》（Mathematical Reflections: In a Room with Many Mirrors by Peter Hilton, Derek Holton, and Jean Pedersen [Hil97]）。這本書（德國斯普林格大學本科生數學系列出版Springer's Undergraduate Texts in Mathematics series）裡面有一個共 57 頁的章節，題為「摺紙和數論」，其中收集了 Peter Hilton 和 Jean Pedersen 關於將紙條摺成多邊形和多面體的數論，所做的大部分研究。這與本書「藤本近似法」、「紙條摺成紙結」活動極為相關，但 Hilton 等人用的是不一樣的方法，教材的方向也與我不同。如果你覺得這些活動很吸引你，請務必研讀《數學反應》這部分的章節。

《內行人的摺紙》（Origami for the Connoisseur by Kunihiko Kasahara and Toshie Takahama [Kas87]）。在許多紙本摺紙步驟書中，這本書的數學成份含量最高（在前言曾提過），許多幾何模型的步驟都能在這本書中找到，如：多面體、螺旋貝殼，有單張紙摺成的，也有模型組合的。另外還包含了一些前川定理、川崎定理以及芳賀和夫的摺紙學活動。其中有些模型非常複雜，需要專家級的摺紙技巧，但也有不少摺紙令人驚訝的簡單而優雅。可謂是一本寶書。

《幾何結構》（Geometric Constructions by George E. Martin [Mar98]）。本書最後一章（共 14 頁）專門探討摺紙的幾何學結構。作者提出的方法為純幾何，與 Cox 的代數分析不同，因此對於想要更加了解摺紙幾何的幾何學教師深具吸引力。作者僅專注於最複雜的單張紙摺疊（如「解三次方程式」活動中所呈現的），不過卻是執行角三等分及倍立方體等所完全需要的。作者也將此書與其他構造法的書籍進行比較，例如利用標記尺。

《摺紙多面體設計》（Origami Polyhedra Design by John Montroll [Mon09]）。John Montroll 是摺紙界的傳奇人物。他是達成摺紙複雜度的先驅者之一（可見於他在 1979 年出版書 [Mon79]），今日則稱為複級摺紙（complex-level origami）。他對於用單張紙來摺疊多面體形狀也很有興趣，這本書提供了許多類似的摺紙，並解釋背後的數學意義。作者因而展示了平面與 3D 幾何的三角函數應用，使得主動積極的高中生容易親近這些數學應用。對於想要了解摺紙三角學和幾何學相關有趣應用的老師，會很喜歡這本書。

《怎樣摺出來》（How to Fold It: The Mathematics of Linkages, Origami, and Polyhedra by Joseph O'Rourke [ORo11]）。由於相同的書名，可見這本書的主題與 Demaine 和 O'Rourke 的著作很類似[Dem07]，但仍有其獨特性！O'Rourke 所著的《怎樣摺出來》頁數很少，而且是為高中生或大學生所寫（而[Dem07]更像專題研究論文）。《怎樣摺出來》包含許多說明清楚的研究主題，是本書以外另一本相關的摺紙參考書，兩者相輔相成。

《無限的碎片》（Fragments of Infinity by Ivars Peterson [Pet01]）。這是一本為一般讀者所寫的摺紙科普書，其中特別為「平面摺疊」主題開闢了共 22 頁的說明介紹。雖然本書不算是數學教科書，卻就扁平摺紙摺痕圖案、前川定理、朗式 TreeMaker 演算法和鑲嵌摺紙等，皆有很好的整理。特別值得一提的是，這本書還含有 Chris Palmer 的複摺紙鑲嵌的一些精彩圖片。如果你特別喜歡「摺疊方轉」活動，一定要看看這本書。

《摺紙的幾何練習題》（Geometric Exercises in Paper Folding by T. Sundra Row [Row66]）。這本書是經典。T. Sundra Row 是一位印度數學老師，十八世紀末期他寫的這本書是關於可以用摺紙來表現的基本幾何結構。引起了當時偉大的德國數學家克萊因（Felix Klein）注意，還因此引用此書部分在自己的著作中，於是西方出版商開始在全世界銷售《摺紙的幾何練習題》。最新的出版商是 Dover，在美國的圖書館應該不難找到。經過仔細拜讀之後，我並不清楚 Row 是否知道摺紙可將角三等分（在書中沒有列出任何方法，但 Row 討論了有些摺紙可用來解三次多項式）。儘管如此，對於用紙張摺疊各種多邊形等形狀，這本書仍是極好的參考資料。雖為一百多年前的古文寫作風格，但方法簡單，可以輕鬆應用在現代大學和高中的幾何學課程中。

致謝

本書得到各界支持得以出版。首先最重要的，是我在美國麻州Merrimack大學所得到的Paul E. Murray獎助學金，支持了創作本書的草稿。若無Murray家族的慷慨，此計畫可能永遠不會落實。總的來說，Merrimack大學和新罕布夏大學數學夏令營為我提供了完善的環境助力，讓我能夠自由創造摺紙的研究和教學。

在本書創作過程中，我很幸運得到許多人們的協助和參與。我從摺紙社團得到了寶貴的討論和回饋：Roger Alperin, sarah-marie belcastro, Ethan Berkove, Vera Cherepinsky, David Cox, Erik and Marty Demaine, Koshiro Hatori, Miyuki Kawamura, David Kelly, Jason Ku, Robert Lang, Jeannine Mosely, James Tanton, Tamara Veenstra, Carolyn Yackel。

我也很幸運得到許多NExT計畫研究員的幫助，他們在 2005 年春季和秋季在自己的數學課上測試了這些活動。NExT計畫（即New Experiences in Teaching，代表新的教學經驗）是美國數學協會（Mathematical Association of America）的一個獎助學金計畫，旨在幫助新的數學教授成為更好的教師和學者，而不會迷失在數學學術界或被壓倒，大家集體的教學法智慧和經驗，直接塑造了這本書。此外，NExT計畫透過本書擴散到更大的數學團體，使得其他同僚和研究所學生、大學生，甚至還有高中都要求加入測試人員的行列。我特別要感謝 Cristina Bacuta, Don Barkauskas, Mark Bollman, David Brenner, Kyle Calderhead, Scott Dillery, Melissa Giardina, Susan Goldstine, Aparna Higgins, Barbara Kaiser, Michael Lang, Chloe Mandell, Hope McIlwain, Blake Mellor, Andrew Miller, Cheryl Chute Miller, Donna Molinek, George Moss, Katarzyna Potocka, Jason Ribando, Liz Robertson, Cameron Sawyer, Amanda Serenevy, Brigitte Servatius（及她的學生 Roger Burns, Onalie Sotak, and John Temple），Linda Van Niewaal, Kathryn Weld, Jennifer Wilson, Yi Zhou。

還有我要感謝所有在我摺紙數學班上的所有學生，包括羅德島大學、Merrimack大學、新罕布夏大學數學夏令營、辛辛那提大學和西新英格蘭大學。如果你是一個深思自己所作所為的教師，你會發現自己從學生那裡學到的東西，比他們從你那裡學到的還要更多。我從學生身上學到的太多了，由於人數眾多，無法一一致謝，在此特別要謝謝 Hannah Alpert, Mike Borowczak, Michael Calderbank, Alessandra Fiorenza, Emily Gingras, Josh Greene, Monique Landry, Kevin Malarkey, Wing Mui, Emily Peters, Gowri Ramachandran, Jan Siwanowicz, Ari Turner, Jeanna Volpe, Haobin Yu，，1995-1996 羅德島大學的數學研究生，以及 2005 年春季 Merrimack 大學的組合幾何（Combinatorial Geometry）班級，成為我第一版的不知情實驗對象。

　　此外，這些活動中很多都經過了國高中教師的測試和分享，我在西新英格蘭大學數學及教學課程（MAMT）中教授這些教師摺紙數學課。這些「學生」先來上我的摺紙課，然後第二天回自己班上教授這些課，然後立即回饋給我。特別是Ann Farnham和Diane Glettenberg所創作的想法，影響了本書的第二版，也因此加入了一些新活動。

活動 1
在正方形紙中摺正三角形
FOLDING EQUILATERAL TRIANGLES IN A SQUARE

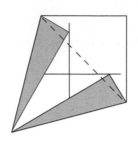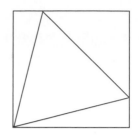

適用課程：微積分先修（precalculus）、初等代數、三角函數、幾何學、微積分（最佳化）、數學建模。

摘要

請學生想辦法，用一張正方形紙，摺出一個正三角形。這個挑戰就是在一個正方形裡面找出最大可能的正三角形。當然，學生需要證明自己所推測的三角形是最大的。

內容

此問題的幾何學部分，只需要能夠運用 30-60-90 度的三角形。然而，若有更多創造性的幾何學見解，可產生更非凡的解決方案。

對於微積分課堂，此問題的提出事實上不需要提到摺紙：請找出正方形中內接最大的正三角形。但是知道的人在運用這種知識摺紙的時候，可激發產生額外的動機。這是一個具有挑戰性的數學建模問題，可以完全達成，不需要借助其他工具，也無須小心協助學生建立模型，更不必確實了解三角函數並進行正確的圖形分析。由於是一個最佳化問題，脫離了微積分教科書中經常會遇到的模式限制，從而可使學生將自己的知識應用於全新而實際的情況。

講義

三種講義以供選擇：

(1) 介紹用正方形紙，摺正三角形的一般問題。

1

(2) 在建立最佳化模型時，提供數個指導步驟。

(3) 引導學生逐步完成最佳化模型。

時間規劃

講義 1 需要大約 40 分鐘的上課時間，包括讓學生探索與像其他同學呈現自己摺三角形的方法。

講義 2 或 3，如果要在課堂上完成，可能共需 50-60 分鐘，取決於學生建立數學模型的速度快慢。

講義 1-1

如何摺一個正三角形

活動的目標是要用一張正方形紙，摺一個正三角形。

問題 1：首先用紙摺一個 30-60-90 度三角形。提示：摺出的斜邊需為短邊的兩倍。
努力摺，別放棄！將你成功的方法寫在下面空白處。

問題 2：現在，用你在問題 1 所寫的解答，在正方形紙裡摺出一個正三角形。

延伸：假設正方形紙的原始邊長為 1，那麼你所摺的正三角形邊長是多少？正三角形邊長可
以摺得更長嗎？

講義 1-2

如何找到正方形中內接最大的正三角形？之一

如果我們想要把一張正方形紙，摺成一個正三角形，就是要摺出一個**盡可能最大**的三角形。在這個活動中，教師的任務是建立一個數學模型，以找出可以放在這個正方形裡面的**最大面積**正三角形。按照以下步驟，幫助建立模型。

問題 1：如果這個三角形是最大的，那麼我們是否可假設三角形其中一角，會與正方形一角重合？為什麼？

問題 2：假設問題 1 為真，繪製你的與正方形一角重合的三角形，「重合的角」請畫在左下方。現在你需要導入一些變數（variable）來建立模型，這些變數可能是什麼？（提示：其中一個變數是正方形與三角形的左下角，稱為 θ。）

問題 3：另一個變數將是你的**參數**（parameter），此參數會隨著得到三角形的最大面積而變。選擇一個變數（聰明地選，選得不好可能會使問題變得更困難），然後再根據你的變數，為三角形面積成立一個數學式。

問題 4：用你所成立的數學式，利用你所知道的技巧，找出變數的值，這個變數可使正三角形具有最大面積。務必注意參數的合理區間。

問題 5：你的答案是什麼？具有最大面積的三角形是什麼？找一種摺紙方法，可以摺出這種三角形。

延伸：你在問題 5 的答案，也可以用來在一張正方形紙中摺出一個最大的**正六邊形（regular hexagon）**。你知道該怎樣作嗎？

講義 1-3

如何找到正方形中內接最大的正三角形？之二

在這個活動中，你的任務是找出邊長為 1 正方形中的最大正三角形。（註：正三角形為三邊長相等且三角皆為 60 度的三角形。）一步步進行程序，將幫助你發現這個問題的數學模型，接著再解決最佳化（optimization）問題：尋找三角形位置和最大面積。

這裡有一些隨機的例子：

問題 1：如果這個三角形是最大的，那麼我們可以假設三角形其中一角，會與正方形一角重合？為什麼？（提示：答案為正確，請解釋為什麼。）

問題 2：假設問題 1 為真，繪製你的與正方形一角重合的三角形，「重合的角」請畫在左下方。（提示：請參閱上方四個例子。）現在你需要導入一些變數來建立模型，這些變數可能是什麼？（提示：設 θ 為正方形與三角形的左下角，設三角形的邊長為 x。）

問題 3：以一個變數 x，找出三角形面積的式子。接著，找出一個式子與 x、θ 兩變數相關的式子。最後將這兩個式子合併，得到只有一個變數 θ 的三角形面積式子。（提示：最後求得的式子為 $A = \frac{\sqrt{3}}{4}\sec^2\theta$）

問題 4：你的變數 θ 範圍？試說明之。（提示：範圍是 $0° \leq \theta \leq 15°$）

問題 5：最重要的部分：用你的式子和求得的 θ 範圍，使用最佳化技術來求出正三角形面積最大值的 θ 值。同時，也求出最大面積值。（提示：為了簡化，你可用 sin 和 cos 來表示所有三角函數）。

解答與教學法

摺一個正三角形

　　有幾種方法可以在正方形裡面摺出正三角形，所有方法都與摺出一個 60 度角有關。你的學生可能會發現有創造性的新方法，但一般最常見的方式如下所示。（我們在這些圖中，原始正方形的邊長為 1。）

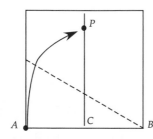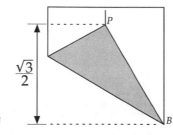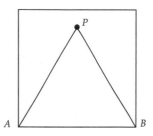

　　在此，摺紙的「動作」是將紙的一角 A，摺到紙中線（所以紙必須先對摺），**同時**還要確定摺痕通過角 B。[1] A 點與中線重疊的位置，產生一個 P 點，所以產生了一個 ABP 的正三角形。有幾種方法可以看到了許多不同的方式：

- 設 C 為 AB 中點。先看 $\triangle BCP$，BP 長度為 1（因在 P 點 AB 與 BP 完全重合），且 BC 長度為 1/2。根據畢式定理，CP 長度為 $\sqrt{3}/2$，故 $\triangle BCP$ 是 30-60-90 度三角形。因此連結 AP，得到一個正三角形。

- 由於摺疊 AB 與 BP 完全重合，BP 長度為 1。我們可以說「現在以同樣的方式，將 B 點也摺到紙中線」，或說「由於對稱」，所以求得 AP 長度也為 1。因此，$\triangle ABP$ 是一個正三角形。

　　在此所呈現的解答，這個三角形的邊長與正方形相等。但是，如果我們想像一下，將三角形 A 點逆時針旋轉一點點，可使邊長變大一點點，但仍在正方形內，所以在正方形裡作一個更大的正三角形是**可能**的。

教學法：許多學生首先會嘗試在正方形右下方的角，開始建構一個 30-60-90 度三角形。這樣作並不簡單，因此可建議這些學生試著在正方形裡面摺三角形，以跨越這層心理障礙。亦可建議學生將紙對摺，利用紙的 1/2 中心線。

---

[1] 這是一個標準摺紙動作：點 p_1 摺疊到線 l 上，但這樣摺還不足以確認摺痕位置。所以需要第二個點 p_2，我們使摺線確實通過 p_2，加上點 p_1 在線 l 上。進一步訊息請參見拋物線摺紙活動。

學生經常會聽班上其他組的想法，或是有些人想出的好主意一組傳一組，這樣還不錯，但每個學生都應該寫出證明，證實自己的三角形真的是 30-60-90 度三角形或正三角形。小組也應該向班上同學展示各組證明，以便每個學生都可以看見完成的方式不只一種。也可以將正式的書面證明指定為每個學生的家庭作業。（經過小組討論，家庭作業應該不難，但「正式的」寫作呈現，仍是一個非常有價值的活動。）

找出最大三角形

這份講義有兩個版本：一個只對問題提供框架，將所有細節留給學生處理。另一個則是帶著學生一步步走過問題。解答基本上是一樣的，一併呈現於此。

講義中的第一個問題，答案「是的」。若三角形的一角沒有在正方形的角上，則三角形不能接觸正方形的一邊（因為三角形有三個角，正方形有四個邊側）。假設這是左邊，為了要使三角形最大，三角形的三個角一定要接觸正方形的三個邊。接著，我們可向左拉動三角形，讓角碰到正方形的左邊，頂部或底部都可以，使三角形的一角在正方形的一角上。

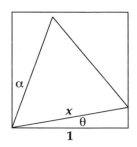

為建立模型，學生會需要一張像上面的圖，三角形底部（長 x）應由正方形左下角開始，延伸到正方形的右邊。接著，我們需要考慮 θ 範圍，$0° \leq \theta \leq 15°$。因為，若 $\theta > 15°$，則 $\alpha \leq 15°$；若 $\theta \geq 15°$，則相對來說 $\alpha < 15°$。換句話說，正方形的對稱性，限制了 θ 的範圍，這是我們需要考慮的。

我們需要找出正三角形面積 A 的數學式，然後利用 θ 以使數學式得到最大。（我們要用 θ 而不用 x 來求最大，是因為 θ 這個變數可告訴我們三角形在正方形中的位置。）由於三角形底邊長為 x，高度則為 $(\sqrt{3}/2)x$。故 $A = (\sqrt{3}/4)x^2$，但我們要將 x 換成 θ。因為 $\cos \theta = 1/x$，故 $x = 1/\cos \theta = \sec \theta$，因此導出：

$$A = \frac{\sqrt{3}}{4} \sec^2 \theta.$$

　　我們可以把導出的數學式，利用微積分最大化，但並非必要。由於 $\cos\theta$ 在 $0 \le \theta \le \pi/12$ 之間是遞減函數（其實應該要用弧度），我們知道 $\sec\theta$ 在這個區間為遞增函數。$\sec^2\theta$ 也一樣，所以 A 的最大值會落在這個區間的最右端，即 $\theta = \pi/12$。繪製函數 $A(\theta)$ 的圖，學生可以看見這種情形：

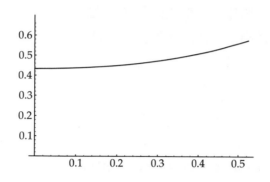

　　因此，在 $\theta = \pi/12 = 15°$ 的位置，會得到最大面積。結果使得三角形的一個角落在正方形的一個角上，並且三角形會對稱於正方形的對角線。

　　使用這個導函數求解，學生會得到：

$$\frac{dA}{d\theta} = 2\frac{\sqrt{3}}{4}\sec^2\theta\tan\theta = \frac{\sqrt{3}\sin\theta}{2\cos^3\theta}.$$

　　因 $0 \le \theta \le 15°$，我們知道只有在 $\theta = 0$ 時，$dA/d\theta = 0$，表示面積式在 $\theta = 0$ 位置有一個臨界點，但這只是我們區間的一個端點，代表面積 A 的極值會發生在端點 $\theta = 0$ 和 $\theta = 15°$（因為中間沒有重要的點）。因此問題變成哪個點會有最大值，哪個點會有最小值？我們可以用面積 A 的二階導函數來確定點 $\theta = 0$ 的凹性，

　　但用這樣的導函數好像已經預先知道什麼一樣，因此我們不用導函數，而直接驗證當 $\theta = 0$ 和 $\theta = 15°$ 時的 A 值，15 度獲勝。

　　兩個版本講義都作的學生，應該能夠發現最大正三角形具有一種摺紙順序。下面的圖即顯示這個摺紙順序，作用等同於「無字證明」的圖解。（首先注意最左邊的圖，$\theta = 15°$）此摺紙順序證明，是由 Emily Gingras 所開發（Merrimack College class of 2002）。

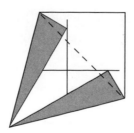
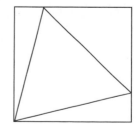

教學法：熟悉經典「沿牧場一邊圍籬笆」或「紙板摺盒子」等微積分題目的學生，應可立即發現最大正三角問題可用類似方法求解。然而，我們問題的模型與這些經典微積分題非常不同，大多數學生發現建立適當模型頗具挑戰性。背後困難的部分，是要確定你可以用一個代表三角形在正方形中位置的變數，使問題參數化，而最好的方法似乎是用角度，因此你必須用角度來導出三角形面積的數學式。無論如何，此問題對於學習微積分最佳化問題的學生來說，屬於適當的程度，**應該**有能力求解。但此活動價值在於磨練學生的數學建模技巧，故教師除了講義中的提示，不應再給予學生其他提示，同時應鼓勵學生探索他們所選擇的路徑，提出正確的證明，無論是數字、圖形或解析法都可以。

　　然而，並非所有教師都想要公開活動的內容細節，因此最佳化講義的第二個版本，是為那些希望學生對於此類問題能夠自行發現適當的程序，依序求解的教師。第二版講義的格式和步驟順序，是由測試人員 Katarzyna Potocka 所進行（Ramapo College of New Jersey）。

　　在幾何學課程，進行這個活動也很有價值，可強化數學規則之間的關聯性。通常數學本科生在高級幾何學課程中，會宣稱已經忘記所有微積分，因此這麼做更有價值。

延伸活動

　　如下圖所示，在正方形中如何找到一個最大的內接正六邊形，先將正方形水平和垂直對摺，產生摺痕，可看見四分之一的正方形，上面的摺痕展開圖正好就是最大正三角形。因此，在正方形中摺一個最大正三角形，這個方法剛好可以調整摺出一個最大正六邊形。最右邊的圖即為摺法的簡圖。

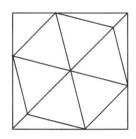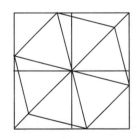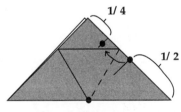

　　當然，問題可改為在正方形中摺出任何正多邊形，雖然證明最大面積會使問題變得更複雜，但並沒有超越本科生程度，是很好的活動延伸。下圖顯示一種證明最大六邊形的方法。設 θ 為正六邊形與正方形底邊（邊長亦為 1）的夾角，x 為正六邊形邊長。正六邊形由六個正

三角形組成，所以計算正六邊形的面積不難：$A = 6 \times$（一個正三角形面積）$= 6(x/2)(\sqrt{3}/2)$ $x = (3\sqrt{3}/2)x^2$。但是我們希望利用改變 θ 使正六邊形面積最大化。

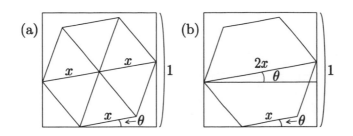

　　圖(b)顯示解法。六邊形的直徑為 $2x$，假設六邊形的兩個對角會接觸正方形的左右邊，此二角與正方形會形成一個直角三角形（如圖中），已知正方形邊長為 1，直角三角形斜邊即為六邊形對角線（長度為 $2x$）。此直角三角形的底邊，平行於正方形的底邊，而斜邊則平行於六邊形的底邊，因此我們知道這個直角三角形的底角為 θ。由於 $\cos \theta = 1/2x$，或 $x = (1/2) \sec \theta$，因此六邊形面積為 $A = (3\sqrt{3}/8) \sec^2 \theta$。

　　為使六邊形面積最大化，我們需要找出 θ 的範圍。由於正六邊形的對稱性，告訴我們 $0° \leq \theta \leq 15°$，我們只需要考慮這個範圍。如前面的內接正三角形，區間最大端點 $\theta = 15°$，會有最大面積。這將使得六邊形的一個對角線，與正方形的一個對角線重疊。

活動 2
三角函數摺紙
ORIGAMI TRIGONOMETRY

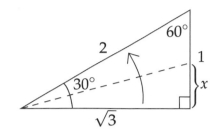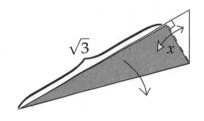

適用課程：三角函數、微積分先修。

摘要

　　利用裁成直角三角形的紙，以摺紙探索一些高級三角函數概念。

內容

　　引導學生進行摺紙，以證明$\sin x$和$\cos x$的倍角公式。運用 45-45-90 和 30-60-90 兩種三角形，發現可分別精確表達 15-75-90 和 22.5-67.5-90 三角形的方式。如此一來，可精確表達 15°、75°、22.5°、67.5°角的正弦函數、餘弦函數和正切函數。

　　這兩個摺紙活動都運用正弦函數、餘弦函數和正切函數的基本知識（例如，知道正弦函數是斜邊分之對邊）。第二個活動在步驟中運用相似的三角形，就像在代數中處理平方根的能力（例如，將一個分數的分子和分母都乘以其共軛根）。

講義

　　本活動中如上述有兩個活動，講義相對也有兩份。

時間規劃

　　如果將直角三角形預先切好，那麼兩個活動的摺紙部分就不必花什麼時間，課程大部分規劃讓學生回答講義上的問題，需要的時候再在紙上作代數。安全起見，每份講義至少需安排 30 分鐘，但還是取決於學生對三角函數的熟練程度，以及第二個活動則是需要熟悉平方根。

講義 2-1

證明倍角公式

將紙摺成具有最小角 θ 的直角三角形。

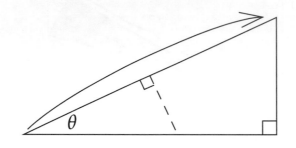
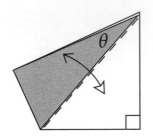

將最小角摺到另一個角,如圖所示。然後沿著剛剛摺的邊緣再往下摺,摺好以後將紙完全展開。

你摺紙的結果,是將直角三角形分為三個小三角形,如右圖所示。

將此圖各點標記為 A、B、C、D、O,如圖所示,並使 $AO = 1$,$OC = 1$。(可將 O 點想成是半徑為 1 的圓中心點。)

以 θ 表示 $\angle COD$ 是什麼? $\angle COD =$ _____

根據 θ 角的三角函數,寫出下列各線段長度:

$AB =$ _____ $\qquad$ $BC =$ _____

$CD =$ _____ $\qquad$ $OD =$ _____

問題 1:見大三角形 ACD,$\sin \theta$ 等於什麼?運用這個答案,生成 $\sin 2\theta$ 的倍角公式。

問題 2:再看一次三角形 ACD,$\cos \theta$ 是什麼?運用這個答案,找出 $\cos 2\theta$ 的倍角公式。

講義 2-2

其他三角形的三角函數

在國高中你學過 45-45-90 三角形和 30-60-90 三角形，所以你確知這些角度的正弦、餘弦和正切。例如，你知道 $\sin 60° = \sqrt{3}/2$，是因為 30-60-90 三角形的邊長分別是 1、2 和 $\sqrt{3}$。

但其他三角形呢？只要摺一摺已知的三角形，我們也可以找出其他三角形確定的邊長！

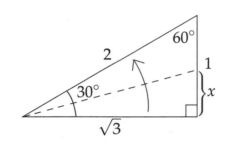 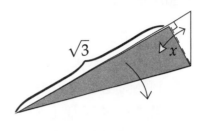

練習 1：取一個 30-60-90 三角形，如右上圖所示，將 30 度角的底邊往斜邊摺成一半 15 度，然後最上角也沿著紙邊往下摺，摺好後將紙展開。

圖中標示為 x 的長度是多少？

（提示：你看到圖中有相似三角形嗎？）

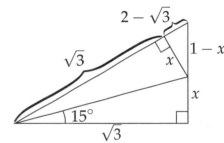

運用上面的答案，為 15-75-90 三角形找到一個最佳的確定長度，我們令短邊長為 1（試著將長度的**盡量簡化**設定。）

填空：$\sin 15° = $ _____ ，$\cos 15° = $ _____ ，$\tan 15° = $ _____ 。

練習 2：運用 45-45-90 三角形，以上面同樣的方法，找出 22.5-67.5-90 三角形確定的長度。

解答與教學法

　　檢查這些講義測試之後，教師可能會質疑這些活動其實根本不需要摺紙，只需要使學生繪製直角三角形，在三角形的邊上畫出角平分線或垂直平分線（中垂線），接著便可探索三角函數等等。或者把這兩份講義中的圖擷取出來給學生，或者還是把講義給學生，但不需要摺紙！因此教師在質疑之後得到的結論是，這並不是真正的摺紙活動。

　　在某種意義上，這種評估是正確的。在數學上，沒有什麼活動無法用鉛筆和紙來完成。但也有的爭論是說，從摺紙的角度切入來探索這些活動，可增加額外維度，產生多種目的：

- 通過徒手操作摺紙，這些活動中的數學推論，可由紙上抽象的圖畫，轉換為學生可以握在手中的真實世界。（再說一次，這是動手實際操作可使數學更具體的爭論。）

- 摺三角形實際上可為問題增加一些邏輯推論，使學生需要注意觀察，當一個物體（無論是一個角或邊長）摺到另一個物體上，可創建全等的物體（可以是一個全等的角度或邊長）。這是摺紙的重要一面，摺紙可以「以摺紙得證」，此點並應用在本書的其他活動中，如「三等分一個角」活動。

　　進一步來說，作者認為，對許多學生來說，將三角函數的方法和實用性內化，並不是一件容易的事。這對大學教師或大學微積分教師更是顯而易見，他們觀察到學生記不住高中時期學習的三角函數知識。只要有任何機會使學生實際操作，就可以幫助學生欣賞並記住三角函數的力量，並在日後活用。

講義 2-1：倍角公式

　　強烈建議教師在進行這個活動時，給學生一張直角三角形的紙來摺。快速製作這種直角三角形紙的一個簡單方法，是用標準的 8.5×11 英吋（215.9mm × 279.4mm）美國標準信紙，沿著矩形對角線割開，就是兩個直角三角形（邊註：也可使用一般 A4 紙）。這樣製成的三角形由於角度並不明確，因此反而是良好的一般實驗材料。

　　下面展示的例子，是學生摺這張紙和作圖可能的樣子。首先我們可能會注意到，如講義

2-1 所說，把紙摺到三角形頂點時，會複製 θ 角。因此△AOC是一個等腰三角形，BO是AC的中垂線。看圖右邊的△ABO，立即可知$\cos\theta = AB/1$，因此 $AB = BC = \cos\theta$。

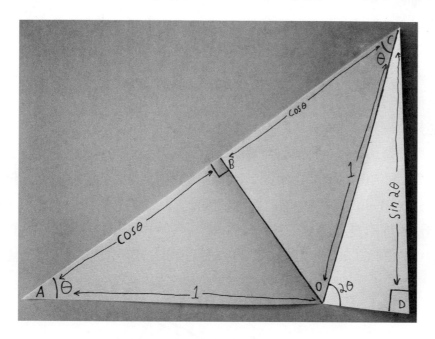

在△ABO 三角形旁的角，就是講義 2-1 問題的答案，$\angle COD = 2\theta$，也就是說，從大三角形 ACD 來看，$\angle ACD = 90° - \theta$，因此 $\angle OCD = \angle ACD - \theta = 90° - 2\theta$。但從 $\angle OCD$ 來看，$\angle OCD = 90° - \angle COD$。因此，我們得到 $\angle COD = 2\theta$。

看△OCD，$CD = \sin 2\theta$，$OD = \cos 2\theta$。

因此，△ACD告訴我們：

$$\sin\theta = \frac{\sin 2\theta}{\cos\theta + \cos\theta} \ \Rightarrow\ \sin 2\theta = 2\sin\theta\cos\theta,$$

這就是正弦的倍角公式。

再看一次△ACD：

$$\cos\theta = \frac{1 + \cos 2\theta}{\cos\theta + \cos\theta} \ \Rightarrow\ \cos 2\theta = 2\cos^2\theta - 1,$$

這是餘弦的倍角公式。

（另外，由 $\cos^2\theta + \sin^2\theta = 1$，也可以得到 $\cos 2\theta = \sin^2\theta - \cos^2\theta$。）

應注意的是，此活動基本上是我們已知的倍角公式之摺紙證明版本。例如，此處的數學證明，僅為 Eli Maor 於[Maor98]第 89-90 頁的簡化（但無摺紙）。

講義 2-2：非標準三角形的三角函數

　　此活動正確的三角形紙較不易準備，因為是 30-60-90 三角形和 45°直角三角形。最簡單的方法，是先用正方形或矩形紙（參見活動 1：用正方形紙，摺正三角形），先摺一些等邊三角形，然後裁成兩半；沿對角線將正方形裁成一半，這樣做能輕易得到 45°直角三角形。

　　此活動的一個目的，是強制學生去思考，為什麼「特殊」的三角形可以準確找出各角的三角函數，其他的三角形則必須使用計算器。這讓學生們得以看見，其他非標準三角形的三角函數，也能夠準確計算出來。

　　事實上，即使是最先進的電腦代數系統，也不能就此活動所見的各角，為三角函數提供準確的公式。截至 2010 年，Mathematica（高階數學及符號運算軟體）已經能夠得到sin15°等的精確表示式，但 sin22.5°仍然沒有辦法。因此，此活動得以使學生想出可能連高階電腦代數系統都無法處理的表示式！

　　對於講義中的 30-60-90 三角形，首先第一個任務是要決定長度x，如下圖所示：

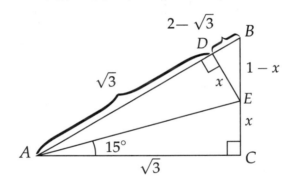

　　重點在△EDB與△ABC相似，因為兩個都是直角三角形，並且共有B角。因此，

$$\frac{x}{1-x} = \frac{\sqrt{3}}{2} \Rightarrow x = \frac{\sqrt{3}}{2+\sqrt{3}} = \frac{\sqrt{3}(2-\sqrt{3})}{1} = 2\sqrt{3} - 3.$$

　　所以，我們 15-75-90 三角形，具有長邊 $\sqrt{3}$，短邊 $2\sqrt{3}-2$，以及斜邊 $2\sqrt{6-3\sqrt{3}}$。這些值有些彆扭，因此將最短邊標準化為 1，似乎是這類計算的標準。把分母合理化以後，得到長邊的長度為 $\sqrt{3}/(2\sqrt{3}-2)=2+\sqrt{3}$。

　　然後將斜邊除以 $2\sqrt{3}-3$，也使分母合理化，並將其中的平方根簡化，得到斜邊長度為 $2\sqrt{2+\sqrt{3}}$，這還不至於太糟糕，但令人驚訝的是，它等於 $\sqrt{2}+\sqrt{6}$。到此為止事情變得有些麻煩，而且學生不太有能力簡化這裡的多重根號，因此請放輕鬆，就接受 $2\sqrt{2+\sqrt{3}}$ 為斜邊

最後的解答！但如果我們讓 $a = 2\sqrt{2 + \sqrt{3}}$，則 $a^2 = 8 + 4\sqrt{3}$，即

$$8 + 4\sqrt{3} = (\sqrt{2}^2 + \sqrt{6}^2) + 2\sqrt{2}\sqrt{6} = (\sqrt{2} + \sqrt{6})(\sqrt{2} + \sqrt{6}).$$

是的，如果沒有將雙重根號化為完美平方的經驗，你沒事不會遇見這些計算。無論如何，我們得到下面 15-75-90 三角形的「標準簡化」長度：

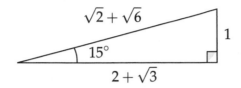

因此我們得到（再一次，經合理化分母）：

$$\sin 15° = \frac{\sqrt{6} - \sqrt{2}}{4}, \quad \cos 15° = \frac{\sqrt{2} + \sqrt{6}}{4}, \quad \tan 15° = 2 - \sqrt{3}.$$

以同樣方式處理 45°直角三角形，會比較容易。下圖顯示長度 x 在三角形摺紙過程中，會重複三次，因此不必用相似三角形，就可以得到 $x = \sqrt{2} - 1$。

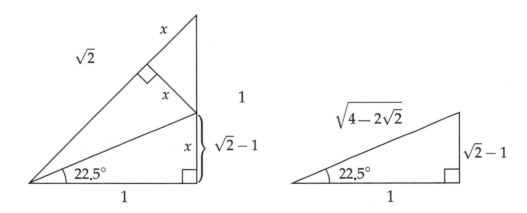

右上圖顯示的是 22.5-67.5-90 三角形的「典型」長度。不幸的是，此例的多重根號斜邊長沒辦法化為最簡，結果也使 22.5°的三角函數不怎麼漂亮：

$$\sin 22.5° = \frac{\sqrt{2 - \sqrt{2}}}{2}, \quad \cos 22.5° = \frac{\sqrt{2 + \sqrt{2}}}{2}, \quad \tan 22.5° = \sqrt{2} - 1.$$

我們可令三角形最短邊的長度為 1，但這樣做沒什麼幫助。

進一步探索

　　結束了倍角公式，進一步躍躍欲試，想要嘗試開發其他摺紙示範法，例如和角公式$\sin(\alpha + \beta) = \sin\alpha\cos\beta + \cos\alpha\sin\beta$。當然，我們也可以只單純模仿現有的幾何證明，但這樣做等於是在一張紙上摺出線條而不是繪製線條，當然我們可以做到，摺紙也可能比繪圖有趣，但到了某些時候，摺紙的關聯度會開始變得空洞化。

　　在講義 2-2 中，我們也可以探索其他三角形，不過講義中所提出的方法僅適用於已知的三角形作二分，想用在其他三角形是很困難的。例如，幾何學還有一種 36-54-90 三角形，這是組成正五邊形基礎的直角三角形。然而，這種三角形邊長的準確表示式很難求出，並且也無法化為最簡的表示式，不過這些邊長之間具有黃金分割率，見下圖：

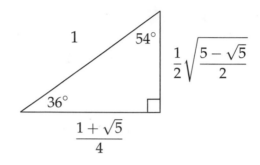

　　理論上，這裡和講義 2-2 的方法，可用來表示 $\sin 18° = 1/(1 + \sqrt{5})$，但所需的平方根計算過程真的很可怕。想要獲得正五邊形角的準確表示式，其實更簡單的方法是透過挖掘正五邊形和五角星的幾何學。

活動 3

將長度作 N 等分：藤本近似法
DIVIDING A LENGTH INTO EQUAL NTHS: FUJIMOTO APPROXIMATION

$$1/5 \pm E$$

適用課程：微積分、數論、離散動力學、建模。

摘要

藤本近似法技術，是用於將紙條（或正方形的邊）摺成 $1/n$ 等分，n 為奇數。因此產生各種問題，例如「為什麼藤本近似摺法成立？」、「這種方法的左、右順序告訴我們什麼？」或「我們何時才會得到所有 $1/n$ 倍的壓痕？」

內容

本活動僅為藤本法的教學，看藤本近似摺法如何作用，這是一個隨手可得、指數衰減的絕佳範例，因為在每一次摺紙過程中，都會將初始的推測誤差，藉由 2 的次方來降低。由於與指數函數和牛頓法等類比的連結，使得此部分亦適用於微積分課堂。

想要更詳盡分析藤本法，需要建立一個數學模型。我們可把紙條想成是在數線上 0 與 1 的區間，並考慮生成的數字，是以 2 為底的十進位制數字來表示，這樣想非常有用。將紙的左或右邊摺成一半，相當於是在將數字化為以 2 為底的十進位開始時，插入 0 或 1，如此建立了摺紙的特殊數學方法。此活動的學習，使人容易進入數學建模或離散動力系統課堂。

但在這裡也會產生一些有趣的數論。知道一個人在進行藤本近似摺法時，是否每次摺 $1/n$ 都會產生壓痕，結果相當於 n 是否為質數，以及 2 是否為模 n 的原根。因此這回的摺紙活動也是一個有趣的應用數論問題。

講義

　　此活動提供兩份講義。講義 3-2 隨著進展，問題會接連出現，但問題也可以獨立視之。（例如，若有需要，問題 4 至問題 6 在數論課可以完全跳過。）

　　(1) 介紹藤本（Shuzo Fujimoto）的近似摺法，並提出藤本法為何有用的一般問題。

　　(2) 分析藤本法。第一部分是基礎，第二部分是為動力系統，第三種是為數論。

時間規劃

　　近似摺法的教學需時只要 10 分鐘，但學生會需要再加 20 分鐘，才能弄清楚藤本法的作用原理，並嘗試其他 n 值。

　　講義 3-2 各部分所需的時間，主要取決於使用的課堂。

講義 3-2

如何將一張紙作 N 等分？

在摺紙的時候，我們經常要把一張正方形紙摺成幾等分。如果說明是把紙摺成一半或四分之一，很容易做到。但是，如果要摺成五分之一，那就難多了。在此你會學到一種常見的摺紙方式，稱為**藤本近似摺法（Fujimoto's approximation method）**。

(1) 一開始摺到你認為是 1/5 位置的地方，然後**在推測位置壓一痕**，假設是從左邊開始摺。

(2) 所以右邊就是猜的大約 4/5，把這 4/5 **摺一半**，然後壓一痕。

(3) 上面的壓痕大約是 3/5 位置的地方，距離紙右邊約為 2/5，把這右邊的 2/5 **摺一半**，壓一痕。

(4) 現在我們在右邊 1/5 的位置有一個記號，距離紙左邊約為 4/5，把這左邊的 4/5 也**摺一半**

(5) 這樣壓痕會在 2/5 記號附近，現在把這左邊也**摺一半**。

(6) 最後會得到一個**非常接近**真正 1/5 位置的記號！

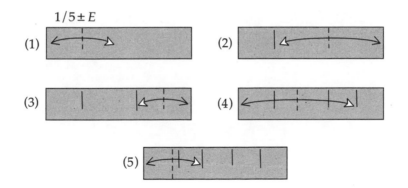

摺完以後，你可以重複上述步驟，從最後一個壓痕處再開始摺一次，不過這次的**壓痕要更用力，並且沿摺痕從頭壓到尾**。最後你應該會得到一張非常準確的 5 等分紙。

問題：為什麼藤本近似摺法成立？

提示：設紙條的長度為一個單位，那麼你第一個「猜的壓痕」可想成是在 x 軸上的 $1/5 \pm E$，E 代表你的誤差。在上圖中，記下所有其他 x 方向的壓痕位置，這些座標是什麼？

解釋：根據提示，回顧你的操作過程，寫下完整的一兩句話，解釋為何藤本近似摺法有用。

講義 3-2

藤本近似摺法的細節

(1) 十進位轉二進位？

回想一下，十進位數是以 10 為底：我們說 1/8 ＝ 0.125，因為：

$$\frac{1}{8} = \frac{1}{10} + \frac{2}{10^2} + \frac{5}{10^3}.$$

如果要把 1/8 寫成**十進位轉二進位**，分母會用 2 的次方而不是 10 的次方，所以得到 $\frac{1}{8} = \frac{0}{2} + \frac{0}{2^2} + \frac{1}{2^3}$，寫成：1/8 ＝(0.001)$_2$。

問題 1：如何將 1/5 寫成十進位轉二進位？

問題 2：當我們運用藤本近似摺法，將紙分為 5 等分的時候，對紙左邊和右邊的摺疊順序是什麼？問題 2 和問題 1 之間有什麼關聯？

問題 3：拿一張新紙條，用藤本法把紙作 7 等分。7 等分的摺法和 5 等分有何不同？請把 1/7 寫成十進位轉二進位，並檢查你在問題 2 中提出的觀察。

(2) **離散動力學方法...**（承蒙 Jim Tanton 提供）

我們已假設紙條位於 x 軸上，紙條左端為 0，右端為 1，在這個 [0, 1] 區間，定義兩個函數：

$$T_0(x) = \frac{x}{2} \ \text{與} \ T_1(x) = \frac{x+1}{2}.$$

問題 4：這兩個函數在藤本法上的意義是什麼？

問題 5：令 $x \in [0,1]$ 為我們在藤本法中求 5 等分近似值的初步推測。（因此 x 大約會等於類似 $1/5 \pm E$）。將 x 化為十進位轉二進位，$x = (0.i_1i_2i_3 ...)_2$。

$T_0(x)$ 會是什麼？$T_1(x)$ 又是什麼？請證明。

問題 6：當我們對一開始推測的 x 進行藤本法時，可以將其想成是一次又一次地執行 T_0 和 T_1。當近似 5 等分時，x 從十進位轉換成二進位，會發生什麼事呢？用此證明你在問題 2 中所作的觀察。

(3) 一個數論問題...（承蒙 Tamara Veenstra 提供）

在問題 3 中，要求你用藤本法求 7 等分的近似值，過程中你應該會注意到，在摺紙的時候，你沒有每次摺 1/7 的時候都會壓一痕，跟在摺 5 等分近似值的時候不一樣。事實上，你發現只有 1/7、4/7 和 2/7 才有壓痕記號。

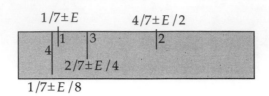

我們可以追蹤這個情況，並列成一張表，如右圖。表中第一列是在第一個壓痕的左邊有多少個 7 等分摺痕，右邊又有多少個 7 等分摺痕。第二列是第二個壓痕的左右邊摺痕，以下皆同。如你所見，右邊從 6 開始，只經過三列便回到 6，所以 7 等分不會每次摺的時候都會有壓痕。

7等分 左邊	7等分 右邊
1	6
4	3
2	5
1	6

作業：為 5 等分、9 等分、11 等分、19 等分，各製一張表：

5等分 左邊	5等分 右邊
1	4

9等分 左邊	9等分 右邊
1	8

11等分 左邊	11等分 右邊
1	10

19等分 左邊	19等分 右邊
1	18

問題 7：想一想，這些表格在倍乘中的數系 $\mathbb{Z}_n$（整數除以 n 的所有餘數之集合）告訴你什麼，其中 n 表示等分數。然後回答這個問題：我們怎麼知道在用藤本法求近似 n 等分的時候，每次摺到 n 等分的位置，都有一個壓痕？

解答與教學法

為何藤本法有用？

下圖顯示學生在求近似 5 等分的時候，所產生的壓痕數量。

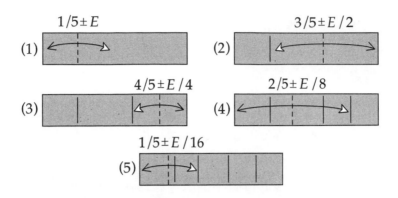

這些壓痕中的誤差項目，都呈指數衰退。換句話說，由於 $\lim_{n\to\infty} E/2^n = 0$，誤差將隨著每次摺疊而快速降低。

如此可導出一個討論，關於「現實世界」（如摺紙）中做事時自然產生的誤差。例如，藤本法的精華在於，儘管摺紙會產生既定的誤差，但仍然很有用。摺痕再怎樣都不會有完美的數學精確度，無論我們如何努力，摺紙總會產生一些誤差。那麼，究竟是求 5 等分的數學完美摺法比較好，還是藤本近似摺法比較好？其實最終的結果都一樣會有誤差；只是根據一個人摺紙的精確程度，前者的誤差是產生在摺疊過程中，而後者則是將一開始的誤差降低到盡可能接近零。事實上，以精確的數學法來求摺紙的 n 等分，在摺疊過程會不斷累積誤差，而藤本法每摺一次紙，反而會減少誤差。這就是為什麼有許多人在將紙摺成奇數等分時，都使用藤本法的原因之一。將藤本法的誤差建立模型，變得更精確，同時也要考慮到人為誤差，可能會成為一個學生研究的有趣主題。

還有其他方式可證明藤本法適用於某些 n 值，而無須依賴本講義。事實上，教師還可以決定不使用講義，只需親身示範，教授課程，然後證明的部分可以留給學生任意進行，不過學生通常不會想到上面那麼單純的誤差減少論證。

我學生開發的一個解答如下：假設我們要求 3 等分的近似值，我們再最開始推測時（1/3 大約的位置，設紙左右端各為[0,1]區間），使紙長從 0 到推測位置為 a，然後紙剩餘部分長度為 $1 - a$。在作出第二道壓痕之後，剩餘的部分會分為兩半，各段長度為 $(1 - a)/2$。然後作

第三道壓痕，產生此段長度為 $(1 - (1 - a)/2)/2$。換句話說，這個過程是遞回的；在第四道壓痕之後，我們將會得到長度為：

$$\frac{1 - \frac{1 - \frac{1 - a}{2}}{2}}{2}.$$

假設在我們重複摺紙過程時，這個連續的分數狀態收斂，我們可以讓 $S =$ 這個分數的極限。那麼 S 將滿足等式 $S = (1 - S)/2$，表示 $S = 1/3$。這種方法也可以用來解決 5 等分的版本，不過 5 等分要複雜得多。

教學法：雖然這份講義已說明藤本法的所有步驟，但對於學生來說，想要掌握自己應該學習的東西並不容易。向學生示範 5 等分的例子（你摺一步，他們摺一步）可能是讓他們適應藤本法最好的辦法。

教師必須要強調，要不斷重複進行藤本摺法，直到誤差似乎消失為止；當新的壓痕記號開始與舊的壓痕記號重疊的時候，可以在紙上看見，此時就是可以將摺痕從頭到尾壓清楚的時候。壓好以後，紙就會長得像「手風琴」一樣，表示成功了，已經將紙摺成 5 等分。

在學生完成講義 3-1 時，或有某人、小組提早完成，可讓他們挑戰用藤本法來進行其他的等分，如 7 等分、9 等分（或 3 等分！），如此還可測試他們是否真的了解藤本法。

講義 3-2：(1) 十進位轉二進位

在問題 1 中，我們知道 1/5 小於 1/2 和 1/4，但大於 1/8。所以將 5 化為十進位轉二進位是 $(0.001 ...)_2$。減掉 1/8，就變成剩下 $1/5 - 1/8 = 3/40 = 0.075$，比 1/16 大一點，所以第四位數字是 1，然後使 $3/40 - 1/16 = 1/80 = 0.0125$，會比 1/32 和 1/64 小一點。但是等一下，由於 $1/80 = (1/5)(1/16)$，等到除去 1/16 部位，我們就會得到 1/80，這代表如果從剩下的 1/80 除去因子 1/16，我們會得到 1/5，回到最早開始的地方！所以，十進位轉二進位，會重複最前面的四位數字：$1/5 = (0.\overline{0011})_2$。

在問題 2 中，我們知道用藤本法作 5 等分，要先將紙的右邊摺兩次，然後左邊也摺兩次。所以摺紙的順序可寫為：右、右、左、左。學生或許會令右＝ 0，左＝ 1，得到與 1/5 的十進位轉二進位，相同的序列，但是理由不夠充分。如果邏輯要比較有意義，須令 右＝ 1，左＝ 0，因為我們把紙條想成是 [0,1] 區間，所以右端是 1，左端是 0，如此一來，得到的左右摺紙順序，會變成原來數字順序的顛倒。實際證明放在講義 3-2 中。

對於問題 3，與 5 等分近似值，與 7 等分近似值，兩者的差異是只在 1/7、4/7 和 2/7 位置，而 5 等分近似值，**每個** 1/5 的位置都有壓痕。這會在講義的第三部分加以探討。但 1/7 $=(0.\overline{001})_2$，摺紙順序是右、左、左。這樣應該能解釋「問題 2」所有不清楚的推測。

教學法：學生（也包括很多教師）不知道或記不住，怎樣將一個實數從十進位轉換成二進位。講義中所舉的例子 1/8，提供了足夠的整理，但是這樣還不夠能讓學生計算 1/5 的十進位轉二進位。因此，教師應該安排預先讓學生小組思考，如何自己將 1/5 從十進位轉換成二進位，必要時還可以給學生一些提示。如果全班都不知該怎麼作，可以先從 1/3 $=(0.\overline{01})_2$ 這個例子著手，會有些幫助。

學生可能會在問題 2 中作出錯誤推測，但沒有關係；從數據中建構推測，是了解如何自我檢驗，更正錯誤，這就是學習過程的一環。但學生必須了解自我檢驗的重要性，所以問題 3 正是給了他們機會。請確定學生有根據問題 3 重新思考他們的推測，而不只是把紙撕掉，老死不相往來。

講義 3-2：(2) 離散動力學

這份講義的材料是從Jim Tanton [Tan01]的想法中拾慧。函數 $T_0(x)$ 和 $T_1(x)$ 正好與左右摺紙的操作完全相同。也就是說，如果 $x \in [0,1]$，那麼 $T_0(x)$ 是將紙左邊摺到 x 的壓痕位置（只要摺成一半！），而 $T_1(x)$ 則是將紙右邊摺到x時的壓痕位置。這樣便解答了問題 4。

在問題 5 中，我只提了 5 等分的例子，會使問題 6 中的順序更有意義。重要的是要了解，如果$x = (0.i_1i_2i_3...)_2$，則

$$T_0(x) = (0.0i_1i_2i_3\ldots)_2 \text{ 且 } T_1(x) = (0.1i_1i_2i_3\ldots)_2.$$

證明相當直接：由於$x = \sum_{n=1}^{\infty}i_n/2^n$，因此

$$T_0(x) = \frac{1}{2}\sum_{n=1}^{\infty}\frac{i_n}{2^n} = \sum_{n=1}^{\infty}\frac{i_n}{2^{n+1}} = (0.0i_1i_2i_3\ldots)_2 \quad \text{且}$$
$$T_1(x) = \frac{1}{2} + \frac{1}{2}\sum_{n=1}^{\infty}\frac{i_n}{2^n} = \frac{1}{2} + \sum_{n=1}^{\infty}\frac{i_n}{2^{n+1}} = (0.1i_1i_2i_3\ldots)_2.$$

在問題 6 中，我們看到，如果藤本法 5 等分的例子，摺紙順序是重複右右左左，那麼我們將會一直重複疊代 $T_0(T_0(T_1(T_1(x))))$。由於最早我們任意推測 $x = (0.i_1i_2i_3...)_2$，因此 $T_0(T_0(T_1(T_1(x)))) = (0.0011i_1i_2i_3...)_2$。不斷重複這個過程，近似值就會越來越趨近 1/5。

　　因此，我們知道為什麼左右摺紙順序，能夠使十進位轉二進位重複的數字變顛倒；這是因為當組合這些摺紙操作時，我們在十進位轉二進位數字展開前加了一位數字，因此使得二進位數字順序變顛倒。就像當學生發現函數的合成，順序與口頭剛好「顛倒」，一樣會感到很困惑。

教學法：T_0 和 T_1 函數可清楚呈現左邊和右邊的摺紙情形。教師甚至可以要求學生自己發明這些函數；摺左邊是將 $[0, x]$ 區間分成一半，摺左邊則是將$[x, 1]$分成一半。

　　講義此部分的例子很好，說明抽象的數學函數可表示非常真實的東西，在這個例子中，真實的東西就是他們所摺的紙！所以重要的是，要讓學生自行發現 T_0 和 T_1 函數之間的關係，以及藤本摺紙法。想要發現關係並不困難，但是學生必須在進行完畢所有活動之前，將其內化。

　　發現問題 5 的結果，可能比較困難。只要有問題，隨時舉例說明。如果學生卡關，可以問他們：「如果$x = 1/2$ 如何？如果$x = 3/4$ 又如何？」這些例子可以讓他們回到正確的軌道上思考。

　　證明問題 5 的結果，需要熟悉無窮級數，並對十進位轉二進位要有明確的認識。建模或動態（微積分進階）課程的學生，應該能夠處理。（如果作不到，那麼這是一個練習基本技巧的好機會！）

　　問題 6 的範圍包括問題 4 和 5 所學到的。這是「實驗－猜想－證明過程」重要的部分。確定學生都能以完整的句子把結論寫清楚。

講義 3-2：(3) 數論

　　這部分講義，從 Tamara Veenstra 所提出的問題「我會得到怎樣的壓痕？」由其中一解答發展而來，表格的正確答案如下：

5等分左邊	5等分右邊
1	4
3	2
4	1
2	3
1	4

9等分左邊	9等分右邊
1	8
5	4
7	2
8	1
4	5
2	7
1	8

11等分左邊	11等分右邊
1	10
6	5
3	8
7	4
9	2
10	1
5	6
8	3
4	7
2	9
1	10

　　（19 等分的解答留給你）如果顛倒順序來讀這些表，從下往上讀，會發現在 $\mathbb{Z}_n$ 中 2 的指數變得越來越大，很難看不見。n 指的是而我們在藤本法中的等分數。這也是有道理的：一旦你開始用藤本法摺紙，想要將紙分成幾等分，相當於在壓痕的一邊，將紙分為一半，然後用這一邊繼續摺，直到成為 $1/n$ 或 $(n-1)/n$。因此如果 $\mathbb{Z}_n$ 中 2 的連續指數，在 1 到 $n-1$ 之間產生所有的數，那麼我們將在 $1/n$ 倍的每個位置都得到壓痕記號。換句話說，我們要找的條件是，是否 2 在倍數的情況下產生了 $\mathbb{Z}_n \backslash \{0\}$。而任何數論學生都應該嘗試這個最簡潔的說法：2 是 $\mathbb{Z}_n$ 的原根。

　　根據你在課堂上投入的時間，或學生的程度，即使是像上面那樣非正式的解釋，也是適當的。但更嚴格的解釋如下：

使 $1/n = (0.\overline{i_1 i_2 \ldots i_k})_2$，則表示

$$\frac{1}{n} = \sum_{j=0}^{\infty} \left(\frac{i_1}{2^{jk+1}} + \frac{i_2}{2^{jk+2}} + \cdots + \frac{i_k}{2^{jk+k}} \right) = \sum_{j=0}^{\infty} \frac{2^{k-1}i_1 + 2^{k-2}i_2 + \cdots + 2^0 i_k}{2^{jk+k}}.$$

使 a 等於計算結果和的分子項，$a = 2^{k-1}i_1 + 2^{k-2}i_2 + \ldots + 2^0 i_k$，然後注意 $a = (i_1 i_2 \ldots i_k)_2$，即從重複摺疊的 $1/n$ 倍部分得到的數字，是二進位整數。再注意到 a 與 j 無關。因此，

$$\frac{1}{n} = a \sum_{j=0}^{\infty} \frac{1}{2^{jk+k}} = \frac{a}{2^k} \sum_{j=0}^{\infty} \frac{1}{2^{jk}}$$

$$= \frac{a}{2^k} \frac{1}{1 - 1/2^k} = \frac{a}{2^k} \frac{2^k}{2^k - 1} = \frac{a}{2^k - 1}.$$

我們將 $1/n$ 化為一個分數，分母是 2 的指數減 1。這表示：

$$an = 2^k - 1，或寫為 2^k \equiv 1 \pmod{n}$$

故 2 屬於可逆元素群 $U(\mathbb{Z}_n)$。此外，假設 k 不是滿足 $2^k \equiv 1 \pmod{n}$ 的最小正整數，那麼我們可以設 b 為某正整數，$m < k$，因此 $1/n = b/(2^m - 1)$。接著我們可以作上式的驗算，得到 $1/n$ 有另一個不同的十進位轉二進位展開，但重複部分比較少。假設 k 已經給我們最少的重複十進位數，便不會發生這種情形。所以 k 必須是滿足 $2^k \equiv 1 \pmod{n}$ 的最小正整數。

　　現在可以總結解釋如下：使用藤本法的 n 等分近似值 $1/n = (0.\overline{i_1 i_2 \ldots i_k})_2$，若且唯若 $k = n - 1$ 時，在所有 $1/n$ 倍的位置都會產生壓痕記號，並且，若且唯若 2 的次方產生全部的 $\mathbb{Z}_n \backslash \{0\}$ 亦為真。換句話說，n 必須是質數，而 2 必須是模 n 的原根。

教學法：在數論課堂中，根據進行這個活動的時間，學生尋求最好的解答方式時，將會獲得不同的成功。但表的重複模式應該要很清楚。這為學生在數論的模式匹配（pattern matching）方面，提供了一種很好的能力測試。非數論課也可以玩這個活動，但學生會需要先熟悉 $\mathbb{Z}_n$。（而且他們不太可能說明原根的相關問題。）

　　學生容易出現的一個錯誤推測是，如果 n 是質數，壓痕記號就會全部出現。這種想法通常是這樣：如果 2 的次方不產生所有的 $\mathbb{Z}_n \setminus \{0\}$，就會產生成一個子群，而唯有 n 是質數，$\mathbb{Z}_n$ 才不會有任何子群。當然，這樣想是錯的，但如果你看到學生以這種方式思考，也不必驚訝。

進階學習

　　藤本修三（Shuzo Fujimoto）在他極其罕見的日文著作[Fuj82]中，說明了這種近似摺法。他也使用這種技巧來找出奇角的等分近似值。對於此類型的近似值求法及其他相關數論結合，請參閱Hilton and Pedersen的作品[Hil97]。

活動 4
將長度確實作 N 等分
DIVIDING A LENGTH INTO EQUAL NTHS EXACTLY

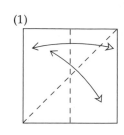 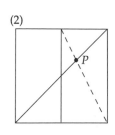 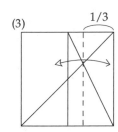

適用課程：幾何學、微積分先修。

摘要

　　要求學生想辦法，把正方形紙的一邊，摺成完美的三分之一或五分之一或其他奇數等分。此活動目標為開發**精確**的方法，而不是近似法。

　　學生嘗試一段時間後，或下一節課，發給他們講義。學生會發現到，講義上呈現的是一種完美三等分的摺紙程序。然後，要求學生歸納出這種方法。

內容

　　這個活動主要是幾何學，不過也是一個可以用合成和分析法求解的問題。事實上，如果是以分析法求得解答，那麼用的便是線段式和交點，因此對於微積分先修課堂，是一個很好的隨手實作活動。

講義

　　本活動有兩份講義，兩者所用的方法不同，然而要達成的任務相同：將一張正方形紙，完美等分為三分之二。第一份講義向學生展示摺法，並促使他們發現意義是什麼。第二份講義則是解釋這個方法，並促使學生向證明挑戰。

　　兩份講義都可以事先要求學生，嘗試以自己的方法去精確摺出三分之一等分。

時間規劃

　　此活動保守估計至少需要 30 分鐘的課堂時間，其中包括摺紙時間、學生操作時間，以及討論時間。

講義 4-1

這種摺法是在作什麼？

下面是摺紙步驟。取一張正方形紙，先垂直對摺，再摺出對角線，如圖所示。然後連接頂邊中點與右下角，摺一條直線。

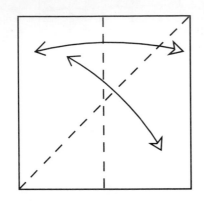 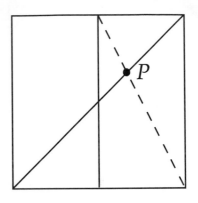

問題 1：找到直線與對角線相交的 P 點座標。（假設左下角為原點，正方形邊長為 1）

問題 2：這樣摺為什麼有趣？可以用來作什麼？

問題 3：你如何歸納這種方法，例如，如何完美五等分或者 n 等分？（n 為奇數）

講義 4-2

完美三等分的摺紙法

　　要將一張正方形紙摺成一半、四等分或八等分很容易，但是摺成奇數等分，如三等分，確實比較難。以下順序為三等分的一種摺法。

(1)　　　　　　　　(2)　　　　　　　　(3)

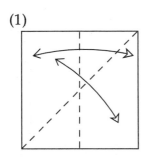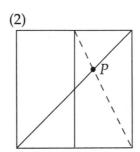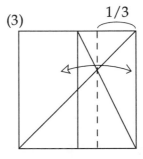

問題 1：證明這種摺法確實有用。

問題 2：你如何歸納這種摺法，例如，如何完美五等分或者 n 等分？（ n 為奇數）

解答與教學法

由於兩份講義很相似，我們將主要介紹第一份講義的解答。

問題 1：合成法

假設正方形邊長為 1，並考慮下圖中的各符號。交點 P 座標設為 (x, x)，則 AE 長度為 x，故 EB 長度 $1 - x$。同理，EP 長度為 x。

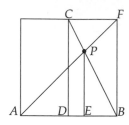

注意，△BDC 和 △BEP 相似，因此 $|CD|/|PE| = |BD|/|BE|$，即

$$\frac{1}{x} = \frac{1/2}{1-x} \;\Rightarrow\; 2 - 2x = x \;\Rightarrow\; x = \frac{2}{3}.$$

這也可以利用另外兩個相似三角形 △ABP 和 △CPF 來證明。

問題 1：分析法

假設正方形位於 xy 平面，A 為原點，B 在 $(1,0)$。則 P 位於 $y = x$ 和 $y - 1 = -2(x - 1/2)$ 兩條直線的交點。兩式組合求交點，可得 $x - 1 = -2x + 1$，$3x = 2$，$x = 2/3$。

由此可知，問題 2 的答案是，這個方法確實可以用來將正方形紙摺成三等分。試試看吧！

問題 3

下圖顯示如何將這種方法歸納，用於將正方形摺成 n 等分，n 為奇數。在此不用垂直平分線，而是在 $x = (n - 2)/(n - 1)$（或右邊 $1/(n - 1)$）位置，作一條垂線。

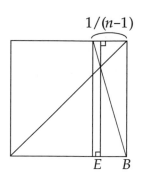

找到這條垂線應該不太難，因為 $n-1$ 是偶數（n 是奇數）。（如果 $n-1$ 等於 6，那麼你必須先找到 1/3 位置，然後再摺一半，得到 1/6 記號。所以在某種意義上，這種方法是遞迴的。）

同樣的方法用於問題 1，在此一般例子中，會得到兩條對角線摺痕相交於 $((n-1)/n,$ $(n-1)/n)$，此交點可用來將這張紙摺成 n 等分。

教學法

如前所述，如果學生事先花了很多時間嘗試想出解答，他們更會想要學習完美的三等分法。其實還有很多其他的方法可以用來等分（將於本節末介紹一部分），如果學生自己想出方法，就應該要進行研究和證明這些方法。事實上，如果有人自己想出了講義所提供的方法，那麼證明和歸納就是最好的理解。因此，如果學生自己探索順利，講義可能就沒有必要。

第一份講義看起來似乎較為進階，我很驚訝有些學生有能力確定此方法是在作什麼。不過，第一份講義確實會促使學生提出分析證明，因為利用找到的摺線數學式來求得 P 點座標，是最為容易的。

第二份講義則著重於發展建構證明的技巧。大多數學生想到的是相似三角形的證明，但分析法用的不但只是微積分的基礎知識，而且在各種幾何問題中都非常實用。在幾何學課堂上，學生經常會很高興知道他們可以用這麼簡單的技巧來解答一些問題。因此，如果班上所有小組開發的都是合成法，請給早早完成的學生一點提示，想想紙位於 xy 平面上，藉此找出摺線的數學式。一般來說，對於進行活動的學生，這些就是所有需要告知的，讓學生開發上述的分析證明。（並請注意，第二份講義沒有提供分析證明的提示，因此與第一份講義不同。）

如果學生先嘗試一個簡單的例子，也很容易找出一般的解法。對於歸納有所障礙的學生，應該鼓勵他們嘗試一個例子，例如摺五等分。以此方法進行五等分，只需要在 $x = 3/4$ 位置作一條垂線，而非 1/2 位置。這樣可以讓學生直接就可以想出來，進而引導完成歸納。

其他方法

如前所述，還有其他許多方法可以摺出三等分、五等分或 n 等分。這裡介紹幾種，但無證明。

下圖展示的是一種藉由 30-60-90 直角三角形（如活動 1）的一種摺紙，自然引導出的三等分法。不過，這種方法無法歸納應用於其他等分法。

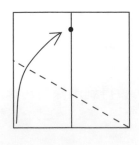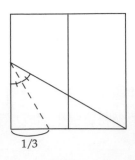

如下圖所示另一種一般方法，這是 2000 年罕布夏大學數學暑期學校的學生 Haobin Yu 所發明。這種方法再度用到前提，即 $1/2n$ 等分為可能，因此我們得到奇數等分 $1/(2n + 1)$。可利用相似三角形或前面的分析法來證明。

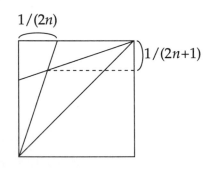

利用網絡搜尋，可找到更多用精確等分的摺紙法，尤其可參考[Hat05]和[Lang04-1]，這些方法都可用於家庭作業練習或補充教材。

活動 5

螺旋摺紙
ORIGAMI HELIX

適用課程：三角學、微積分先修、微積分、幾何學

摘要

摺一個螺旋，進而產生一個習題，我們要問：「這種摺紙技術可使一張正方形紙旋轉的極限為何？」

內容

這裡的模型是一種運用簡單的打褶技術，使紙張扭轉的巧妙方法。最後摺出來的結果看起來像一個螺旋，很像歐美居家戶外裝飾的螺旋型木製風車。此活動的練習，為摺紙模型的自然延伸，使用的概念包括：弧度角測量、幾何變換、三角函數和極限。然而，問題最簡單的解答，要避免直接使用極限，但卻要對弧度角測量有確實的認識。因此，此活動適用於三角學到微積分課堂。

講義

講義第一頁是關於模型的摺紙說明，第二頁則提出問題，在此模型中，一張正方形紙扭轉的「極限」為何。

時間規劃

此模型版本，如摺紙說明所示，在課堂中約需 15 分鐘。再加上 15 分鐘回答問題。但是，如果學生想要用長一點的紙條，以摺出更大的螺旋，時間會更久。

講義 5-1

螺旋摺紙

這個模型將紙打褶，使紙扭轉。以長紙條摺疊，結果會出現螺旋。

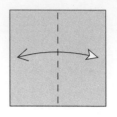 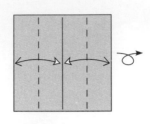 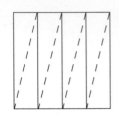

(1)將紙沿著邊對摺
成一半。

(2)從兩邊向中間對
摺再打開，然後
將紙翻面。

(3)現在摺出的長方
形中，仔細摺出
對角線的摺痕。

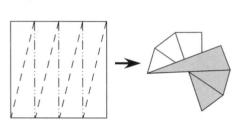 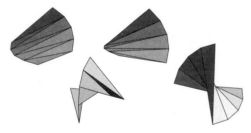

(4)現在將所有摺痕同時摺疊，結果
會將正方形紙扭轉。

如果你讓模型展開成 3D，會變成
有趣的形狀！

用長紙條來摺這個模型，
會產生扭轉的螺旋形狀，
如左圖所示。（想要摺成
功，你需要將紙帶多摺許
多等分。）

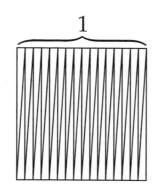

問題：如果在上述說明步驟 (1) 至 (2) 中，多摺許多等分，那麼我們會使正方形紙變得更加扭轉。下方為一系列例子，將步驟 (1) 至 (2) 分為三等分、六等分、八等分、13 等分。隨著等分愈多，角 α 逐漸變小！

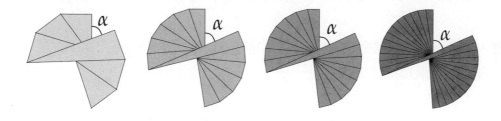

　　所以問題是，隨著我們將紙等分摺得越來越多，角 α 會發生什麼事？

　　換句話說，當我們等分摺得越來越多，正方形扭轉的程度為何？是否會越來越扭轉，還是會接近一個極限？

解答與教學法

這種螺旋摺紙，又稱為螺旋風車摺紙，被視為一種傳統模型。這種簡單的摺疊設計，可能是人類最先開始摺紙的時候所摺的東西（或是人類最早有品質夠好的紙，可以這樣摺疊的時候）。在歐美，此設計有許多版本，用長方形的紙摺疊，然後吊起一個短邊的中心點，懸掛起來，螺旋紙形會在風中旋轉起來，引人入勝。這種傳統手工藝至少已有一個世紀或更久的時間。

在摺紙步驟 (3) 中，摺出對角線摺痕，可能學生會有點不順（教師也一樣）。從字面上看，這是因為要摺出這樣的摺痕，必須連結紙上的兩點，然後摺出一條直線摺痕，其餘紙的部分沒有要摺成什麼形狀，所以注意力集中放在兩點和摺痕上面。教師在帶領班級進行此活動之前，應事先練習數次此摺紙模型，以免有些學生在步驟 (3) 會遇到困難，需要一對一協助。

此外，步驟 (2)「將紙翻面」此部分非常重要，否則摺痕的山谷線就不會那麼平均。為了使摺痕層層疊合，垂直摺線需要在同一方向（例如一致為山線），而對角線的摺線則需要在另一個方向（例如一致為谷線）。

這個活動的一個風險是，學生會移注意力，想要摺很長的螺旋，所以總是翻不開講義的第二面，看不到數學問題。作者身為狂熱的摺紙人，難以勸阻學生的熱情。

此外，有些學生可能不會相信講義的數學問題，而聲稱圖中或自己摺的紙模型，角 α 都是相同的。但是，如果把等分少的紙模型（如三或四等分）放在等分多的模型上面，你會看見角 α **非常緩慢地**越來越小，如下圖所示。（請注意，紙模型需要摺疊得相當準確，實際上才有把握會看到這種差異。）

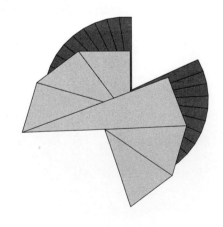

　　問題的解答，除了有比較複雜的方法，也有非常簡單的方法。唯有聰明絕頂的學生才能快速發現簡單的方法，因此教師不如接受學生會採取循序漸進的方式，一步步解答。所以，我們首先要呈現的是較為複雜的解答方法。

解答一（難度較高）

　　為了量化紙張的旋轉，需要仔細檢查摺痕，特別要注意的是，每一層摺疊都要有一個垂直的山摺，然後旁邊是對角線的谷摺，使紙張旋轉一部分，隨著層層摺疊，形成了紙的自旋。組成一層摺疊的兩條摺痕，如下圖所示：

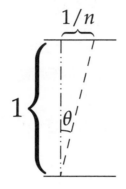

　　現在，兩條摺痕都摺在同一平面上，因此我們可以這樣想：每條摺痕的線，都是紙的一部分**反射**。因此兩條摺痕的組合，等於是在紙上反射兩次，中間生成角 θ，如上圖所示，相當於旋轉了 2θ 的角度。因此，這些層層摺疊的角 θ，加總在一起，會決定摺紙的旋轉角度。

　　由於上圖所示的兩條摺痕形成了一個直角三角形，如果我們依照指示步驟 (1) 至 (2)，將正方形 n 等分，會得到

$$\tan\theta = \frac{1/n}{1} \;\Rightarrow\; \theta = \arctan(1/n).$$

在正方形中，我們有 n 層摺疊，每一層摺疊會使紙張旋轉 2θ。所以總旋轉角度為

$$2n\arctan(1/n),$$

若 n 趨近於無限，我們只需要取極限即可。一個具有微積分背景知識的學生，應該能夠處理這種極限問題。首先，我們可以用 x 替代 $1/n$，然後運用羅必達法則（L'Hospital's Rule）：

$$\lim_{n\to\infty} 2n\arctan(1/n) = \lim_{x\to 0}\frac{2\arctan x}{x} = \lim_{x\to 0}\frac{2}{1+x^2} = 2.$$

真是令人驚訝！取極限的結果，答案為，正方形紙的扭轉是兩個弧度。

在微積分或微積分先修課堂上，我們多久會看見一個問題的答案是整數的弧度？通常在這些課堂上，問題的答案都是 π 倍數的弧度。這個答案竟然是整數的弧度，使螺旋摺紙問題變得很特別。

當然，學生可能會把弧度轉換為角度（約為 114.592°），還可能會被答案兩個弧度、2 後面那個弧度是什麼而感到困惑，除非學生想起來，在學習微積分時，我們需要注意反正切函數等，必須用弧度量轉換為角度量，否則他們可能會以為算出來的答案就是角度量！這對於弧度量在分析中的核心作用，提供了一個很好的學習或複習的機會。

然而我必須要說，學生在微積分或微積分先修課堂上，可能不會想到兩次反射所產生的是旋轉，更別說旋轉是 2θ。教師在上課時可能會想提供學生這些提示。但在幾何學課堂上，就學生所學習的反射來說，此活動會是很好的應用題。

解答二（難度較低）

這個比較容易的解答，來自摺紙專家 Jason Ku，他是在一場晚餐聚會的對話中然想到的，必須要是對弧度角度測量的意義，具有通透的了解，如下方左圖所示。亦即，半徑為 1 的圓，以圓心為中心，在圓上切出一段圓周長度為 1，即為 1 弧度。

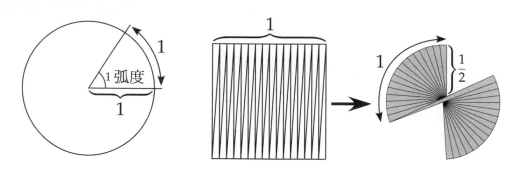

把弧度角的定義記在心裡，設正方形紙的邊長為 1。當我們把正方形紙摺成幾等分，變成螺旋形，正方形邊長即為長度近似 1 的弧度。但如上右圖所示，將螺旋壓扁，這個長度為 1 的弧，是來自半徑等於 1/2 的圓。當然，任何已知螺旋模型的測量都是近似值，因為在此「弧長為 1」的圓，並不是完美的圓周弧，實際的半徑可能在測量後發現不是正好等於 1/2。然而，這很顯然是在求極限下接近的長度。

無論是哪一種情況，正方形紙的旋轉量，正好是弧長為 1 的弧度，所對應的角度。不過這個角度不是 1 弧度，因為此處的圓半徑為 1/2。在此圓中，1 弧度所對應的弧長為 1/2。因此，長度為 1 的弧長，是從 2 弧度的角度所切出，答案正好與前面的解答一完全一致。

解答二的解法，對於學習弧度角測量的課堂明顯有幫助。將上面的圖給學生看，有助他們發現弧度角測量與螺旋摺紙之間的基本關聯，最終解釋了我們為何得到一個答案是整數的弧度。

進階探索

螺旋是一種非常有趣的形狀，鼓勵學生多摺長一點的螺旋，摺得夠長，就可以把摺紙兩端連在一起，重疊形成沙漏狀。左下圖是一種可能的摺法。

 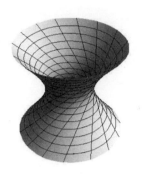

這種沙漏狀的摺紙，看起來類似於一種數學的面（如上右圖所示），**稱為單葉雙曲面**（hyperboloid of one sheet）。單葉雙曲面是由等式 $x^2 + y^2 - z^2 = 1$ 所形成，為**直紋曲面**（ruled surface）的一個例子，這是用一條直線在三維空間中掃出的面。上右圖所示的對角線，描繪了這條直線經過的位置，而螺旋沙漏中的對角線摺痕似乎也有相同的意義。隨著摺出越來越多的摺痕（即紙的等分越來越多），這些對角線摺痕也會越來越近似於單葉雙曲面。

活動 6

拋物線摺紙
FOLDING A PARABOLA

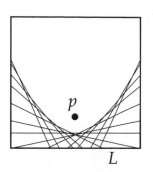

適用課程：幾何學、微積分先修、微積分、抽象代數、建模。

摘要

　　帶領學生練習一種基本的摺紙法（即活動 1 中所需，將點摺疊到線上），然後不斷重複，使摺痕看起來變得好像與拋物線相切。接著，要求學生證明這確實是拋物線。

　　延伸活動：我們可用類似的方法，摺出橢圓或雙曲線嗎？在摺紙構造中所產生的有理數擴展領域，告訴我們什麼事？

內容

　　雖然這很明顯是屬於幾何學構造的練習，不過，也能啟發我們產生一個大哉問：藉由摺紙而非以尺規等作圖，能成功摺出哪些幾何構造，其中有許多值得探討。關於拋物線的基礎知識，一向只能運用邏輯和微積分先修技術加以驗證，然此活動將可加以強化。另一方面，提供嚴格的證明，牽涉到的是創造摺紙過程的模型細節，使得此活動成為幾何學建模的一個絕佳案例。進一步來說，利用曲線的包絡（envelopes of curves）更可優雅的證明；此主題有時會在微分幾何或代數幾何課程中遇見。因此本活動的運用課程範圍非常廣泛。

　　此活動同時也是見證的一個機會，例如，視覺幾何與代數方程式解題的關聯，對於其奧妙之處，我們可說「這個摺紙活動等於是在解一道二次方程題目」。在高等數學中，幾何與代數的連結是重要的概念。

講義

本活動共有兩份講義。

(1) 講義 6-1 的第一頁是帶領學生進行拋物線摺紙活動，並於隨後要求學生驗證。第二頁是帶領學生進行此活動的建模，以進一步分析證明。

(2) 講義 6-2 為想要帶領學生利用動態幾何軟體來探索此練習的教師，提供補充，但並非取代。

時間規劃

此活動對於時間需求頗具彈性，教師可自行選擇，要求學生自己完全做完講義，或是在教課時擷取其中一部分。完成講義 6-1 的第一頁需時 10 至 15 分鐘，第二頁學生則另外需時 20 至 30 分鐘。

動態幾何軟體講義部分則需時 10 至 15 分鐘。

講義 6-1

探索基本的摺紙動作

摺紙書籍展示了許多不同的摺紙動作，特別是在幾何學摺紙中，其中一個常見的基本動作如下：

取 p_1，p_2 兩點與直線 L，將 p_1 點摺向 L，使摺線通過 p_2。

一起來探索這個基本的摺紙動作，看看將點摺向線的時候發生了什麼事。

活動：取一張紙，使一邊作為直線 L，再於紙上取一點 p，如下所示。請將 p 點摺到直線 L 上。重複多次。

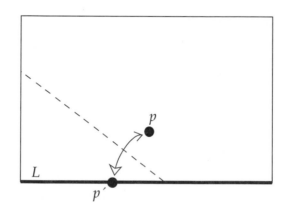

事實上，將直線 L 往 p 點摺會比較容易，只要將紙摺彎，使直線 L 接觸 p 點，然後再將摺痕壓平。接著，多次重複這個動作，選擇不同的 p' 點，使 p 點落在直線 L 上。

問題 1：將你所見盡量清楚描述出來。摺線形成了什麼？你所選擇的 p 點和直線 L 有何影響和變化？試證明之。

現在，我們要為你所發現的曲線，找出方程式。

首先，定義 xy 平面上的曲線。使點 $p = (0, 1)$，直線 L 為 $y = -1$。假設我們將點 p 摺到直線 L 的 $p' = (t, -1)$ 上，t 為任意數。

問題 2：線段 pp' 與摺線的關係為何？摺線斜率是多少？

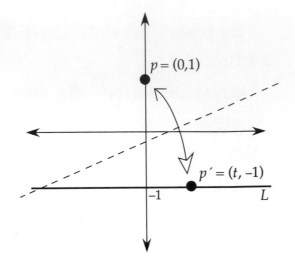

問題 3：請找出摺線的方程式。（以 x, y 和變量 t 表示）

問題 4：問題 3 的答案會給你許多摺線的**參數族**（**parameterized family**），意思是說，不同的變量 t，會得到不同摺線。設 t 為一定量，找出與問題 1 中曲線**相切**（**tangent**）的切點。

問題 5：現在找出問題 1 的公式。

講義 6-2

摺紙與幾何軟體

在此活動中，我們會利用幾何軟體，諸如 Geogebra 或 Geometer's Sketchpad，來探索基本的摺紙動作：

取兩點 p，p' 和直線 L，將點 p 摺到直線 L 上，使摺線通過 p'。

探索此一基本摺紙動作，我們將於軟體中建模，看看把點摺到線上會發生什麼事。觀察重點如下，需加以運用：

當我們將點 p 摺向 p' 時，摺出的摺線將是 _____ 線段的 _____。

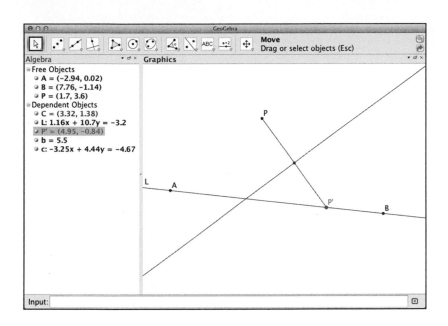

指示：在軟體中開新視窗（上圖為 Geogebra）。

(1) 通過 A, B 點畫一直線，命名 L。

(2) 於直線 L 外取一點 p。

(3) 於直線 L 上取一點 p'。

此即為觀察重點。運用軟體工具，將點 p 摺向 p' 時，繪製摺出的摺線。

完成之後，選一摺線，打開「蹤跡（Trace）」（以 Geogebra 為例，在摺線上 CTRL-click 或 right-click），接著便可在 L 線上來回移動 p'，形成許多不同摺線。如此一來可使軟體幫你「摺紙」。（而且看起來又很酷！）

延伸：如果我們用一圓代替直線，會發生什麼事？

解答與教學法

講義 6-1

　　這個摺紙練習的歷史，可追溯到很久以前，我所發現最早的參考文獻是印度 T. Sundara Row 於 1893 年初版的著作《摺紙中的幾何習題（*Geometric Exercises in Paper Folding*）》[Row66]。自此以來，有許多以此方法摺出的「拋物線摺紙」在各種數學教學文字著作上都可以看見（例如，見於[Lot1907], [Rupp24], [Smi03]）。然而，學生（還有教職員）仍然對重複摺疊點 p 和直線 L 的結果，竟然會形成拋物線，免不了要發出驚嘆。事實上，這些摺線都與焦點 p 和準線 L 所形成的拋物線相切。（見下圖 a）

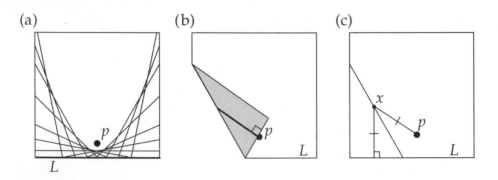

(a)　　　　　(b)　　　　　(c)

問題 1.　若學生記得（或提醒他們）拋物線焦點與準線的定義，就能夠自行提出上圖中 b,c 所大致呈現的概念性證明。方法是，若我們將 p 點摺到 L 線上，那麼摺起部分的紙也會使部分的 L 線與 p 點重合。若我們在摺疊部分以 p 點為始，用**粗筆**畫一條線垂直於 L 線（如上圖 b），這條粗線會一直延伸到摺紙的邊緣。若我們打開紙，會發現粗線滲透紙背，印出一條線，如上圖 c。這顯示粗線與摺線的交點 x 與 p 點以及 L 線的距離，兩者是相等的（點到直線的距離，即為垂線）。再者，x 點是摺線上**唯**一具有此特性的（試試看摺線上其他的點，摺一摺，會發現距離都不相等）。既然拋物線的定義是，距離一點（焦點）和一線（準線）皆相等的所有點的集合（即軌跡），則我們剛剛已證明，摺線都會與拋物線的焦點和準線相切。又既然點 p 往線 L 摺的方向是任意的，則適用於所有摺線。

問題 2.　當我們將點 P 摺向 P′ 時，所形成的摺線會將線段 $\overline{pp'}$ 垂直平分，這雖然是顯而易見的，但有些學生還是想要有嚴格驗證。事實上，這與基礎幾何的概念是一樣的，與 P 點及 P′

點等距的點，都在線段 $\overline{pp'}$ 的垂直平分線上。摺紙時，會將紙的一邊摺向另一邊，使點 P 與 P' 重合，因此顯然摺痕上所有點到點 P 與 P' 的距離皆相等。

　　由於線段 $\overline{pp'}$ 斜率為 $-2/t$，故摺線斜率即為 $t/2$。

問題 3. 　線段 $\overline{pp'}$ 的中點為 $(t/2, 0)$，且此點必位於摺線上。因此將點 $P(0, 1)$ 摺到點 $P'(t, -1)$ 上時，可求出摺線式為：

$$y = \frac{t}{2}\left(x - \frac{t}{2}\right) \;\Rightarrow\; y = \frac{t}{2}x - \frac{t^2}{4}.$$

問題 4. 　此問題顯示摺線實際上是與曲線相切的，但學生在問題 1 應已知道，因此到現在學生應可推測或證明此曲線是一條拋物線。由此訊息，我們可知，若從點 P　$(t, -1)$ 起，畫一條垂線到摺線上，交點為 Q，那麼沿摺線可知，線段 $\overline{qp'}$ 與線段 $\overline{qp'}$ 長度相等。因此摺線與焦點為 P、準線為 $y = -1$ 的拋物線，相切於點 Q。由於點 Q 位於摺線上，摺線式已求出，我們可知點 Q 為 $(t, t^2/4)$。

問題 5. 　解題的方法有很多種，但問題 4 應引導學生作最簡單的解法。注意切點 $Q(t, t^2/4)$ 實際上是拋物線 $y = x^2/4$ 的一個參數，學生從 $x = t$ 就可以很容易看出來（因為 t 為切線在 x 軸上一點）。

　　注意此解法是因為我們假設曲線為拋物線，事實上，問題 4 的解答可進而延伸，以證明此曲線的確是拋物線。不過還是有其他方法可導出這條曲線的方程式。

二次方程法　有些細心的學生可能早已發現，這種基本的摺法（如講義 6-1 第一頁）並不怎麼有效。意思是說，對於固定點 p_1 和固定直線 L，選擇的 p_2 若有誤，就無法完成操作。在此摺紙練習中我們可以看見，若點 p_2 的選擇是在拋物線的凸面，點 P 摺到線 L 所形成的摺線，就不會通過 p_2。

　　我們也可加以利用，若將所有摺線參數化**設為** t，會得到一個式子，表示所有摺線會通過 (x, y) 時的 t 值。注意這樣做的時候會發生什麼：

$$\frac{t^2}{4} - \frac{t}{2}x + y = 0 \;\Rightarrow\; t = \frac{x/2 \pm \sqrt{(x/2)^2 - y}}{1/2}.$$

　　因此，唯有當 $x^2/4 - y \geq 0$ 時，t 才是實數。由此可知，不等式 $y \leq x^2/4$ 代表平面上所有與摺線相交的點。而 $y > x^2/4$ 代表的是所有不與摺線相交的點。兩區域交界的邊線即為曲線，也就是拋物線 $y = x^2/4$。

另一種「假設為拋物線」法　為 Smith 在 [Smi03] 中所提出的證明。設 (x, y) 為與拋物線相切摺線上的點，根據拋物線定義，注意我們必有 $x = t$，點 $P'(t, -1)$ 為點 P 摺向線 L 上接觸的點，由下圖可看得較為清楚：

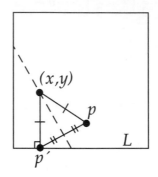

　　已知摺線斜率為 $t/2$，但應與點 (x, y) 和線段 PP' 中點 $(t/2, 0)$ 兩點間的斜率相等，故

$$\frac{t}{2} = \frac{y - 0}{x - t/2} \;\Rightarrow\; \frac{x}{2} = \frac{y}{x/2} \;\Rightarrow\; y = \frac{x^2}{4}.$$

微積分法　接續上面的解答。我們知道拋物線上位在點 (x, y) 的斜率為 $t/2$，但因 $x = t$，故拋物線在點 (x, y) 的斜率為 $x/2$，即

$$\frac{dy}{dx} = \frac{x}{2} \;\Rightarrow\; y = \frac{x^2}{4} + C,$$

　　利用反導函數（antiderivative）求得。因我們知道拋物線通過 $(0, 0)$ 和 $C = 0$，且拋物線方程式為 $y = x^2/4$。

包絡法　（見 [Huz89]）進階班級可透過所有摺線參數族，了解需要作的只是找到此參數族的包絡線（envelope）（見 [Cox05]）。具體而言，若 $F(x, y, t) = 0$ 為一曲線的參數族，則此族的包絡線（每點都與曲線族相切的曲線）可從以下二方程式求得：

$$F(x, y, t) = 0 \quad \text{和} \quad \frac{\partial}{\partial t} F(x, y, t) = 0.$$

　　在我們的例子中，有 $(\partial/\partial t)F(x, y, t) = x/2 - t/2 = 0$ 或 $x = t$，將其代入方程式，可以得到 $y = x^2/2 - x^2/4$ 或 $y = x^2/4$，即為我們的拋物線。

教學法

　　學生進行摺紙練習時，確保摺出夠多的摺痕，以免看不見拋物線。在問題 1 和問題 2 之間也可以進行動態幾何軟體（見下方）活動，非常有用。例如 Geogebra（可到 http://www. geogebra.org 免費下載）可加強學生認識點 P、線 L、摺線、拋物線之間的關係。但想要使學生發展問題 1 的概念證明，最好的方法就是玩摺紙。不過教師最好還是必須先帶領班級複習拋物線焦點和準線的定義。我發現學生大多都已經忘記了，不知現在高中數學課程對此部分的重視為何。

　　對學生來說，問題 2 和 3 應該沒什麼困難，有助於複習斜率、垂線、直線點斜式。然而，問題 3 的答案為變量 t 的參數化摺線族，對於參數，學生經常心懷疑問，變量更增加了他們理解此問題細節的難度。重點必須要讓學生明白，摺線方程式一向都可以 x、y 表示，但因 t 而被參數化。最後其的拋物線方程式以 x 和 y 表示，學生應該會覺得很親切。

　　問題 4 和 5 的概念難度高，用意是想讓學生在摺線上找到相切點，使後續求得拋物線方程式能夠手到擒來。然而，如果目的遲遲無法達成，在學生與問題 5 纏鬥之時，教師應預備其他證明，並提供適當的提示。

　　用二次方程中的判別式，去決定沒有任何摺線的領域，在這次的摺紙活動中，是最為清晰可見的證明，因此我極力建議教師要帶領學生複習此法。（學生看見二次方程如此特殊的應用，也會感到新奇。）不妨設為一項家庭作業或研究計畫主題，畢竟想要在一堂課中，讓學生消化整個摺紙活動，並解答和驗證問題 4、5，期望未免也太高。

　　此活動並帶領我們回顧：圓錐截面的點，為滿足特定條件的軌跡點。對實習數學教師來說，由於拋物線、橢圓、雙曲線都是高中代數課程的一部分，看見如此實際的圖形描述，特別有幫助。

　　此活動的高等奧妙概念是「摺紙可解二次方程式」。經過這個練習，能夠通透了解此點的學生，在數學上的成熟度將會更晉級。在一數學領域中，我們的想法（如摺紙幾何），竟可完全應用於看來截然不同的另一領域（如二次方程式），這個主題穿梭在所有數學中。再

者，此情況與用直尺和圓規將角三等分的經典問題，兩者非常類似；我們都學到，直尺和圓規只能解二次方程問題，而角三等分需要解三次方程，因此直尺和圓規不可能將角三等分。就此來說，拋物線摺紙正好預先讓我們看見，摺紙除了能夠完成直尺和圓規的作用，還有更多作用。接下來還有另外兩個活動會進一步加以闡述。

　　然而，證明了活動中的拋物線，並不證明所有二次方程都可以摺紙求解，只是可以當作證據，為我們更加一般化的論證提供所需。我在此呈現綱要，主要是想利用此活動引導產生關於此主題的討論，特別是在包含幾何構圖的抽象代數課程中，結果學生經常會問：「你怎麼會知道，摺紙能不能解**所有**二次方程式和拋物線呢？」接下來有一份令人信服的討論，見於 Alperin 有關摺紙的深度報告 [Alp00] 中。

證明摺紙可解一般二次方程式。二次方程式告訴我們，只要知道怎樣加減乘除及解平方根，就會知道怎樣解任意二次方程式的根。在代數上，這樣可證明，平面上可由摺紙建構的所有點的集合，包含了在平方根運算之下封閉的最小子體[1]。

　　假設紙為無限大（這樣問題會變簡單），我們從 x 軸、y 軸單位長的線段開始，可直接看見有理數的加減乘除，是由摺紙來達成。線段長度的加減，摺紙容易做到，除法比較麻煩，但本書活動「將長度作 N 等分：藤本近似法」已證明是做得到的。有理數的乘法，只是加法和除法的延伸。而在我們所學習的摺紙操作中，求平方根是唯一需要摺紙產生拋物線的操作。

　　假設摺紙的結果得到一數 r（或為線段長度），接著我們要摺出 $\sqrt{r}$。利用以上所用的構造設定，設 $p_1 = (0, 1)$ 為焦點，$y = -1$ 為準線 L，接著第二點為 $p_2 = (0, -r/4)$，將 p_1 摺到線 L 上，得一點 $P'_1 = (t, -1)$，摺線通過 p_2。已知摺線方程式為 $y = (t/2)x - t^2/4$，此摺線會通過點 $p_2 = (0, -r/4)$，代入摺線方程式，得到 $-r/4 = -t^2/4$，或 $t = \sqrt{r}$。點 p_1 在線 L 上的位置，即為我們所想要的座標。賓果！

---

[1] 在技術上，若以嚴格的代數法，我們會將摺紙視為複數平面 C。亦見 [Alp00]。

講義 6-2 解答與教學法

此活動利用Geogebra或Geometer作圖軟體來激發學生，只要熟悉這些軟體的人都能直接領會。如果你的學生沒有這些軟體，我高度建議試試看可以免費下載的 Geogebra，請到 http://www.geogebra.org。

講義之中的「空白」部分，是為了讓學生在操作的時候能夠思考。若時間充足，你可放輕鬆，告訴學生在軟體上面操作摺紙活動的模型，而不給講義，讓他們自行探索（這樣做學生反而更能夠理解）。

前面填空題的答案是：當我們將點p摺向點p'時，所得到的摺線為線段$\overline{pp'}$的**垂直平分線**（**perpendicular bisector**）。

接著，執行摺紙說明步驟(1)至(3)之後，進行以下操作以完成講義：

(1) 連接p與p'兩點，畫出線段。

(2) 在線段$\overline{pp'}$上找出中點。

(3) 通過$\overline{pp'}$中點，畫一條垂直線段$\overline{pp'}$的中線。（即畫出線段通過$\overline{pp'}$中點的中垂線。）

這條中垂線即為摺出的摺線，點選這條線，然後點選「**蹤跡（Trace）**」（在 Geogebra 中是用CTRL點選，或在線上按右鍵，再選「顯示蹤跡（Show Trace）」），接著在線L上來回移動點p，如此會到下圖：

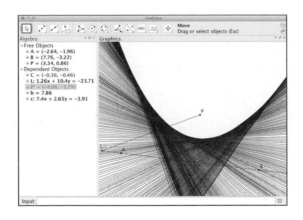

動態幾何軟體一個有趣的地方是，你在操作這些點和線的時候，它們都是連結在一起的。學生可以進行探索，將點四處任意移動，再更新線段蹤跡，以觀察對拋物線的影響。

更好的方法是讓學生用「軌跡（Locus）」指令，正式畫好這條拋物線。在 Geogebra 中，作一條通過點p、垂直於L的線，設此線與摺痕相交於點q，然後點選軌跡工具（在「垂線（perpendicular line）」選單），先點選點q，再點選點p'，在 Geogebra 中就會畫出點p'沿L來回移動時，點q的運動軌跡。由於點q為摺線與拋物線的切點，這樣做即可畫出拋物線。移動點p可以看見拋物線的變化，非常有趣。

接下來的延伸活動一**定要做**，軟體的操作與拋物線一樣，只是用的是圓而非直線。最後得到的圖，完全取決於學生的點 p' 是放在圓內還是圓外。在學生製出如下的圖時，必會聽到大家的驚嘆聲。

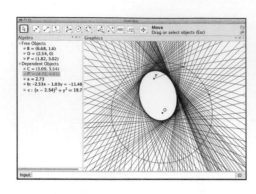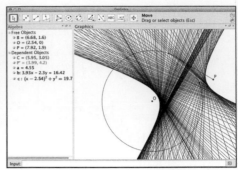

若 p' 在圓內，我們會得到一以 p 為焦點的橢圓，還有圓心。若 p' 在圓外，則會得到同以 p 為焦點的雙曲線。在高階概念中，這是完全合理的——若我們將圓心設為無窮大，圓就會變成一直線，又回到拋物線的例子。

如[Sch96]的評論，運用電腦軟體製作圓錐截面，又酷又快又簡單，但怎樣都比不上讓學生自己**先**動手摺紙的發現與探索。對於橢圓和雙曲線，學生可能要用圓規等畫圖工具，在紙上畫圓，標記圓心。然後任意選擇一點 p，再於圓上取一點 p'，將 p' 摺到 p 上，打開紙，再重複摺疊打開。

證明圓形摺紙會形成橢圓和雙曲線，會比證明拋物線更加複雜。在此我將呈現橢圓的證明概念，另外可在[Smi03]中找到分析法及雙曲線的證明。

設圓心為 O，點 p 在圓內，p' 為圓上任意一點，摺線為線段 $\overline{pp'}$ 的中垂線，設點 x 為摺線和線段 $\overline{Qp'}$ 交點。由於所有橢圓都是由兩個焦點和一固定長度l所決定，因此橢圓上任一點與兩個焦點的距離總和都是l。

聲明：摺線與兩焦點分別為 O、p 之橢圓相切，固定長度為圓的半徑。

證明：首先我們知道摺線與橢圓有一交點，圓半徑為 $Ox + xp'$，而 $px = xP'$（由摺紙得到），可知 $Ox + Px$ 即為圓半徑，意指點 x 在橢圓上。如下圖(a)所示：

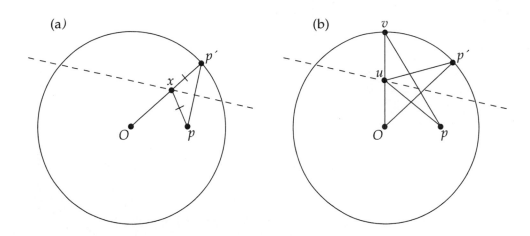

現在我們要證明，摺線上沒有其他點會在橢圓上，因此兩者相切。設點 u 為摺線上另一點，並在橢圓上。設 Ov 為圓半徑，包含 u，如圖 b。由於 u 在橢圓上，可知 $up = uv$（沒錯，這與圖中不符，不過暫且繼續讀下去）。但因點 u 在點 P' 摺向點 p 的摺線上，故 $up = up'$，$uv = up'$。由於 $Ou + up'$ 為圓半徑，即 OP'，可得到點 u 在線段 Op' 上，即 $u = x$，因此我們證明 x 為摺線上唯一與橢圓相切的點。

最後的想法

你或許已經發覺，本活動中還有許多可以探索的材料。的確如此，尚未說的比已經說的還要更多。

在最後一例中，於[Smi03] 的 Scott G. Smith 提到，拋物線摺紙活動可謂是相對於「無字證明」的「摺紙證明」，拋物線就像鏡子，反映出有趣的特性。如下圖所示，由於 p 摺向 P'，使摺線與拋物線相切於 x 點。由全等三角形和直角三角形，可知角 α 和角 θ 相等。我們可想成光波或聲波進入（或跑出）拋物線，集中到 p 點或從 p 點逸出，因此平行方向反射出拋物線；α 為入射角，θ 為反射角（反之亦可）。這就是為何拋物線表面廣泛應用於聚光燈、立體聲音響、衛星接受器等。

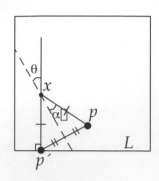 

　　當然，我們可用拋物線的基本特性加以證明。既然摺紙可以快速反應我們所需知道的一切，因此自然會在拋物線摺紙活動的討論中提及。

　　想要在課堂上進行多少研究，取決於可以運用的時間，這裡還有很大的空間留給家庭作業或研究計畫，接下來的兩個活動，也將進一步對摺紙幾何深入探索。

活動 7
摺紙能作角三等分嗎？
CAN ORIGAMI TRISECT AN ANGLE?

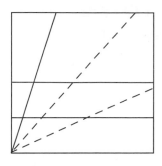

適用課程：幾何、抽象代數

摘要

向學生展示一種摺紙程序，似乎可藉之將任何銳角三等分。這是真的嗎？請提出證明或反證。

內容

此活動的核心簡明扼要，就是幾何學。然而，摺紙可三等分角，此事實的意義之一在於，摺紙是比圓規和尺更有力的建構法。這表示摺紙所能建構的數，範圍大於複數集合 C 在平方根下封閉的最小子體（subfield）。（見前一個活動，以進入此主題。）

此活動由於是三等分角與倍立方兩個經典希臘難題的討論，特別引人入勝。

講義

此活動僅有一份講義，引導學生了解三等分角法，並要求他們指出其意義，並加以證明。

時間規劃

本活動的摺紙部分需時 10 至 20 分鐘的課堂時間，但學生需要更多時間加以了解和證明。教師亦可將證明部分指定為家庭作業。

講義 7

看看這在做什麼？

　　拿一張正方形紙，從左下角往上摺一條線，角度為 θ。然後將紙從上往下對摺，展開。再將下半對摺，即 1/4 處有一條摺線。完成後，會呈現下圖中最左邊的樣子。

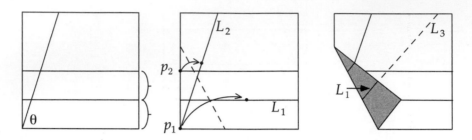

　　然後依照中間的圖來操作：將點 p_1 摺到線 L_1 上，**同時**點 p_2 也要摺到線 L_2 上。摺的時候必須捲起紙，對好點，然後把紙壓平。

　　最後，在壓平的紙上，將 L_1 摺線向上延伸，如最右邊的圖。這條線稱為 L_3，摺好這條線。

問題 1：把紙全部展開。證明我們如果延長 L_3，會碰到左下角點 p_1。

問題 2：摺線 L_3 與紙上其他線條有什麼關係？能否證明？或只是巧合？

解答與教學法

講義：三等分一角

是的，此摺法顯示的是如何以摺紙將一銳角三等分。依步驟摺好，把紙重新展開攤平，延長 L_3 到達點 p_1，將紙的底邊摺向 L_3（這樣即可將 L_3 和正方形底邊形成的角二等分）。若是摺得夠精確，即可看出角 θ 已經完成三等分。

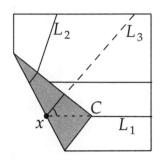 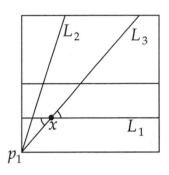

問題 1：上圖顯示為何 p_1 位於線 L_3 上。如果我們在摺紙時，設 x 為 L_3 線段的**頂點**，在摺好以後，會看到線段 p_1x 與線段 xC 相等。因此，xC 和 L_3 之間的角，就與展開圖中點 x 旁邊所標出的兩個角相等。由於點 x 的對頂角相等，表示 p_1x 與線 L_3 共在一直線上。

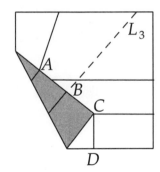 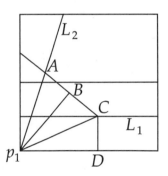

問題 2：證明此摺法為有效的角三等分法，有幾種方法可證明。最簡單的方法為利用上圖。使點 A、B 和 C 為摺紙位於紙左側的三點，並從 C 往正方形底邊拉一條中垂線，設為點 D。然後根據這些點的定義（如上圖所示），我們得到 $AB = BC = CD$。看看這張展開的摺紙，可得 $p_1B \perp AC$。因此 $\triangle ABp_1$、$\triangle BCp_1$ 和 $\triangle CDp_1$ 為全等直角三角形。因此，在點 p_1 處將角 θ 三等分。

人們可以發現這個角三等分法，一些網站都有引用過，但是大多用的證明都和這裡不同，是如下圖的證明。

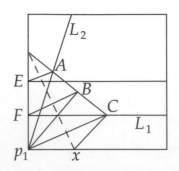

　　此圖中的 A、B 和 C 如前面的證明一樣，我們將紙左邊的點設為 p_1（同前）、F 和 E。點 A、B、C 和點 p_1、F、E 兩組點和連接的線段，相對於中間的摺線，是彼此鏡像對稱的。所以我們得到 $AB = BC$，$p_1B \perp AC$。這足以告訴我們 $\triangle p_1AC$ 是一個等腰三角形。（如需進一步證明，請注意摺線下，$\triangle p_1AC$ 是 $\triangle p_1CE$ 的反射，當然是等腰。）因此，我們得到 $\angle Ap_1B = \angle Bp_1C$，由於 L_1 平行於底邊，故 $\angle FCp_1 = \angle Cp_1x$。因此角 θ 等分。

教學法

　　這種角三等分法，是由 Hisashi Abe 所開發，於 1980 年出版[Hus80]。還有其他方法，如 Jacques Justin [Bri84]。這些方法都有其基礎的摺紙「步驟」，如下：

**　　給定兩點 p_1 和 p_2，與兩條直線 L_1 和 L_2，我們可以摺一條摺線，這條摺線會將 p_1 放在 L_1 上，同時 p_2 也放在 L_2 上。**

　　結果這變成最複雜的單一摺線基本摺紙操作。也因此區分了直尺圓規法和摺紙法。此操作將在下一個活動中進行更詳盡的研究。

　　若學生未曾討論過三等分角和倍立方等歷史上爭議性的數學難題，這個活動對他們就不會有什麼影響。從古希臘時代到十九世紀中期，人們都在努力開發一種方法，僅用一把無刻度直尺和一個圓規，就能將任意角三等分。（請注意，早在阿基米德時代，人們就知道，如果用一把**有刻度**的直尺，可進形角三等分。見[Mar98]。）數學家終於證明，僅用這些工具，無法進行角三等分。大致來說，我們可運用伽羅瓦理論，證明一個無刻度的直尺和圓規，一般無法解開三次方程式。

　　現在，數學世界充滿「偽證」，證明直尺和圓規可三等分角。幾何家們經常收到業餘數學家的信件和電子郵件，聲稱已經「解開」了希臘的角三等分問題。當然，這些嘗試都有一些瑕疵。通常看起來都很聰明，似乎**非常接近**三等分角，但事實上用直尺和圓規完全三等分

角是不可能的。因此，在沒有嚴格有效的證明以前，數學系學生都不應接受摺紙能將角三等分這種說法。

如果不明白此點，這些活動將沒有意義。但在幾何、代數或數學史課堂上，看看多年來為解決難題競相出現的三等分角法，會令學生大開眼界，更加強化角三等分難題解決的困難程度。學生可藉此看到，藉由一個簡單的摺紙法，可幫助他們了解為何其他工具不能將一個角三等分。除此之外，下一個活動中，則是藉由立方體來證明此點，使學生更進一步了解。

既然證明角三等分的方法不只一種，你應該讓學生多嘗試摺紙，讓他們自己證明，而不要先給他們提示。學生通常想不到，他們應該要把紙左邊的圖畫出來（即圖中的線段AC），所以可以暗暗提示學生，但不要把方法全部說出來。事實上，如果不了解摺紙，便無法開發證明；摺紙的時候，紙的一部分相對於摺線具有**反射的對稱**，因此長度和角度都是由此變化而來。「摺線即對稱」為此證明的一個基本要素，故事前的討論和展示，對學生會很有幫助。（事實上，這個活動可以是加強摺紙反射對稱轉換的一個好方法。）

延伸

如果學生參與這個活動，你可能會想讓他們看到另一個類似的「兩點到兩線」摺紙，還可解另一個經典的希臘難題：倍立方。倍立方問題要求建構一個新的立方體，體積為原已知立方體的兩倍。相當於建構一個 $\sqrt[3]{2}$。同樣的，直尺和圓規無法達成任務，但摺紙可以。

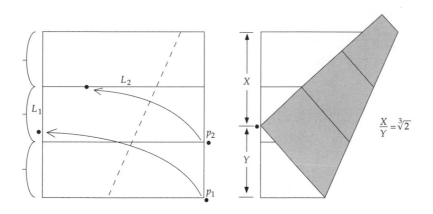

以下方法是由 Peter Messer [Mes86]所開發。首先要將一張正方形紙摺成三等分，可參考活動 4 的步驟。

　　然後，利用前圖上的點和線，依步驟開始摺紙，將 p_1 到 L_1 上，然後同時 p_2 也要摺到 L_2 上。這樣一來，p_1 的映像會將紙的左邊分成兩段，兩段的長度比例即為 $\sqrt[3]{2}$。

　　想要證明這一點，是一個非常具有挑戰性的歐幾里得幾何練習。雖然證明的步驟都不算特別困難，但此題的要素具有失控傾向，容易產生過於複雜的方程式，因此必須依照正確的順序完成。有一個技巧是，先設 $Y = 1$，因此正方形的邊長就是 $X + 1$，然後我們需要做的就是證明 $X = \sqrt[3]{2}$。

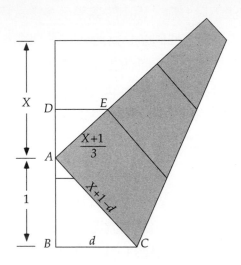

　　同上圖，將所有標示寫清楚。於 $\triangle ABC$ 上，利用畢氏定理可得 $d = (x2 + 2x)/(2x + 2)$。亦得 AD 長度是 $X - (X + 1)/3 = (2X - 1)/3$。然後 $\triangle ABC$ 和 $\triangle ADE$ 相似（此為 Haga 定理，請見 Haga 摺紙活動，進一步了解），所以我們得到：

$$\frac{d}{X + 1 - d} = \frac{2X - 1}{X + 1} \Rightarrow \frac{X^2 + 2X}{X^2 + 2X + 2} = \frac{2X - 1}{X + 1}$$

$$\Rightarrow X^3 + 3X^2 + 2X = 2X^3 + 3X^2 + 2X - 2 \Rightarrow X^3 = 2.$$

　　完成！

活動 8
解三次方程式
SOLVING CUBIC EQUATIONS

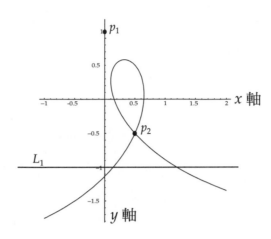

適用課程：幾何、抽象代數

摘要

　　帶領學生探索一種更加有力的摺紙活動，所產生的方程式。活動包括摺紙與畫將點連接以後，會產生奇怪的曲線。學生建構此過程，會發現產生的曲線實際上是由三次方程式所組成。這些曲線亦可用動態集合軟體製作。

內容

　　此活動藉由摺紙向幾何構造更前進一步。因此，若課堂事先沒有做過前兩次活動（拋物線和三等分角摺紙），則不能切實執行。事實上，此活動所探索的摺紙操作，正是角三等分建構的關鍵步驟。若無此驅動，學生將難以了解摺疊「兩點到兩線」的重要性。

　　本次摺紙操作，具有幾何和代數的解釋。在幾何方面，這相當於要去尋找繪製於同一平面兩條拋物線的公切線。在代數方面，則相當於求解一般的三次方程式。這兩種解釋都值得深入探索，取決於課堂的重點。

講義

由於此摺紙操作需要事先加以驅動，此講義假定學生已進行過角三等分和拋物線的摺紙練習。

(1) 介紹摺紙操作與摺紙活動。

(2) 幫助學生運用動態幾何軟體模擬此摺紙活動，如 Geogebra 或 Geometer。

(3) 要求學生對摺紙進行建模，並找出此摺紙活動中所生成的曲線方程式。

時間規劃

已經完成「拋物線摺紙」活動的學生，於此活動應不會有問題，但仍然需要 20 分鐘的上課時間。運用幾何軟體進行建模只需要 10-15 分鐘。完成拋物線摺紙活動的學生，可推導出曲線方程式，但需要另外 20 分鐘。

講義 8-1

較為複雜的摺紙

角三等分法的摺紙，也可以用一種較為複雜的摺紙動作來進行。

設兩點 p_1、p_2 和兩條線 L_1、L_2，我們可以摺出一條摺線，將 p_1 和 p_2 同時分別放到 L_1 和 L_2 上。

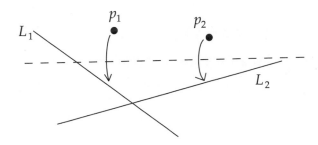

問題 1：無論點和線為何，這個操作是否永遠為真？

問題 2：還記得，當我們將一點 p 重複摺到一線 L 上，可得到一解釋，這些摺線為一以 p 為焦點、L 為準線的拋物線的切線。此較為複雜的摺紙操作，告訴了我們什麼？我們如何以幾何學進行解說？請作圖。

活動：讓我們以不同的方式來探討這個操作。拿一張紙，標以點 p_1（靠近中心最好），設底邊為線 L_1。

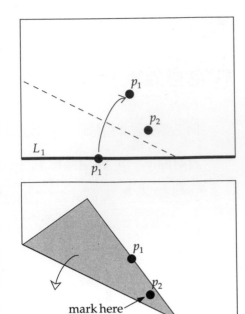

在紙上另選一個位置，標以點 p_2。目標是，當我們將 p_1 重複摺到 L_1 上時，p_2 會落在哪裡。

因此，在 L_1 上選一點（稱為 p'_1）並摺到 p_1 上，並將紙張摺疊部分接觸到 p_2 的位置，用筆畫一點。（如果紙張摺疊部分沒有接觸到 p_2，請重新選擇 p'_1。）然後將紙展開，你應該會看到一點（可稱為 p'_2）表示摺紙時 p_2 的位置。

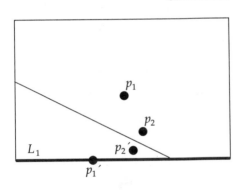

現在，選另一個 p'_1，重複摺紙步驟，得到許多 p'_2，將這些 p'_2 點連結起來，看看得到怎樣的曲線。

問題 3：這條曲線看起來像什麼？看看班上其他人的作品，他們的曲線看起來像你的曲線嗎？你知道怎樣的方程式會產生這樣的曲線？

講義 8-2

以軟體模擬曲線

我們還在思考這種不尋常的摺紙演練：

設兩點 p_1、p_2 和兩條線 L_1、L_2，我們可以摺出一條摺線，將 p_1 和 p_2 同時分別放到 L_1 和 L_2 上。

因此運用 Geogebra 幾何軟體將摺紙活動建模，你不需要多次摺紙，可看見此操作會快速產生許多曲線的例子。

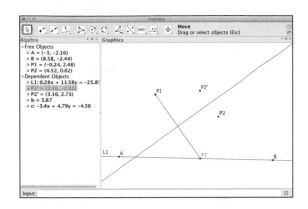

以下是設置法：

(1) 作一線 L_1 和一點 p_1。

(2) 在 L_1 上作一點 p_1'，並在 p_1 到 p_1' 之間建構一線段。

(3) 作 $\overline{p_1p_1'}$ 的垂直平分線，此即為摺線。

(4) 現在作一新點 p_2。

(5) 找到 p_2 在步驟(3)摺線上的反射。在 Geogebra 中可選「Reflect Object about Line」工具，新點應標記為 p_2'。

當沿著 L_1 來回移動 p_1'，軟體會追蹤 p_2' 如何變化。可以打開 p_2' 的「蹤跡（Trace）」來繪製曲線 2（在 Geogebra 中，CTRL ＋點滑鼠右鍵，或在 p_2' 上滑鼠右鍵點擊），或用「軌跡（Locus）」工具繪製 p_2' 隨 p_1 改變時的軌跡。

活動：在螢幕上將 p_2 移到另一個位置，看看曲線如何變化。這條曲線可以有多少不同的基本形狀？以文字描述之。

講義 8-3

這是什麼曲線？

看看此操作所產生的是什麼樣的曲線，製作摺紙的模型。

令 $p_1 = (0, 1)$。

令 L_1 為直線 $y = -1$。

將 p_1 摺到直線 L 上的 p_1' 點 $= (t, -1)$。

令 $p_2 = (a, b)$ 定點。

然後，我們想找出 p_2' 座標 (x, y)，即摺紙得到的 p_2 映像，這會帶給我們一個關於 x 和 y 的方程式，用來描述在摺紙活動所得到的曲線。

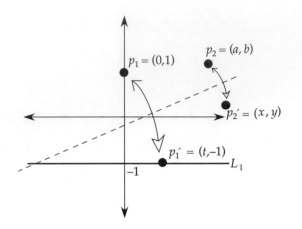

說明：找出將 p_1 摺到 p_1' 上，所得到的摺線方程式。利用此方程式和摺紙的幾何，得到關於 x 和 y 的方程式。結合起來，得到一個關於 x 和 y 的單一方程式（其中包括常數 a 和 b，但沒有 t）。這是什麼方程式？

解答與教學法

講義 8-1：較為複雜的摺紙

　　這可能是學生首次看見此摺紙操作說明得這麼清楚。若需說服學生相信此摺紙活動有效，可與前面的角三等分法說明相較。

問題 1。這個摺紙並非永遠可行。想像線 L_1 和 L_2 平行且相距很遠，p_1 和 p_2 位於兩線之間，距離很近，可知這樣一來，p_1 和 p_2 同時分別放到 L_1 和 L_2 上是不可能的。（畢竟每一摺都是等距，故 p_1 和 p_2 之間的距離需保留。）

問題 2。由於我們將 p_1 摺到 L_1 上，所以摺線將與焦點 p_1、準線 L_1 的拋物線相切。同樣道理，摺線也將與焦點 p_2、準線 L_2 的拋物線相切。

　　因此，這種摺紙操作，相當於在兩個不同的拋物線上產生了公切線。

摺紙活動：此活動就像拋物線摺紙活動一樣，需要很多摺線、畫出很多點 p_2'，才能產生不錯的曲線。當摺得越來越多，經常會發現摺紙其實會使點 P_2 **移動**，而不僅是把紙摺上去。在這些例子中，P_2 摺疊的軌跡還是要用筆標記。

　　下圖為可能的例子之一，以 x 軸和 y 軸作為參考座標。

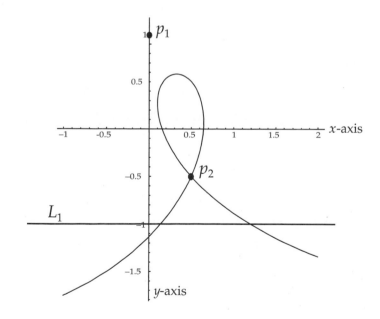

問題 3。曲線看起來應像三次方程式；然而，學生知前很可能從未見過真正的三次方程式圖，所以猜不出來。

講義 8-2：以軟體模擬曲線

　　摺紙活動完成後，若手邊有電腦資源，可讓學生在 Geogebra 探索更多這樣的曲線。不過需注意，對學生而言任何工具都比不上實際動手摺紙，但 Geogebra 卻可幫助學生體驗三次曲線的各種形狀。

　　如果學生具有如 Geogebra 等軟體的經驗，你可無須講義，放手讓他們開發此模擬。但有些學生對於**反射、追蹤、軌跡**等功能可能不太熟悉，因此講義中包含設置的詳細的說明。下圖為學生可能會看到的一個螢幕截圖範例。

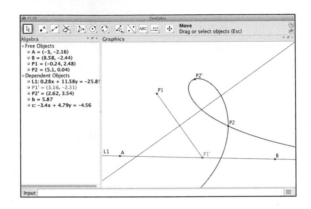

講義 8-3：這是什麼曲線？

　　此建模練習，實為拋物線活動的加強版。事實上，兩者的初始設置完全相同：$p_1 = (0, 1)$，L_1 為 $y = -1$，$p_1 = (t, -1)$。因此，摺線也與拋物線活動中所產生的摺線相同，即為 $y = (t/2) \times t^2/4$。

　　真正挑戰在於點 p_2 的合併，必須找出 p_2 座標 (a, b) 和 p 座標 (x, y) 之間的關係。既然我們的目標是要得到 p_2' 隨變量 t 改變而移動的曲線方程式，就要確保在某個時候可消除變量 t。

　　有一個可能的混淆是由於用變量 (x, y) 代表點 p_2。這樣做是為了使最終得到的曲線方程式可用學生所熟悉的 x、y 來表示。學生需要知道這裡的 x、y 變量與摺線方程式的 x、y 變量不同。

　　因此，學生需要進行重點觀察來完成這份講義。首先，線段 $\overline{p_1 p_1'}$ 的斜率應與線段 $\overline{p_2 p_2'}$ 相同。

意思是

$$-\frac{2}{t} = \frac{y-b}{x-a}. \tag{1}$$

許多學生接下來會想要將此等式代入摺線方程式，希望能到只有 x, y 變量的單一方程式。（記得，a 和 b 是常數）但這樣是錯的，因為摺線方程式中的 x, y 變量，與 p_2' 的 x, y 變量並不相同。事實上，有些學生可能會選擇標記 p_2' 的座標為 (x', y') 以利分辨。

然而，我們知道摺線上的一點，即線段 $\overline{p_2 p_2'}$ 的中點，座標為 $((x+a)/2，(y+b)/2)$。若我們將此點代入摺線方程式，然後再代入 $t/2$ 為變量 (1)，依 $p_2'=(x, y)$ 會得到一個有效的方程式：

$$\frac{y+b}{2} = -\left(\frac{x-a}{y-b}\right)\frac{x+a}{2} - \frac{(x-a)^2}{(y-b)^2}$$

$$\Rightarrow (y+b)(y-b)^2 = -(x^2-a^2)(y-b) - 2(x-a)^2.$$

注意，這是一個三次曲線！（等號左邊有一個 y^3 項，右邊有 $x^2 y$ 項。）

不過，看見這個方程式，對於一位一般的大學數學本科生來說，並不會像教師一樣激動。但以特定變數（a, b）帶入方程式則會有很明顯的作用，因為這樣會產生與學生進行摺紙活動時同樣的曲線。（例如，在摺紙活動部分，是以（a, b）＝（0.5, −0.5）繪製）。繪製這樣一個方程式，需要 Maple、Mathematica 或昂貴的圖形計算軟體，但讓學生這樣做是**非常有價值**的。

教學法與後續

如前所述，這份練習是一個高級的摺紙活動，應於完成前兩次拋物線摺紙與角三等分活動之後，才能繼而進行。這樣一來，拋物線活動將可使摺紙與學生已然熟悉的拋物線、圓錐曲線及其他方程式結合起來。學生之前可能已聽過三等分角，但此次活動則會將他們已熟悉和未了解的一併結合起來。接下來進入此次活動後，所有事情對學生來說可能都是新的，因此會更加「深刻」感覺進入的是更高級的數學。事實上，三次方程式不容易分類，加上學生對分類亦不熟悉，可以創造出這樣一種感覺。

因此，在這次活動的摺紙練習中，學生將進入他們不熟悉的領域，因此必須在開始之前清楚了解活動的「規則」。再者，也有助於確保學生在課堂上對 p_2 點有充分的選擇。有些會像前面的例子一樣出現「圓環」，有些會有「尖頭」，有些曲線看起來則很普通，只是有一

個奇怪的突起。事實上，教師可能會希望所有學生一開始都選擇同樣的 p_1 點，再確保選擇夠好的擇 p_2 點，這樣才能摺出各種三次曲線。

　　使用講義 8-3 中的模型來創建三次曲線的方程式，對學生來說可能非常困難。這個活動是一個很好的例子，能讓學生看見，一個看起來很容易的東西，但做起來卻出奇困難。而且學生也很難了解這個模型的方法，因為這與我們解決拋物線問題的方法截然不同。我們在拋物線是要得到所有摺線的切線，這裡則是重複將 p_1 摺到 L_1 上，像要研究 p_2' 的**行為**。所以我們要得到只有 x、y 變量的方程式（而不要 t，但 a、b 是常數所以可以），因 x、y 變量反映了我們所摺出的 p_2'。而且，所有這樣從模型中產生的方程式，應該都正確（只要不過於複雜），因為它對於可能的 p_2' 座標會有所限制。

　　注意在摺紙活動中，我們完全忽略直線 L_2 在摺紙動作中的角色，理由是因為如果我們要把 p_2 摺到 L_2 上，決定於是否能將 p_2 摺到 L_2 與三次曲線的交點上。找到這樣特殊的交點，才能「解出」我們的方程式。

　　如上所述，若能在電腦或圖形計算軟體上繪製三次方程式，對於學生了解摺紙活動產生的曲線和方程式的相似之處，會很有幫助。能夠連接數學模型和摺紙活動，也能讓學生得到極大的領悟。

麻煩問題：此活動有如拋物線活動，證明摺紙可解答某些方程式，在此為三次方程式，但仍需證明任意三次方程式皆可以摺紙來解答。我們該怎麼做？

　　用摺紙來解決任意三次方程式，有幾種不同的方法。下面我將敘述來自 Alperin 的一種方法[Alp00]。然而這種方法在技術上雖為正確，但並非所有學生都能理解。而手邊有另一種更清楚明確的方法，見下一個活動「Lill 法（Lill's Method）」。

　　Alperin 的策略為，從任意三次方程式開始，如 $x^3 + ax^2 + bx + c = 0$，可代入 $z = x - (1/3)a$ 去掉 x^2 項，得到

$$z^3 + \frac{3b - a^2}{3}z - \frac{9ab - 27c - 2a^3}{27} = 0.$$

　　因此，我們可以假設一般三次方程式的形式為 $x^3 + ax + b = 0$，

其中 a 和 b 是有理數。二次方程式為

$$\left(y - \frac{1}{2}a\right)^2 = 2bx \quad \text{且} \quad y = \frac{1}{2}x^2.$$

因為 a 和 b 是由摺紙建構的，所以這兩個方程式的係數也可建構，因此這兩條拋物線的焦點和準線都可建構。第一條拋物線的焦點為 $(b/2, a/2)$，準線為 $x = -b/2$，第二條拋物線的焦點為（$0，1/2$），準線為 $y = -1/2$。（這些可以標準化的微積分先修公式計算得到，當然人們大多都已忘記，但只要查詢即可找到。）

因此，同時分別將點（$b/2，a/2$）摺到 $x = -b/2$ 上，將點（$0，1/2$）摺到 $y = -1/2$ 上，會產生一條摺線，與這兩條拋物線相切，而且有時可能摺法不只一種，但此處的摺線則是獨一無二的。設 m 為這條摺線的斜率。

聲明：m 為 $x^3 + ax + b = 0$ 的根。

證明：令 (x_0, y_0) 為摺線與第一條拋物線的切線點，(x_1, y_1) 為摺線與第二條拋物線的切點。我們可對兩條拋物線求導數，然後將這些點和 m 代入，產生一些方程式。第一條拋物線可得

$$2\left(y - \frac{a}{2}\right)\frac{dy}{dx} = 2b \;\Rightarrow\; m = \frac{b}{y_0 - a/2}.$$

第二條拋物線可得 $m = x_1$，因此 $y_1 = (1/2)m^2$。另將點 (x_0, y_0) 代入第一條拋物線方程式，得到 $x_0 = (y_0 - a/2)^2/(2b) = b/(2m^2)$。但也可以用傳統方法計算 m：

$$m = \frac{y_1 - y_0}{x_1 - x_0} = \frac{\frac{m^2}{2} - \frac{a}{2} - \frac{b}{m}}{m - \frac{b}{2m^2}}.$$

經簡化可得 $m^3 + am + b = 0$。真令人驚訝啊！ □

我們已摺出一條斜率相當於任意三次方程式根的摺線，可以很容易建構一個包含 m 的座標。例如，設（$w, 0$）是摺線與 x 軸的交點（因此，該點為一構造點 constructible point），然後可摺出另一線 $x = w + 1$，與原摺線相交於點（$w + 1，m$）。那麼我們便可以說，已透過摺紙建構了三次方程式的根。

其他問題：後續有幾個問題，可作為家庭作業等。

有一個是，「若有多種可能性，摺紙是否可行？」答案是，有時是可行的。在代數上有道理，因為它相當於解有三個答案的三次方程式，但透過作圖可能更容易理解。由於摺紙是

由 p_2 摺到 L_2 上和三次方程式曲線交點來決定，真正需要確定的，是有多少可能的交點。若你熟悉三維曲線的形狀，就能確信一個三次曲線和一條直線，最多可有三個交點，也可能只有兩個、一個，甚至沒有交點。

另一個要問的問題是，「三次方」的摺紙步驟，是否真的與「拋物線摺紙」活動不同？其實，後者是前者的一個特例。如果點 p_2 已經在線 L_2，「將 p_2 摺到 L_2 上」只是把 p_2 摺到 p_2 上，等於確保摺線通過 p_2。看見更加簡單的摺紙操作成為三次方摺紙的特例，實在真有趣。

抽象代數法：我們可以代數實現以上所有論點，畢竟這也是更嚴格的作法。想法是類似於分析直尺和圓規（（SE&C）法，來分析摺紙法。

當我們以代數法建模 SE&C 時，通常會思考繪圖那張紙為複平面 $\mathbb{C}$，並從原點、點 1 和點 i 等定點開始。然後要問：「僅使用 SE&C 工具，可建構 $\mathbb{C}$ 的什麼子集？」我們將之稱為 **SE&C 的規矩數**（**field of SE&C constructible numbers**），也是 $\mathbb{C}$ 的最小子集，平方根下為封閉。換句話說，$\alpha \in \mathbb{C}$ 是可建構的 SE&Cf，若且唯若當 α 是代數而 $\mathbb{Q}$ 上的最小多項式次數為 2，即若整數 $n \geq 0$，$[\mathbb{Q}(\alpha) : \mathbb{Q}] = 2^n$。故 SE&C 可解二次方程式。

我們可以摺紙進行同樣問題。把紙想成複平面 $\mathbb{C}$，並假設從原點、點 1、點 i、點 $1 + i$ 等定點開始（模擬正方形的四角）。然後我們想要發現摺紙步驟的子集 $O \subset \mathbb{C}$ 可由這些點產生，稱為**摺紙數**（**origami numbers**）的集合。我們可以想像很多基本的摺紙步驟可以假設，例如可摺一條摺線連接給定的兩點，或將一點摺到另一點上，或將一線摺到另一線上。也就是說，如此可讓我們開始產生有理數。

在拋物線摺紙活動中我們看見，從一點摺到一線的步驟，可解一般二次方程式，這表示 O 包含 SE&C 規矩數的集合。

但此活動所研究的二點到二線的摺紙動作，表示 O 大於 SE&C 子集。事實上我們證明的是 O 包含了有理數三次方程式的所有解。正式的解釋要作很多事，**證明**則需要作更多事。其中一種解釋如下。

定理：設 $\alpha \in \mathbb{C}$ 在代數上為 $\mathbb{Q}$，設 $L \supset \mathbb{Q}$ 為 $\mathbb{Q}$ 上最小多項式 α 的分裂體（splitting field），α 為摺紙數，若且唯若當 $[L : \mathbb{Q}] = 2^a 3^b$，$a$、$b \geq 0$ 且為整數。

此證明基本上是利用體擴張（field extensions）將點到點摺紙（需要二次方程式）或二點到二線摺紙（需要三次方程式），以產生越來越多點時，將所需要作的事正式成型。[Cox04]為如何作到這些事的好文，另亦可見[Mar98]、[Alp00]。

要注意的是，上述二點到二線摺紙的定理，我們假設最複雜的摺紙步驟。學生看過以後會很想要知道是否還有其他更複雜的摺紙步驟，結果變成一個極複雜的問題。若假設所有摺線都是直線，且每次只能摺一次，那麼可證明二點到二線的摺紙步驟是可能作到的最複雜動作（假設為目前能夠求解的最高次方程式）。2003 年 Robert Lang 已利用向量分析得證[Lang03]，而此證明的幾何版本可見於[Hull05-1]。

但是若脫離這些假設限制，就可能會有更多證明。Robert Lang 結合了一種極其複雜的步驟，發現了一種創造性的**五等分（quintisect）**任意角方法，必須一次同時摺兩條摺線[Lang04-2]。角五等分必須求解五次方程式。

如果你將 Robert Lang 的角五等分法展示給學生知道，就應該要讓他們討論是否允許進行這種摺紙步驟。Robert Lang的同時摺兩條摺線，與同時摺兩條摺線以完全三等分一張紙，兩者有何不同？這種「同時摺線」的摺紙動作，到什麼程度會複雜到人類作不到？這些問題仍在摺紙數學社團中爭執不休，亦可在課堂上進行精彩生動的討論。

活動 9
Lill 法
LILL'S METHOD

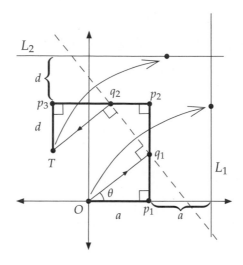

適用課程：幾何學、抽象代數

摘要

前面在學習「解三次方程式」活動中，向學生介紹 Lill 法的三次方程式例子，並要求學生證明 Lill 法是解開多項式的一種幾何建構法，建立了基礎。此建構法可經由摺紙完成，並要求學生進行驗證求一給定三次多項式的根，條件是只能用摺紙的方法。

內容

儘管解三次方程式具有難度，Lill 法卻相當簡單，它的證明事實上只需要具有基本的三角和代數知識。摺紙並不困難，但要很精確。

本活動的深層概念適用於所有幾何班級，意思是說，提出了一種可理解的建構證明，說明摺紙可解開所有三次方程式。此處所展現的代數與幾何關係，亦適用於學習規矩數的抽象代數班級。

講義

此活動有三份講義：

(1) 解釋三次方程式的 Lill 法，並要求學生證明有效。

(2) 介紹如何用摺紙來進行三次 Lill 法，並要求學生利用此法來解一個給定的三次多項式。

(3) 將上面活動講義中的摺紙步驟一步步設定完成。此部分為隨選教學，視情況而定是否執行，但作了會有幫助。

時間規劃

講義 9-1 時間最多 20 至 30 分鐘，也可以變成家庭作業。進行講義 9-2 和 9-3 的方法有數種，最節省時間的方法是帶領全班一起完成講義 9-3 的摺紙步驟，一共需要約 20 分鐘。

講義 9-1

Lill 法求解三次方程式

在這個活動中，你要學習Lill法，用幾何方式來解三次方程式。Lill法很酷，因為我們可以用摺紙來解題！

設我們要解（求實根）下面這個三次方程式：

$$ax^3 + bx^2 + cx + d = 0.$$

預備：從原點O開始，沿正x軸畫一條長度為a的線段。然後逆時針旋轉 90°，向上走一段長度b。重複：逆時針再轉 90°，延伸一段長度c，然後再轉90°，延伸長度d，最後停在點T。

注意：若有任何係數為負，則倒退。若任何係數為零，則原地旋轉不延伸。

如右圖所示，假設我們站在原點O，想要用子彈擊中點T，子彈行進路線皆為直角反射。

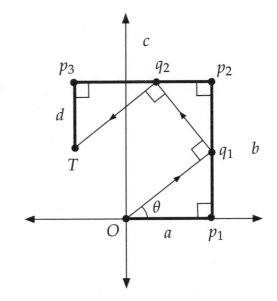

Lill 法指出，若我們可以成功用子彈沿著路徑擊中T點，從原點O出發的角度為 θ，則$x = -\tan\theta$，這就是三次方程式的一根！

你的任務：證明Lill法求解三次方程式為真。（提示：注意圖形中的三角形為何？$\tan\theta$為？）

講義 9-2

Lill's 法的摺紙解法

我們可利用摺紙用 Lill 法來解任何三次方程式。這個想法是由義大利數學家 Margherita Beloch 在 1933 年發現的。

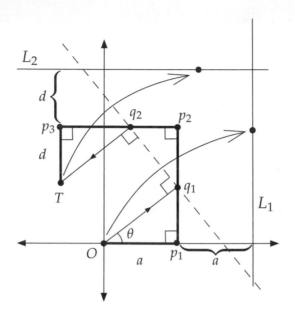

方法如下：

(1) 在紙上繪製Lill法（或摺紙）的反射路徑。

(2) 然後，在距離 $\overline{p_1p_2}$（原點O對面）d處，摺一條垂直於x軸的摺線，稱為 L_1。

(3) 然後將與y軸垂直的線摺疊在距離 $\overline{p_2p_3}$ 的距離d處與T相反）。調用這一行 L_2。

(4) 然後將原點O摺到 L_1 上，同時點T也摺到 L_2 上。這條摺線將形成Lill法所需一邊的子彈路徑（其中包括角 θ）。

活動：了解上述說明步驟，然後自己摺一摺，試試看，用摺紙找出一多項式 $x^3 - 7x - 6$ 的根。

解此多項式，需要想像紙張為xy平面，先決定原點位置，然後再摺出路徑。依照右圖，將原點O摺到線 L_1 上，同時也將點T摺到線 L_2 上。

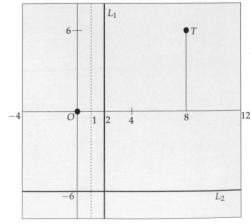

講義 9-3

Lill 法例子示範：摺紙步驟

　　這裡提供摺紙步驟，以利用 Lill 法求解 $x^3 - 7x - 6 = 0$。用大張正方形紙來摺，設紙為 xy 平面，$-4 \le x \le 12$ 且 $-8 \le y \le 8$。

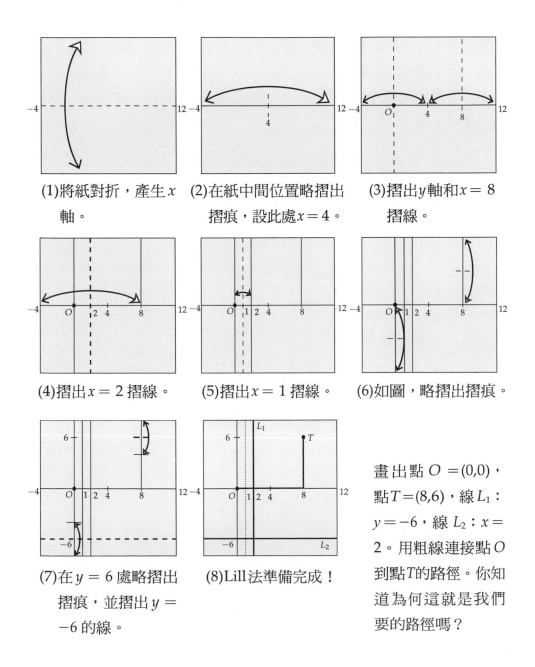

(1)將紙對折，產生 x 軸。

(2)在紙中間位置略摺出摺痕，設此處 $x = 4$。

(3)摺出 y 軸和 $x = 8$ 摺線。

(4)摺出 $x = 2$ 摺線。

(5)摺出 $x = 1$ 摺線。

(6)如圖，略摺出摺痕。

(7)在 $y = 6$ 處略摺出摺痕，並摺出 $y = -6$ 的線。

(8)Lill 法準備完成！

畫出點 $O = (0,0)$，點 $T = (8,6)$，線 L_1：$y = -6$，線 L_2：$x = 2$。用粗線連接點 O 到點 T 的路徑。你知道為何這就是我們要的路徑嗎？

解答與教學法

事實上，Lill法是一種通用的幾何建構，可求出任何一元n次方程式的實根。這個方法是由一位奧地利工程師 Eduard Lill 在 19 世紀初所發現 [Lill1867]。後來義大利數學家 Margherita Beloch 於 1930 年代發現此法可以應用於摺紙解三次方程式[Belo36]。更多細節請參閱[Hull11]。

講義 9-1：Lill 法求解三次方程式

這份講義的字多，因此教師最好先讀一遍Lill法。最後發現$x = -\tan\theta$竟為多項式的根，會令人意想不到，留下深刻的印象！

講義中的圖，繪製方式是為了要建議學生如何可以證明 Lill 法。首先，注意圖中所有三角形都是相似三角形，故

$$\theta = \angle q_1 O p_1 = \angle q_2 q_1 p_2 = \angle T q_2 p_3.$$

因此，這些三角形每一個可以用來計算$\tan\theta$，把這些提示串連在一起即可得證。

從$\triangle O p_1 q_1$開始，我們得到

$$-x = \tan\theta = \frac{p_1 q_1}{a} = \frac{b - q_1 p_2}{a}$$
$$\Rightarrow \; q_1 p_2 = ax + b.$$

現在看$\triangle q_1 p_2 q_2$。我們得到

$$-x = \tan\theta = \frac{p_2 q_2}{q_1 p_2} = \frac{c - p_3 q_2}{ax + b}$$
$$\Rightarrow \; p_3 q_2 = x(ax + b) + c.$$

最後，看$\triangle q_2 p_3 T$，我們得到

$$-x = \tan\theta = \frac{d}{p_3 q_2} = \frac{d}{x(ax + b) + c}$$
$$\Rightarrow \; 0 = x(x(ax + b) + c) + d = ax^3 + bx^2 + cx + d.$$

因此，$x = -\tan\theta$為三次方程式的根。

此證明已極具說服力，但講義卻含有潛在的誤導性。並非所有三次多項式都和講義中畫的一樣，具有相似的路徑。事實上，講義中的圖，以及上述基於這些圖的證明，只有在所有三次方程式係數皆為正的情況下才成立。如果有係數為為負或零，則係數路徑就不會一樣，也會影響證明中的代數部分。

因此另舉一例，設 x 項係數為負，其餘的係數則皆為正。因此，三次方程式變成：

$$ax^3 + bx^2 - cx + d = 0.$$

在這個例子中，係數和子彈路徑看起來將如下圖所示：

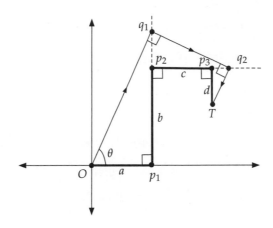

因為我們需要將子彈反彈的路徑，包含線段 $\overline{p_1p_2}$ 和 $\overline{p_2p_3}$，這樣才適用 Lill 法。此例子的代數如下：

$$\text{In } \triangle Op_1q_1, \ -x = \tan\theta = \frac{p_1q_1}{a} = \frac{b + q_1p_2}{a}$$

$$\Rightarrow q_1p_2 = -ax - b.$$

$$\text{In } \triangle q_1p_2q_2, \ -x = \tan\theta = \frac{p_2q_2}{q_1p_2} = \frac{c + p_3q_2}{-ax - b}$$

$$\Rightarrow p_3q_2 = -x(-ax - b) - c.$$

$$\text{In } \triangle q_2p_3T, \ -x = \tan\theta = \frac{d}{p_3q_2} = \frac{d}{-x(-ax - b) - c}$$

$$\Rightarrow -ax^3 - bx^2 + cx = d \ \Rightarrow \ ax^3 + bx^2 - cx + d = 0.$$

其他例子的解法大致相同，包括有一個或多個係數為 0 的多項式。我們當然不會希望學生能夠證明所有例子，但學生應該要知道，路徑圖不會長得都一樣，因此證明也會略有差異。（可設其他多項式的例子給學生練習，這是很好的家庭作業。）

Lill 法的確巧妙，但令人驚訝的是，雖然它在 19 世紀末和 20 世紀初是眾所周知，但如今似乎已被遺忘。不過改變已然出現，近來已開始用 Lill 法研究摺紙幾何的建構（參見[Al-pLan09]）。

Lill 法還有另外兩件事值得注意。首先，Lill 法適用於任意次數的多項式，因此可找出五

次或任何次數方程式的實根，證明都完全相同。其次，使用動態幾何軟體，如 Geogebra 或 Geometer來模擬Lill法，既有趣又可以強化概念。這樣做需要建構一個係數路徑，確保$\overline{p_1p_2}$、$\overline{p_2p_3}$ 等每一線段都包含在一無限長直線上，因為你不知道子彈路徑是否需要利用延長段。然後在包含 $\overline{p_1p_2}$ 線段的無限長直線上，設一可移動點 q，創造一條可能的子彈路徑，形成線段 Oq。接著在點 p 作一垂線，垂直於 Oq，然後再作另一條垂線，以此類推，模擬子彈路徑。完成後，點 q 可上下滑動，看最終的子彈路徑是否可擊中點 T。若學生熟悉 Geogebra，應很容易創建這樣一個 Lill 法模擬，並發揮有效作用（也可試試是否能發現三個擊中點 T 的不同角度），對學生非常有啟發。

講義 9-2 和 9-3：Lill 法的摺紙例子示範

此活動除了學習 Lill 法有多麼酷，重點在於動手利用摺紙來解任意三次多項式。因此，「Lill 法的摺紙」講義目的有二：一是讓學生看到摺紙「二點摺到二線」的步驟，應用於三次方程式，可帶來Lill法的子彈路徑解答。二是要讓學生自己用一個例子練習。

在課堂上，學生需要時間了解講義 9-2 前半圖的意義。小心設定線 L_1 和 L_2，當我們將點 O 摺到 L_1 上，點 T 摺到 L_2 上時，產生的摺線就包含我們所需的子彈路徑的第二個邊。（這樣一來很容易摺出子彈路徑的另外兩邊，若有需要也可讓摺線垂直於通過點 q_1 和 q_2 的新摺線。）想要讓你自己信服這一切，你要記住，若將一點摺到另一點上，例如 L_1 上的點 O 到 O_1，摺線就變成線段 $\overline{OO'}$ 的垂直平分線，因此產生子彈路徑所需的直角。

摺紙示範

如果運氣好，學生（和教師）會抗拒去解 $x^3 - 7x - 6$ 的衝動，也不會用電腦或計算器。這個三次多項式經過精心安排，有三個整數根，三根都可以用Beloch求解三次方程式的摺紙法。

實作時，我們需要設正方形紙為 xy 平面座標。任何座標範圍只要夠大即可，但最好選一個容易計算的座標。這裡介紹的座標為 2006 年夏與作者一起教授此教材時，Cary Malkiewich 所開發。

　　Malkiewich的設定是用一張邊長為 16 的正方形紙，中心的x軸水平線設為 -4 到 12。y軸則位於紙中心左邊的 1/4 垂線位置。

　　為了在紙上設置座標，要先摺出x軸和y軸（以定位原點O）及係數路徑（以定位點L），還有線 L_1、L_2，都要依照Beloch策略才能求解Lill法。其實自己找出摺紙的方法既有趣也並不難，但摺紙經驗不多的人（即教師和學生）往往一開始不知如何下手。

　　因此，講義 9-3 提供建立Malkiewich座標系的步驟說明。教師可先自行依照步驟指示作一遍，然後決定，是要讓學生也自行依照步驟作，還是要帶領學生作，這樣問題比較少。

　　等到紙上座標系摺好，請將摺線用筆描出，才容易看得到，這樣作對於摺出子彈路徑是很重要的。標記點O和x軸上的數字 1、2、4、8，有助於摺紙。更重要的是，沿線 L_1 和 L_2 用粗筆描好，也將點O和T描粗一些。

　　完成了座標系，也繪出了重要線條，學生即做好準備，可處理講義 9-2 的主要活動：試求 $x^3 - 7x - 6$ 的根。這需要拿起正方形紙摺疊，使O摺到 L_1 上，同時T也摺到 L_2 上。此時可將紙拿起，透光對著O和T兩大點，讓點能夠正確落在線上。但由於此多項式有三個實根，因此事實上有三種不同的解法，由於一個班有很多學生，你可能會看見全部三種解法。其中一個解法如下。

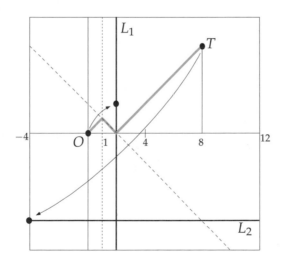

　　仔細解讀這個例子，可見點 T 被摺到 L_2 上的點（−4，−6），而且 O 被摺到 L_1 上的點（2,2）。這樣會造成子彈路徑和座標路徑形成的相似三角形都是45°直角三角形！換句話說，點 O 的角 θ 為 45°，因此 $\tan \theta = 1$。故 $x = -1$ 應為 $x^3 - 7x - 6$ 的一根。代回驗算（−1 + 7 − 6 = 0），為真。

　　點 O 和 T 還有另外兩種可能性，如下。

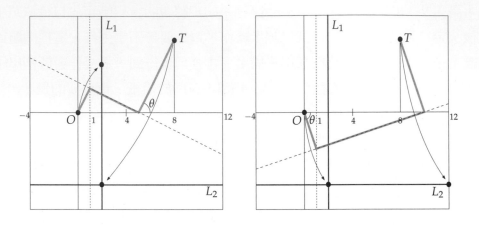

　　左圖中，我們看見點 T 摺到 L_1 和 L_2 的交點，即點（2，−6），代表摺線在 $x = 5$ 處與 x 軸相交（因摺線是 $T = (8,6)$ 和（2,−6）之間線段的垂直平分線，終點為（5,0））。因此點 T 處的座標路徑和子彈路徑所形成的直角三角形，邊長分別為 6 和 3，故 $\tan \theta = 6/3 = 2$，$x = -2$ 為另一根：驗算 $(-2)3 + 14 - 6 = 0$，正確！

　　最後一種可能性，如上方右圖，將點 O 摺到（2,−6），表示摺線在此點與垂線 $x = 1$ 相交於（1，−3）。此時在點 O 的直角三角形，有一邊長度為負；一邊長為 1，另一邊長為 −3。得 $\tan \theta = -3$，故 $x = 3$ 為一根。驗算 $27 - 21 - 6 = 0$，確實成立。

　　$x^3 - 7x - 6$ 完美的三根，使此多項式成為學生嘗試Beloch摺紙應用於Lill法的完美範例。事實上，同樣這個三次多項式，也被Riaz用作 1962 年的論文[Riaz62]的主要範例，用以描述Lill法（非為Beloch摺紙版本）。

延伸

　　Lill法和Beloch摺紙應用，都具許多延伸的活動。

　　以Lill法來說，我們前面已提過，在不同例子中，Lill法證明係數具有不同的符號（或為零），可直接設為家庭作業，以證明學生是否已經吸收。在Geogebra或其他動態幾何軟體中建模Lill法，則加強學生理解的有趣活動。

但還有許多更值得深入挖掘。注意，如果我們從 n 階多項式開始，則係數路徑將有 $n+1$ 個邊（其中一些的長度可能為零）。而子彈路徑將有 n 個邊，並遵守係數路徑相同的規則（90° 轉彎）。也就是說，我們可以把子彈路徑對應一個 $(n-1)$ 階多項式，這個多項式應該與原來的多項式等價，但可解出一個實根。換句話說，Lill法是代數分解過程的幾何等價法！（在 [Riaz62]中有解釋。）

舉例來說，我們再回去看 $x^3 - 7x - 6$ 多項式和Lill法解題，產生根 $x=-1$ 的子彈路徑（見 91 頁）。這個子彈路徑與 x 軸呈 45°角，因此很容易算出子彈路徑的三邊長度，按順序分別為 $\sqrt{2}, \sqrt{2}$ 和 $6\sqrt{2}$，如果旋轉子彈路徑，使點 O 開始的第一個線段沿正 x 軸行進，那麼就可得到此子彈路徑為多項式 $\sqrt{2}x^2 - \sqrt{2}x - 6\sqrt{2}$ 的係數路徑。

$$\sqrt{2}x^2 - \sqrt{2}x - 6\sqrt{2}.$$

如果我們將此多項式除以 $\sqrt{2}$，結果不會影響根，並相當於使子彈路徑標準化，也就是將第一邊長化為 1，則得到多項式 $x^2 - x - 6$。這樣作很有意義，因為我們知道 $x=-1$ 為一根，故

$$x^3 - 7x - 6 = (x+1)(x^2 - x - 6).$$

Lill法果然就像在分解多項式！

將Beloch的Lill法摺紙應用延伸，如果完成活動 7（摺紙三等分角）或活動 7 中 $\sqrt[3]{2}$ 延伸活動的學生，想要重新回顧當時的作法，仔細檢查他們當時所使用的「二點至二線」，結果會發現，這些與Lill法一點都不像。在三等分角的建構中，線 L_1 和 L_2 不是垂直的，所以不是Lill法的秘密應用。對於 $\sqrt[3]{2}$ 的建構，L_1 和 L_2 是垂直的，但仍然沒有利用Lill方法。（原因留待讀者思考。）

這樣表示一旦學生學會Beloch的摺紙法來求解Lill法的三次多項式，就可以創建自己求解三等分角或倍立方問題的方法。對於後者，需要做的就是將Lill法和Beloch法，應用到方程式 $x^3 - 2$ 中。（請試一試！）

對於三等分角，需要使用三倍角公式 $\cos 3\theta = 4\cos^3\theta - 3\cos\theta$ 產生成的三次函數。如果 3θ 為定值，則可將 $\cos 3\theta$ 視為常數 k，想要找到 $x = \cos\theta$，表示要解三次多項式

$$4x^3 - 3x - k = 0.$$

藉由Beloch法和Lill法求解比較容易，我們先設原始角度 $3\theta = 60°$。

　　求解任何這些延伸活動的題目，都需要在紙上設定良好的座標系統，並設定正確摺紙。這個過程需要完全參與，親自動手，對喜愛摺紙幾何構造的人來說，充滿了樂趣。

活動 10
紙條摺成紙結
FOLDING STRIPS INTO KNOTS

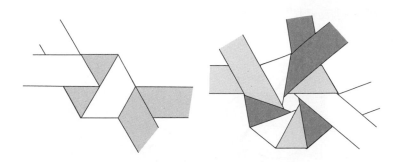

適用課程：幾何學、數論、抽象代數。

摘要

學生將要挑戰的是，將一張紙條摺成一個結。（簡言之，就是用紙打繩結。）結果應產生一個正五邊形。學生的第一個挑戰就是證明這的確是一個正五邊形。

接下來要問學生，還可以摺出其他什麼結呢？是否可能摺出六邊形或七邊形的結？能否摺出正方形或三角形的結？如果用多張紙條來摺，又會如何？

內容

五邊形的證明可用簡單的幾何學或對稱理論，但紙結的探索，還牽涉到數論和代數。決定可摺出什麼結，可改寫為歐拉函數 ϕ 或循環群 $\mathbb{Z}_n$ 生成元的問題。而多張紙條則是由給定 $\mathbb{Z}_n$ 子群的陪集來決定。

講義

本活動講義僅有兩頁，第一二頁不要同時發給學生，因為第二頁上面有一些第一頁問題的提示。不過教師可自行決定。

時間規劃

第一頁不會花太多時間，大約 15 至 20 分鐘。第二頁時間需要比較長，由於牽涉的數學問題較多，結也越摺越大，越來越複雜困難，因此第二頁可規劃 30 至 40 分鐘。

講義 10-1

紙條打結

活動：取一條長紙條，打成一個緊實的平結。聽起來很奇怪，所以請看下圖幫助了解。

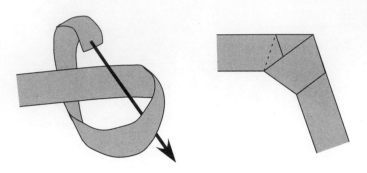

問題 1：證明此為正五邊形（所有邊的長度皆相等）。

提示：將撞球從牆上反彈，此時「入射角」等於「反射角」。請問與此活動有何關係？

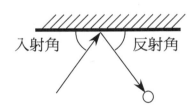

問題 2：你還可以將長紙條打成其他結嗎？是六邊形、七邊形還是八邊形？三角形或正方形又如何？探索並推測你的想法。

問題 3：在問題 2 中，你應該已經打出了一些結。例如八邊形的結，很多種方法都可以摺出來。下面顯示其中一種，但有兩種不同的結尾。

　　將紙帶編的八邊形每邊設一數，從 0 開始。摺紙時紙帶穿梭，當多邊形摺好時，紙帶不是剛好出去，就是回到 0 的位置。

　　按什麼順序摺紙會剛好回到 0 呢？你是否因此聯想到循環群 $\mathbb{Z}_8$（整數函數 mod 8）？試試看用這個概念來證明你在問題 2 中提出的推測。

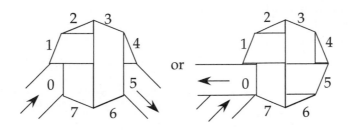

問題 4：如果可以用多張紙條會如何？結果證明這樣可以打出任何多邊形的結。下圖顯示以兩張紙條和三張紙條所分別摺成的六邊形結和九邊形結。如何運用循環群 $\mathbb{Z}_n$ 來分析這些結？每一張紙條又代表什麼？

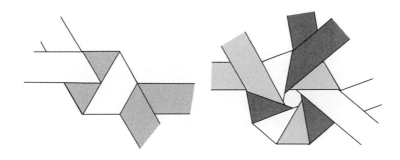

解答與教學法

本活動最重要的是要有許多紙條。喜歡教學具有獨特風格的人，可準備色彩豐富的紙條來製作繽紛的紙結。而預算有限的人，則可到文具店購買紙卷等。

問題 1

證明五邊形結是正五邊形，方法各各不同，從直線幾何學到沒有證據支持「明顯的對稱」。後者其實與一個好想法很接近，但教師應該規定學生要有具體的證明。

關於撞球反彈的建議是想讓學生意識到，摺紙條的行為與撞球從牆壁上反彈是一樣的。（或光束從直面鏡反射），如下圖左。換句話說，摺紙條的動作就是每次「轉彎」都一樣，於是為正五邊形。

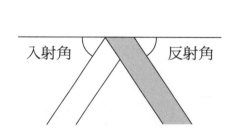 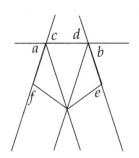

嚴格來說，如上圖右。角 a 和 b 是五邊形結一邊的入射角和反射角，故 $a = b$。角度 c 和 d 是 a 和 b 的對頂角，因此 $a = b = c = d$。但是 c 和 f 是結上另一邊的入射角和反射角，因此 $c = f$，角 d 和角 e 同理，故得 $a = b = c = d = e = f$。繼續下去，我們可證明所有五邊形的外角也相等，這代表內角也全部相等。故為正五邊形。

網站 http://www.cut-the-knot.org 的標誌就是這種五邊形結，網頁上有利用直線幾何學證明正五邊形的說明（ … / proof.shtml）。不過事先警告你，這種技術性證明既乏味又不令人滿意。上一段的直觀證明反而更直接。

問題 2

摺五邊形以外的結並不容易，所以請不要讓學生用很長的時間去摺六邊形結，因為根本摺不出來。不過可以利用五邊形結增加一個「上／下／上」循環，來摺出七邊形結，但這同樣也不容易。五邊形結的所有轉折都要摺對位置，然後慢慢收緊才能形成結。摺七邊形結的

時候也一樣，而且由於轉折更多，紙條容易滑掉，變得很麻煩。可參照下面的圖來解決紙條轉折固定位置的問題。

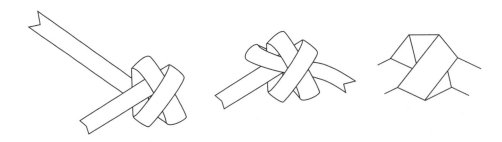

製作這樣的結，需要耐心、多練習。好不容易摺出第一個七邊形結後，再摺一個會變得比較容易。學生對於摺紙的困難程度不會太驚訝，但教師應先摺好幾個結給學生看。

學生應努力推測，任何正多邊形的結都可以這種方式，用一張紙條摺出來，**只有**三角形、正方形和六邊形摺不出來。學生的實驗應達成此結論，請在他們看到講義第二頁提示之前，先鼓勵學生盡力完成。

事實上，教師會想將講義分開，分別發給學生。首先，講義第一頁如前所述，可以用於任何數學課程，例如文學院「低年級生」選修的數學課。而講義第二頁裡面有群和數論等專有名詞，況且如果學生太快翻到第二頁，就會知道哪一種結可以摺出來的提示。雖然不見得不好，但講義不一定要全部發出去。

問題 3

依照 $0, 1, \ldots n-1$ 順序將每個多邊形結的邊加以編號，這樣作優點是可根據循環群 $\mathbb{Z}_n$ 中適合的循環週期去摺紙結。

若指定從 0 開始摺紙條，想將這張紙條在 n 邊形中穿梭，最後從 $2, \ldots n-1$ 某編號的邊出來，假設此邊為 a，紙條會轉一個彎，根據入射角／反射角論證，紙條會從 $2a$ 邊出去。（由於紙條離開邊線 a 的角度，與進入的角度相同，在紙條穿梭於多邊形的過程，這樣保留了「跳過」的邊線。）因此為使紙摺成結，要打到每一邊，而這在 a 生成了整個 $\mathbb{Z}_n$ 循環群時會發生。

總之，若且唯若 $\mathbb{Z}_n$ 具有非為 1 或 $n-1$ 的群生成元時，就可摺出 n 邊形；也就是說，若且唯若 $\mathbb{Z}_n$ 有非 1 與 $n-1$，且與 n 互質的元素，也就是說若且唯若 $\phi(n) > 2$ 時，其中 ϕ 為歐

拉函數,即小於 n 且與 n 互質的正整數個數。

由於 $\phi(3)=\phi(4)=\phi(6)=2$,這些邊數的多邊形不能用一張紙條摺成。但由 $\phi(5)=4$,且當 $n>6$ 時 $\phi(n)>2$,所以其他所多邊形都可以摺出來。

問題 4

關於這個問題,有趣和驚人的事情是,當用多個紙條摺紙結時,各獨立紙條會各自對應一陪集。

這是說,用多個紙條摺多邊形時,首先要選擇 $\mathbb{Z}_n$ 的子群,設為 H;若 $|H|=k$,則有 n/k 個 H 的陪集(包括 H 本身),表示我們需要 n/k 個紙條。

例如,在講義中的九邊形圖中,選擇了 $\mathbb{Z}_9$ 的子群 $H=\{0,3,6\}$。我們可以這樣想:白色的紙條從編號 0 的邊線開始,到邊線 3,反彈到邊線 6,最後回到邊線 0。然後另一個紙條覆蓋邊 $1+H=\{1,4,7\}$(深灰色紙條),然後又一個紙條覆蓋邊 $2+H=\{2,5,8\}$(淺灰色紙條)。如此包含了所有群,所以這三個紙條可完成九邊形。

雖然多邊形不容易摺,但這樣親自動手作還有陪集的直接應用課程,是代數課所無法抗拒,甚至可證明拉格朗日定理。另外,多個紙條的多邊形結還可編織成非常對稱的樣式(如九邊形圖),若紙條有各種顏色,可摺出令人喜愛的環結。

若你能勇於嘗試這些多紙條紙結的一種(除了簡單的六邊形),我推薦用三個紙條摺一個十二邊形紙結。雖然很難,不過每個紙條可以按照摺正方形的 {0,3,6,9} 陪集來摺,然後紙條都摺 45° 到紙邊。每次摺疊之間的紙條長度是由試誤學習所決定(你也可以讓學生挑戰,自行決定長度,然後用尺測量),隨著實驗與調整,可編出一個令人喜愛的環結。

背景

自很久以前,人們便知道如何用紙條摺一個五邊形。根據 Fukagawa,日本的「算額」(Sangaku)可追溯到 1810 年[Fuj82]。算額是江戶時代(17 至 19 世紀)人們將幾何問題寫在木頭匾額上的精美藝術品,掛在神社裡。由此可知,日本古代已有人會玩娛樂性的幾何問題,其中有些算額是關於摺紙,代表當時有些日本人對摺紙數學很有興趣。(參見 Haga 的

摺紙活動，為摺紙算額的一例。）這種特殊的算額描繪的是用一個紙條摺成一個五邊形的圖，並向讀者提問，要求找出紙條寬度與五邊形邊長之間的關係。

　　由於大型多邊形摺紙結較為少見，最早的摺紙活動之一，應為 Morley 在 1924 年所完成 [Mor24]，說明摺五邊形、六邊形和七邊形紙結的步驟，並將之歸納。

活動 11
芳賀和夫的摺紙學
HAGA'S "ORIGAMICS"

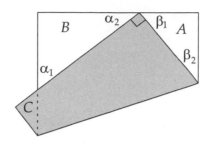

適用課程：幾何學、文組數學、數學證明介紹

摘要

由芳賀和夫（Kazuo Haga）所創的「摺紙學 Origamic」，目的在於希望學生探索容易入門的摺紙謎題之餘，還能體驗數學研究微觀版本的三階段：探索、猜想和證明。

內容

芳賀和夫的活動皆奠基於幾何學，其中一些甚至不需要基礎知識，而另一些則需要標準的歐幾里得幾何原理。然而探索、猜想和證明的方法，都位於這些練習的核心。

芳賀和夫的活動已發行日文著作[Haga99]，目前停刊的日本摺紙雜誌 ORU [Haga95]也收錄有部分文章，還有一部著作為英文[Haga08]。不過此活動中所介紹的大部分內容來自《摺紙：第三屆摺紙科學、數學與教育國際會議（Origami³: Third International Meeting of Origami Science, Mathematics, and Education）》的會議記錄刊物中[Haga02]，芳賀和夫所著的論文《摺紙快樂學數學：摺紙學（Fold Paper and Enjoy Math: Origamics）》。

講義

共有四份講義，皆呈現芳賀和夫的摺紙範例。每個活動學生都需要大量的小型正方形紙（三英吋立方體形的memo紙最佳）。

(1) 摺出 TUP

(2) 四角摺到一點

(3) 芳賀和夫定理

(4) 母子線

時間規劃

　　每堂課需要整整 50 分鐘進行一個活動，但仍需視學生能力而定。

講義 11-1

摺出 TUP

拿一張正方形紙，在右下角作記號 A。在紙上任取一點，再將 A 摺到此點上。如此會摺出一個摺角，稱為 TUP（Turned-Up Part），也就是「上摺部分」。

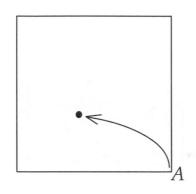
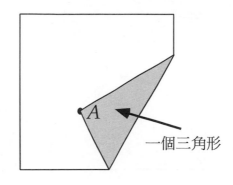

一個三角形

你的 TUP 有幾個邊？三個？四個？五個？

任務：多摺幾個 TUP，以解答此問題：「我們如何知道 TUP 有多少邊？」

延伸：如果讓此點位於正方形紙以外，會怎麼樣？TUP 又會有多少邊？

講義 11-2

芳賀和夫的摺紙學：四角摺到一點

拿一張正方形紙，任擇一點。依序將紙四角往此點對摺，摺好後展開。摺線應於正方形紙上形成一多邊形。（正方形紙的某些邊，可能即為此多邊形的邊。）

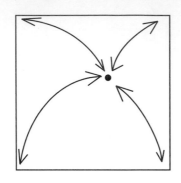 

一個六邊形

你摺出的多邊形有多少邊？五個？六個？可能會是三個、四個、七個嗎？

任務：按照「四角摺到一點」的規則，以各種方式多摺一些正方形紙。如何判斷摺出的多邊形會有多少邊？

延伸：如果我們使用長方形紙而不是正方形紙，又會如何？TUP會有多少邊？

講義 11-3

芳賀和夫定理

　　拿一張正方形紙，在紙上方的邊上任擇一點，標記為 P。接著，將紙的右下角摺到此點上。如下圖。

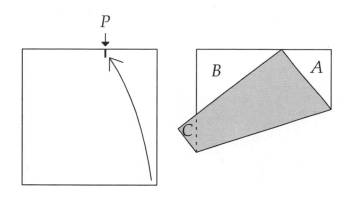

問題 1：三角形 A、B、C 的關係為何？試證明之。（這就是「芳賀和夫定理（Haga's Theorem）」。）

問題 2：假設你所選的 P 點恰為上邊長中點，請用芳賀和夫定理求解下圖中 x 和 y 的長度。

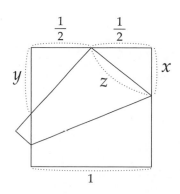

講義 11-4

芳賀和夫的摺紙學：母子線

　　取一張正方形紙，任意在紙上摺一道摺線。（如下圖A、B。摺線稱為**母線**。）然後將紙的其他邊分別摺到此摺線上，最後將紙展開。（如下圖C-F，稱為子線。）你會看到一堆摺線（如圖G）。

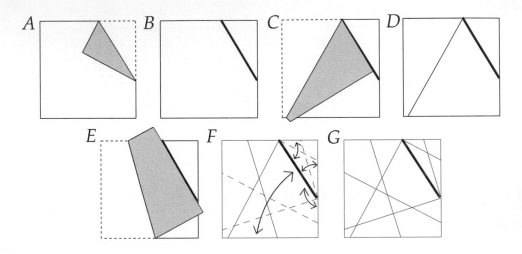

你的任務：用不同的紙實驗各種母線，然後比較結果。從子線的相交可以進行怎樣的推測？試證明之。

解答和教學法

　　芳賀和夫是日本筑波大學生物學退休教授，退休後一直從事「芳賀科學教育實驗室」，推廣他的「摺紙學」活動，協助兒童和學生科學推理能力的發展。芳賀和夫所發明的「摺紙學（origamics）」一詞，是用來描述摺紙的科學面，因為摺紙公認為（特別在日本）是兒童專屬的活動。

　　不過請注意，一部分芳賀和夫的活動，確實對老師和學生都構成了嚴格的挑戰。由於活動刻意設計為開放式，因此學生必須實驗、推測再嘗試證明。同時，教師可能會遇見一些抗拒開放式任務的學生，其中甚至包括主修數學證明專業課程的學生。想要鼓勵這些學生主動完成任務可能並不容易，因為教師必須找到對這些學生有用的辦法。或許是成績，或許是利用「榮譽感」推動學生以自己姓名命名的數學推論定理（在班上使用）。無論如何，這些活動都需要學生進行成熟的思考，教師不該低估它的困難程度。

講義 1：摺紙 TUP

　　學生應很快就能了解，只要選擇的隨機點在正方形內部，TUP只會是三角形和四邊形。

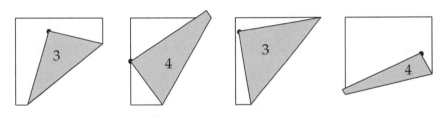

　　實驗證實，當我們選擇的點位於正方形的主對角線附近（從 A 點到相對的角），得到的一定是三角形。若觀察得更仔細，會發現唯有紙的一邊全部對摺，才會得到四邊形。因此，我們可以將 A 點所在的正方形兩邊，視為圓的半徑（A 在圓周上）；若 A 摺到的點會超過半徑，則相應的角（右上角或左下角）會被摺過來，得到四邊形。因此，我們可以將下圖的正方形各區域塗上顏色，即為問題 1 的解答。（注意：邊界屬於三角形區域。）

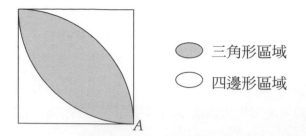

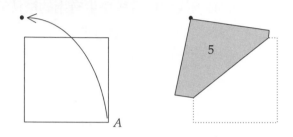

延伸：當角 A 可摺到正方形外面的點，需考慮此步驟何時有意義，何時沒有意義。顯然，如果我們把 A 摺到離正方形很遠的一點，「摺紙」等於是把整張紙翻過去。但如果我們把 A 摺到正方形外面靠近的一點，可以得到五邊形的 TUP。

如此產生了一個「新半徑」值得思考。甚至，如果靠近 A 的兩個邊都翻摺過去，會得到一個五邊形。這樣會產生一與 A 相對角為中心的圓，半徑為正方形的對角線長。（見下圖。）

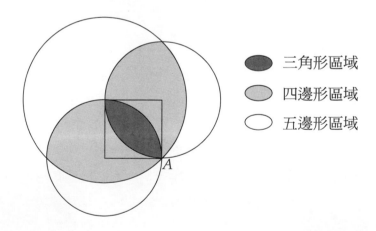

　　上述解答雖然已經夠完整而嚴謹，但高階的學生對於此問題很可能會產生其他證明方法。Andy Miller（Belmont大學）及學生們想出了一種分析法。假設正方形在 xy 平面上，原點位於左下角，A 位於點 $(1,0)$ 處，然後將 A 點摺到點 $P=(a,b)$。摺線將為線段 AP 的垂直平分線。我們可以利用「拋物線摺紙」活動同樣的方法，找出關於此摺線的方程式。線段 $\overline{AP}$ 斜率為

$-b/(1-a)$，因此摺線斜率為 $(1-a)/b$。線段 AP 的中點 $(((a+1)/2，b/2))$ 在摺線上。因此，摺線的方程式是 $y-b/2=((1-a)/b)(x-(a+1)/2)$，可簡化為：

$$y = \frac{1-a}{b}x + \frac{a^2+b^2-1}{2b}.$$

此摺線 y 軸上的截距為 $(a^2+b^2-1)/2b$，如果摺起左下角（因而使 TUP 具有三個以上的邊），則 y 截距必大於零。也就是說，要使 $a^2+b^2-1>0$ 或 $a^2+b^2>1$，這樣會描繪出圓形區域的一部分。其他方程式也可以用此方法得到。

教學法：芳賀和夫的摺紙學講義刻意設計為開放式，目的是要學生**自行**想出在紙的不同區域塗上不同顏色的想法，來分辨不同的 TUP 並產生足夠的數據以掌握整體概念。這便是數學研究核心的實驗、推測、證明法。

不過，教師仍能提供許多主要的問題和建議來幫助學生，但學生若能利用其他時間分組探討此活動，受益會很大。下列技巧可引導學生思考：

(1) 就目標點 P 進行不同實驗選擇，以獲得數據，並加以推測。你甚至可利用網格點系統化，設定不同的 P 點，並根據 TUP 的邊數為點塗顏色。

(2) 沿著這條思路想一想，在正方形區域中，哪些 P 點的選擇會產生三角形的 TUP，哪些區域又會產生其他不同的 TUP。

(3) 經過思考，你能夠試試看，確定這些區域的**界限**嗎？例如，若四處移動點 P，何時會從三角形 TUP 變為四邊形 TUP？

講義 11-2：四角摺到一點

學生會以為只能摺出五邊形和六邊形區域，但其實有少數位置可以摺出四邊形區域：中心點和四角，不過算是特例。唯一的非零區域，是摺出五邊形和六邊形的區域。

事實上，此問題與 TUP 部分很相似。在 TUP 講義中，我們需要追蹤所選擇的點是否導致紙的一角翻轉過來，畢竟此活動我們在乎這些**邊的中點**是否會翻轉過來。答案請看下面的圖。若待摺的點 P 離正方形一邊夠遠，那麼邊的兩角所摺出的兩條摺線，將於正方形中的一點相交。另一方面，若點 P 足夠靠近一邊，則兩條摺線將於正方形外的一點相交。這樣一來會決定這兩條摺線是否會在正方形包含點 P 的區域外面，新增二到三個邊。

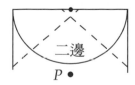
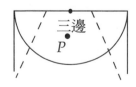

「夠遠」和「夠近」兩者的差別，決定於以正方形一邊的中點為中心，半徑 1/2 邊長的圓（如果此邊附近的角被摺到圓的範圍以外，摺角的時候中點便會隨著移動。反之則不動。）

接著我們要來看四個邊如何互動。以中點為中心的四個圓，只會兩兩相交。現在假設暫時先忽略正方形的四邊，設一點 P，則由摺線所決定包含 P 點的區域都是四邊形。但正方形的四個邊會切掉四邊形很多角，數量等於包含 P 點的圓。包含 P 點最多的圓，數量最多為 2，生成六邊形，否則 P 就只會位於一圓，生成五邊形（不包括前面提過 P 不在任何圓內的五個例子）。如左下，四圓重疊形成一幅六邊形和五邊形的美圖。

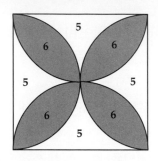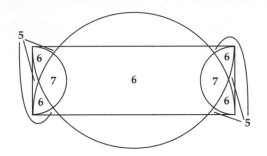

若 P 點正好落在其中一圓的圓周上呢？這表示兩條摺線會在正方形邊上相交，因此不會生成 P 點區域的新邊。所以邊界各點就是五邊形區域的一部分。

延伸：同樣的分析亦適用於長方形紙，但令人驚訝的是，七邊形區域現在可以摺出來了！（見上圖右）

教學法：TUP活動的重點，在於讓學生自行獨立分析，依條件創造模型。因此教師除了釐清問題本質以外，不要提供過多提示給學生。

　　就我的經驗，完成TUP活動的學生，這個活動也能很快上手。事實上，如果TUP是在課堂上完成，可安排此活動為功課。

講義 11-3：芳賀和夫定理

　　此活動應為芳賀和夫所首度開發的「摺紙學」，也就是為什麼日本摺紙社團用他的名字來命名。但後來在日本**算額**（17至19世紀日本人留在寺廟裡供別人閱讀和解答的幾何問題）發現了一個例子，說明此定理的結論早已為江戶時代幾何學家所知悉。（見[Fuk89] 37 和 117 頁。）然而，芳賀和夫似乎並不知道這份鮮為人知的文獻。

問題1：基本的結果是講義中的三角形A、B和C**皆相似**。證明很簡單。在下圖中，$\alpha_2 + \beta_1 = 90°$（因為 $\alpha_2 + 90° + \beta_1 = 180°$），我們也知 $\beta_1 + \beta_2 = 90°$。因此，$\alpha_2 = \beta_2$，同樣地，$\alpha_1 = \beta_1$。故$A \sim B$，同理也證明$B \sim C$。

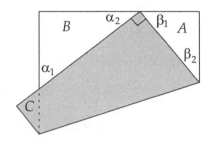

　　芳賀和夫定理之所以如此受到摺紙家的歡迎，是因為這個簡單的一次摺紙動作，事實上創造的是豐富而優雅的幾何學相關圖形。摺紙目的主要的應用是，芳賀和夫定理可告訴我們這個問題的簡單解法：將正方形一邊分成n等分，n為奇數。下面的問題就是一個例子。

問題2：有許多方式可以找出圖中x、y、z邊長。其中一種，我們已知相似直角三角形，並且因為z線段的長度等於圖中摺紙後的 $1 - x$ 線段，故$z = 1 - x$。在三角形A中利用畢氏定理，

$$1/4 + x^2 = (1 - x)^2 \Rightarrow x^2 = 3/4 - 2x + x^2 \Rightarrow x = 3/8.$$

　　注意，在多項式中消去 x^2 項，發現x為有理數，帶入求$z = 5/8$ 也是有理數。現在，找到y，或芳賀和夫定理所產生的任何其他線段長度，都可利用相似三角形。由於只需要計算比例，我們知道y也是一個有理數！

這說明芳賀和夫定理可以應用於獲得正方形邊的合理分割，如果運氣夠好，這些合理分割會很有用。由於 $A \sim B$ 使得

$$2y = \frac{1}{2x} \;\Rightarrow\; y = \frac{2}{3}.$$

當然，此講義圖中的所有線段長，都可以用這種方式找出來。事實上，為了見識芳賀和夫定理的威力，可任意設 P 點位置，然後計算長度。在下圖中將這些長度都標記出來，設 P 右邊的長度為 x，那麼剩餘長度則為

$$y_1 = \frac{(1+x)(1-x)}{2}, \; y_2 = \frac{2x}{1+x}, \; y_3 = \frac{1+x^2}{1+x}, \; y_4 = \frac{(1-x)^2}{2}$$

$$y_5 = 1 - \left(\frac{2x}{1+x} + \frac{(1-x)^2}{2} \right), \; y_6 = \sqrt{x^2 + 1}.$$

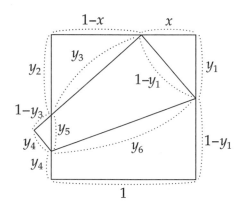

教學法：開發和探索芳賀和夫定理，在某種程度上可以說只是相似三角形、畢氏定理和基本代數三種應用的緊密結合；你或許認為這是微積分先修或其他基礎代數課程一個了不起的活動，不過就學生的反應似乎興趣缺缺。事實上，除了主修數學的學生以外，芳賀和夫定理以一次摺紙求得有理數長度的優雅方式，並不會留下什麼深刻的印象。這就是為什麼在講義中只選擇放一個例子，告訴學生如何解出長度 1/3。這樣可以稍稍讓學生產生一些動力，因為大部分學生應該都不知道如何將正方形紙分為完美三等分的方法（除非他們做過前面將長度分為 n 等分的活動）。

　　不過，此活動仍適合於所有大學生。相似三角形的概念在高中幾何中雖然只是快速教過，但就像畢氏定理、基礎代數一樣，可以期望接受一般教育的學生都會知道。

　　因此，在學生分組作講義時，教師應該減少提示。教師可提醒學生注意三角形，或以蘇格拉底的方式問：「直角三角形有什麼重點？」但僅只於此。

　　芳賀和夫定理可在Geogebra或Geometer Sketchpad中建模。先構建一個正方形，然後進行類似「拋物線摺紙」活動的操作，將右下角摺到頂邊上的隨機一點 P，構建摺線。（將這些點連接成線段，會發現摺線是垂直平分線。）然後用Geogebra呈現紙下方的摺線。這樣做的優點是你可以用Geogebra來測量各線段的長度，讓學生得以看見沿著頂邊移動 P 時的變化。這樣一來學生很容易發現 P 在 1/4 位置、1/3 位置、2/3 位置等，各會得到什麼。

　　當然，芳賀和夫定理能作的還更多。在他《摺紙學》[Ger08]書中，奧地利幾何學教師 Robert Geretschläger 提出了一系列芳賀和夫定理相關的有趣事實。例如，考慮下圖的標示，以正方形 C 角為中心畫一圓，半徑為正方形一邊長，然後這個圓會與線段 CD 相切。這可以用來證明 $\triangle AGC'$ 的周長等於原始正方形周長的一半，並且 $\triangle CBE$ 與 $\triangle GDF$ 的周長和，等於 $\triangle AGC'$ 周長。（這是 1993 年第 37 屆斯洛伐尼亞數學奧林匹克的題目。）

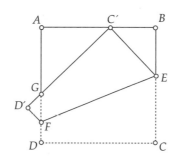

　　另外有一個問題，芳賀和夫定理是否可考慮不同的 P 點位置，如上述的例子進行一般劃。如果你或你的學生在找答案，你會發現可將芳賀和夫定理和活動「將長度 n 等分」一起進行，證明正方形一邊的任何奇數等分，都可以用芳賀和夫定理的變化找出來。進一步請參閱芳賀和夫《摺紙學：透過摺紙探索數學（*Mathematical Explorations Through Paper Folding*）》[Haga08]。

正如你所見，芳賀和夫定理充滿了秘密。

講義 11-4：母子線

此活動中所介紹的四個摺紙練習，以第四個最具挑戰性；由於答案並不明顯，發展適當的推測，需要一些實驗性和創造力。

在學生（教授也一樣）努力尋找子線相交模式的時候，有一個方法很有用，請記住，想要解一個開放式問題，重點在於**問對問題**。例如，

- 子線是否在哪些有趣的角度相交？
- 與每條母線相交的子線數量是否具有重要意義？
- 如果選擇對稱的母線，例如正方形對角線或或「摺成一半」的垂直線，是否會發生什麼有趣的現象？
- 任意三交點是否會在同一直線上（除了一看就知道的以外）？

這些問題的探索，可以發現許多事情。下圖說明了其中一些來龍去脈（至少為一例的答案）。

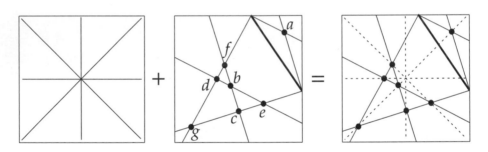

最左邊的圖，芳賀和夫稱為（見[Haga02]）正方形主摺線（primary crease lines of the square）。我們可以看到，所有子線交點好像都在這些主摺線上！

但學生推測的並不只有這樣，他們還注意到，一些子線看起來似乎是直角相交。事實上，如果我們將一邊的一條子線，稱為摺到母線上的 S 線，然後摺另一條子線與 S 平行（為母線同一邊），那麼這兩條子線看起來似乎也是直角相交，對嗎？

這些推測可以用歐幾里得幾何的一些應用來證明，最基本的例子可見上方標記為 a 的交點。a 點位於母線、正方形頂邊和右邊所形成的直角三角形內部。事實上，這個直角三角形內的子線，是三角形的角平分線。所以 a 點其實是直角三角形的**內心**，故 a 點也位於三角形另一角的角平分線上，恰好就是正方形的主線。答對了！

　　要說明其他的交點，我們可延長母線或正方形其他的邊。例如 b 點也是直角三角形的內心，這個直角三角形由延伸的母線、正方形底邊和左邊的延伸線所組成，因此可證明位於對角線上。這非常重要；我們可以看到，當我們將正方形一邊的線段 S 摺到母線上時，如果 S 靠近母線，摺出的摺線將成為 S 線和母線形成角的平分線。但如果 S 不靠近母線，那麼摺線依然是角平分線，只是這條角平分線，只是平分的角為母線延長線和 S 線延長線所形成的角，所以相交的點在紙外。

　　現在考慮點 c，我們可以將母線和正方形左邊延伸，看 c 的一條摺線平分的角，如下圖，與另一條 c 的摺線形成 $\triangle ABC$。需要證明兩件事：(1) c 也位於 1 主摺線上，(2) 相交於 c 點的子線會形成直角。

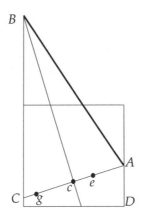

　　學生可能很容易地就不小心得證，例如他們聲稱在摺 Bc 摺線時，C 點正好位於 A 點上，因此證明子線形成直角。但將線段 AD 摺到母線上形成子線 AC，並不直接表示摺 Bc 摺線時，C 點必位於 A 點上。學生所摺的例子，可能確實有憑有據，但是並不是證明！「摺紙證明」必須要小心，因為摺紙並不是所見即所得。

　　比較好的證明法，是注意到正方形的左右兩邊平行，因此可知此二邊與線段 AC 形成的內錯角相等。也就是說，$\angle BCA = \angle CAD$。但是根據 AC 的定義，我們知道 AC 等分 $\angle BAD$，所以 $\angle CAD = \angle CAB$。因此 $\angle CAB = \angle BCA$，證明 $\triangle ABC$ 是等腰三角形。

　　這個證明很快速。等腰三角形的底邊垂直於與對應的角平分線，這樣就可以得到垂直的子線。而且由於線段 Cc 和 Ac 全等，所以點 c 必須位於正方形的垂直平分線上，這也是一條主線。用同樣方法亦可證明子線交點 D 具有同樣的結果。

　　至於點e和點f，可以看見它們是一些精心設定三角形的**外心**。三角形的外心是一條內角平分線和兩條外角平分線的交點。也是三角形外一個圓的圓心，與三角形的一邊與另二邊的延長線相切。左下圖可以清楚看見，以△BEF為主。（這裡是前面說過的等腰三角形的頂部）我們看見子線交點f位於從B開始的內角平分線和以F開始的外角平分線的交點。因此f位於△BEF底邊的外心，恰好就是主摺線。同樣方法亦可用於e點的證明。

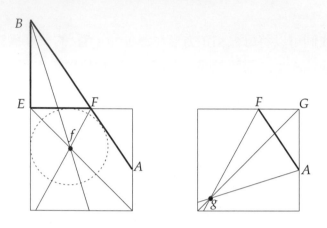

　　現在剩下點g。芳賀和夫自己說「在數學課程或班級，學生發現最難證明的是主摺線。」[Haga02]然而，g點也是三角形的外心。如上圖右，定義g點的子線為△GAF的外角平分線，則此外心的內角平分線就是一條主摺線。

　　但你不需要用外心來得到證明，幾何學的學生可能會找到其他證明。芳賀和夫有另一種g點的證明：從g點畫垂線，分別垂直於正方形的右邊（gH）、頂邊（gJ）和母線（gI），如下圖。由於子線（Fg和Ag）是角平分線，故△gAH ≅ △gAI，△gFI ≅ △gFJ。因此，gJ、gI和gH長度相等。即g點到正方形的頂邊和右邊距離相等，表示g點必然位於正方形的的對角線上。

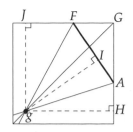

利用內心和外心的證明，優點在於速度很快。上面的證明只是特例，但文中內心和外心的規則適用於任何選擇的母線。而想要利用垂線等去證明則沒那麼容易。

這個活動還有其他一些探索方式，例如，既然母線的選擇是隨機的，母線兩側的子線交點數量，一般來說會形成三角數（triangular number）。不過要先假設所有交點都在正方形上。事實上，如果我們考慮**所有**子線的交點，包括正方形以外的交點，如果我們讓主線鑲嵌在正方形紙網格上，也會得到相同的結果。

若想進一步研究，可計畫以同樣的方法來探討任意凸多邊形紙，它們的主摺線可能為紙的角平分線……。

教學法：活動11中的主要推測是，所有子線交點都位於主摺線上，這個推測並非顯而易見，很有可能整間教室的學生都沒有觀察到這一點。然而，教師可以幫助學生仔細探索來提高成功率。有一個好方法是讓學生用筆將母線描粗（摺好母線以後），等到摺子線時，也建議學生要用筆把交點描出來。即使觀察沒有成果，至少也能學會繪圖。

本活動重點在於讓學生嘗試各種不同的母線。事實上，如前面的問題所述，要是讓母線成為主摺線之一，這樣會很有趣（亦可建議學生試試看）。例如，如果母線是正方形的一條對角線，那麼只會得到兩個子線交點，兩個交點都位於另一條對角線上。看看這種簡單的例子，一目了然，事實明顯，除了點位於另一條對角線上，再沒有什麼可觀察的事了，或許學生會因此得到靈感，到其他更複雜的例子裡面去尋找類似的情形。

即使什麼都沒找到，此活動所提供的摺紙範例告訴我們，就算是再簡單的練習題，都能夠提供驚人的多樣性和深度。芳賀和夫還有許多類似的活動，每個人也應該試著自行開發屬於自己的活動。

　　但除了有趣以外，這些活動的真正價值在於提供微型的數學研究實驗室。探索、推測、證明、推翻等等一整套流程都可以在每一份講義中發現。教師的責任就是帶領學生進入，然後坐在一旁觀察，在有必要時偶而指導一下即可。

活動 12
星環模組
MODULAR STAR RING

相關課程：微積分先修、幾何學、文組數學

___

摘要

　　此活動為製作星環模組的指導步驟，不過有點奇怪，竟然沒有說明一個星環需要多少個單元！因此只好要求學生製作一個星環的理想單元數量。

內容

　　星環的單元很容易摺，所以學生應可快速摺出許多單元。星環的製作可以是 12 至 16 個單元的任何數字，問題是，使星環完美呈現的「正確」單元數量是多少？想要得到解答需要對單元、簡單的三角幾何以及對角度的仔細觀察或多邊形角度和的公式，進行仔細分析。延伸活動是計算完成星環的半徑，也用到幾何。

講義

　　講義包括星環模組的說明，並提出需要多少星環單元的基本問題。講義第二頁為解題的提示，亦交由教師決定是否要發放給學生。

時間規劃

　　星環模組需要很多單元，每個學生至少要摺 12 個，所以此活動摺紙部分大約需要 20-30 分鐘。問題回答部分則視課堂教授型態而定，但若教師選擇提供講義的「提示」頁面，預計可在 5-10 分鐘完成解題。

講義

星環模組

摺紙單元可組成星環。你會需要大約 12-20 張正方形紙。

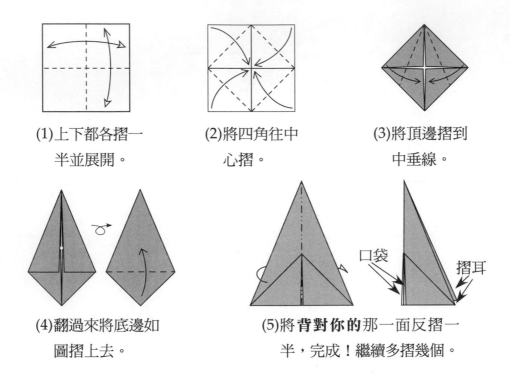

(1)上下都各摺一
　　半並展開。

(2)將四角往中
　　心摺。

(3)將頂邊摺到
　　中垂線。

(4)翻過來將底邊如
　　圖摺上去。

(5)將**背對你的**那一面反摺一
　　半，完成！繼續多摺幾個。

口袋　摺耳

組合：將一單元的摺耳塞入另一單元的摺袋中。（如上述步驟(5)所指出的口袋和摺耳部分。）

繼續插入更多單元，一直到形成一個環狀，插回第一個單元為止！

問題：你可能注意到，可將星環封閉的單元為 12 個、13 個、14 個或更多，但有些感覺很鬆散。你應該用多少個單元來製作一個緊密完美的環？

額外提示：為了使單元完美組合，盡量將單元深入插好，讓後面單元的斜邊可以「平貼」在前一單元口袋的頂邊。

　　下圖可以幫助你了解單元緊密完美組合的適當角度。

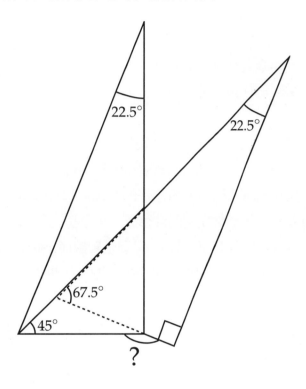

解答與教學法

　　星環模組的來源並不清楚。美國摺紙協會（OrigamiUSA，非營利專業摺紙社團）網頁上列有星環模組的圖解，放在「傳統模型」分類中。既然說傳統，表示這個模型存在的時間已經很久，可追溯到日本或西方的摺紙傳統。不過，這個模型是否能夠像紙鶴一樣可追溯到日本 17 世紀到 18 世紀，則令人質疑，因為無法確定當時是否有模組摺紙。不過這個模組反而可能是 1960 年代至 1970 年代經過各國許多人的發現和重新發現，因此要歸功於個人是沒有意義的。

　　星環的單元很容易摺。等到學生練習摺了幾個單元，應該能夠以每單元一兩分鐘的速度摺出後面的單元。因此，期望學生在 25 分鐘內摺出 12-16 個單元是合理的。

　　教師應該事先花一些時間試著組合看看摺好的單元。12 個單元可製成一個還可以接受的環，甚至YouTube上面還有一部星環模型的教學影片，堅持認為 12 個單元才是正確的數量。但不管實驗多少次，都顯示若只有 12 個單元，星環是鬆散而不穩定的，一壓就分開，看起來不像環，反而像橢圓。由此可見，即使摺過星環模型的人，也不見得知道「最佳」單元數量是多少，但是數學卻能夠告訴我們答案！

　　正確答案是 16 個單元，想必讀者已經猜到了。既然單元的角度是 90°、45°和 22.5°，答案就不可能是 2、8 或 32 個單元。

　　在此提供兩種不同的解答。第一個最自然，應用的是簡單的角參數。第二個利用多邊形內角和公式（因此對進行內角和公式教學的班級來說是很好的活動）。

解答 1

　　最簡單的解答即是確定單元彼此緊密連結圍成一圈，共需幾個單元。由於相鄰單元的旋轉角度都是一致的，因此可以將 360° 除以這個旋轉角度，於是得到需要的單元數量。

　　每個單元都是直角三角形，角度為 22.5°、67.5°、90°。這些角度可以藉由單元摺紙的順序來確定，我們知道單元的最小角度是原始正方形的角對摺兩次，因此角度為 22.5°。

　　接下來要確定的角度，是兩個單元連接時的角度，因此需要將兩個緊緊連在一起的單元仔細繪圖。這就是講義第二頁的意義，下頁的圖為重製，並標記 *A*、*B*、*C*、*D* 各點：

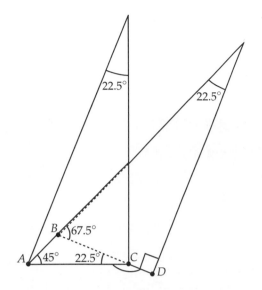

由於 $\angle ABC = 180° - 67.5° = 112.5°$，所以 $\angle BCA = 180° - 45° - 112.5° = 22.5°$。也就是說，從右邊單元到左邊單元，需要旋轉 22.5°，而製作一個完整的環，需要旋轉 360 度，所以我們需要的單元數量是

$$\frac{360°}{22.5°} = 16.$$

要注意的事，根據筆者經驗，學生不太可能簡單就算出單元的個別角度，要做到這一點，必須要從個別單元的角度來想這個問題，而不是像一般人自然都是從星環整體角度著手。因此就一般人的角度來看，下一個解答更自然。

解答 2

一個完整的星環製作完成以後，會看見中間是一個多邊形開口。既然各單元插入的方式都是一樣的（如摺紙步驟及上圖所示），那麼這個多邊形開口的內角也應該全部相等。只要找到多邊形內角，再帶入多邊形內角和公式 $(n - 2)180°$，就可以算出所需的單元數量。我們用 n 代表單元數量。

根據上圖，多邊形內角為

$$\angle ACD = 180° - 22.5° = 157.5°.$$

　　因此，若 $n =$ 單元數量，即多邊形有幾個邊，已知內角和為 157.5°，根據多邊形內角和公式：

$$157°n = (n-2)180° \Rightarrow n = 16.$$

　　以上兩種解答方式都非常簡單，但都非常需要把互相緊密連結的單元細節繪製成圖。如果把圖給學生看，他們應該很快就能算出解答。

　　如果不給他們看圖，學生則必須很仔細研究單元，自己畫出類似的圖。能夠將「現實世界」中案例，以幾何來建模，這是一個價值很高的技術，因此有機會不妨多讓學生能有機會把第二頁講義的圖自己畫出來。但這樣也會需要用到更多上課時間來進行活動。

進一步探索：尋找半徑

　　這項活動的延伸，教師可設正方形紙的邊長為 1，要求學生求圓環的半徑。此活動圓環的半徑為一星環三角形的頂點，通過圓心，到對面三角形頂點的距離。

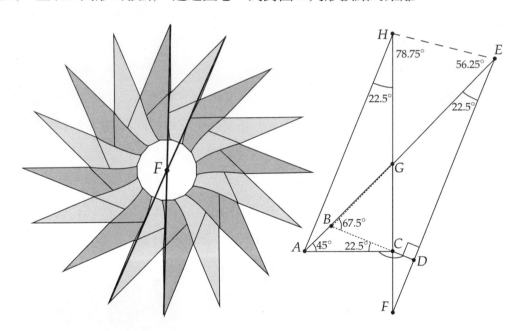

　　上圖表示圓環的中心 F 與單元之間的關係，中心 F 位於兩個相連單元的兩個直角邊的延長線交點。我們可利用前面的圖來找出這個圓環的中心，並標記為點 F。

　　由於設正方形紙的邊長為 1，根據摺紙步驟順序，單元的右邊線段 ED 長度為 $\sqrt{2}/2$（為摺紙步驟(2)摺線的長度）。單元的短邊，即圖中線段 BD 長度為 $(\sqrt{2}-1)\,\sqrt{2}/2 = (2-\sqrt{2})/2$，

這是怎樣求出來的呢？由於這是一個 22.5° – 67.5° – 90°三角形，根據活動 2（三角函數摺紙），這種三角形的邊長具有一定的比例。由於已知 ED 的長度，根據此三角形的比例，得到 $BD = (2 - \sqrt{2})/2$。

接下來解題的方式有幾種，不過所有方式（據我所知的），最後得到的半徑答案都不太好看。我比較喜歡的方式是利用圖中的△GEH。由於 △EGF是等腰三角形，因此$EG = FG$，故星環半徑$FH = FG + GH$，可用GH加EG得到，也就是說，我們要加兩個△EGH的邊長。

GH是比較容易得到的邊長。由於△AGH也是等腰三角形，$GH = AG$，而AG是等腰直角三角形ACG的斜邊。現在，$AC = BD = (2 - \sqrt{2})/2$，故

$$GH = AG = \sqrt{2}\frac{2 - \sqrt{2}}{2} = \sqrt{2} - 1.$$

長度 EG **很難算**。讓我們利用正弦定理。由於△EFH為等腰三角形，∠F為 22.5°。因此∠$GHE = (180° - 22.5°)/2 = 78.75°$，故∠$GEH = 180° - 78.75° - 45° = 56.25°$。（注意∠$EGH = 45°$）這些都是不常見的角度，想要求出正確答案，必須知道這兩個角度的正弦值。

但是，請注意，國高中生可用計算器快速得到近似值的數字答案（使用正弦定理或找相似三角形來計算線段DF長度等方式），那樣無妨，但我們要繼續尋找確切的答案。

首先我們要求的是 sin 78.75°。由於 $90° = 78.75° + 11.25°$，$11.25° = 22.5°/2$，我們可以利用三角函數摺紙活動的方法，發現cos 11.25° = sin 78.75°，或者也可以使用餘弦的二倍角公式$\cos 2x = 2\cos^2 x - 1$，因此$\cos x = \sqrt{(\cos 2x + 1)/2}$，所以$\cos 22.5° = \sqrt{2 + \sqrt{2}}/2$，即

$$\sin 78.75° = \cos 11.25° = \sqrt{\left(\frac{\sqrt{2 + \sqrt{2}}}{2} + 1\right)/2} = \frac{1}{2}\sqrt{2 + \sqrt{2 + \sqrt{2}}}.$$

這個答案已經算是夠漂亮的了。

至於其他角度計算，$56.25° = \cos(90° - 56.25°) = \cos 33.75°$，由於 $33.75 = 67.5/2$、$33.75 = 67.5 / 2$，$\cos 67.5° = \sin 22.5° = \sqrt{2 - \sqrt{2}}/2$，（依然是藉由三角函數摺紙活動的方法），得到

$$\cos 33.75° = \sqrt{\frac{\cos 67.5° + 1}{2}} = \sqrt{\left(\frac{\sqrt{2-\sqrt{2}}}{2} + 1\right)/2} = \frac{1}{2}\sqrt{2+\sqrt{2-\sqrt{2}}}.$$

得解！

現在準備要用正弦法解 $\triangle EGH$？由於

$$\frac{GH}{\sin 56.25°} = \frac{GE}{\sin 78.75°}$$

$GH = \sqrt{2} - 1$，故

$$GE = (\sqrt{2}-1)\frac{\sqrt{2+\sqrt{2+\sqrt{2}}}}{\sqrt{2+\sqrt{2-\sqrt{2}}}} = 3 - 2\sqrt{2} + \sqrt{10-7\sqrt{2}}.$$

這個等式的計算，可用平方根依序計算，或用計算器上面的代數運算比較簡單。

不過不管是用哪一種方法計算，最後都會求得星環的半徑為：

$$FH = GH + FG = GH + GE = \sqrt{2} - 1 + 3 - 2\sqrt{2} + \sqrt{10-7\sqrt{2}}$$

$$= 2 - \sqrt{2} + \sqrt{10-7\sqrt{2}} \approx 0.902812.$$

因此，用邊長為 1 的正方形紙開始摺星環，由 16 個單元製成的星環，從單元三角形頂角到圓環中心的半徑 ≈ 0.902812。

明顯看得出來，半徑問題比原來所需單元數量問題更複雜。

最後注意事項

此活動的講義可應用於國中數學課程，但學生需已熟悉測量角度，並知道多邊形 n 的內角之和為 $(n-2)180°$。

至於半徑問題，學生確實需要紮實的高中程度三角學知識，並知道如何計算平方根。解題方式不只一種，上面的解答只是其中一種。再者，也可以讓學生求得一個大致的答案，不必堅持一定要算出確實的數字。（除非你真的很想讓學生挑戰看看！）

此活動的主要問題是由美國西新英格蘭大學 MAMT（數學教學碩士）計劃的老師安・法納姆（Ann Farnham）所提出並解答，她亦為此校所畢業。與她共同開發此活動的學生是國中生。對於半徑問題，她鼓勵學生求出近似小數即可。

活動 13
蝴蝶炸彈摺紙
FOLDING A BUTTERFLY BOMB

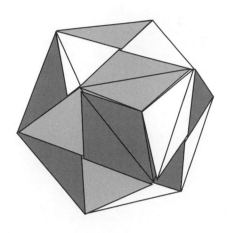

適用課程：幾何學、文組數學。

摘要

指導學生摺Ken Kawamura（川村 健）的「蝴蝶炸彈」和/或「戴帽八面體（capped oc-tahedron）」炸彈模型。製作完成，學生還要學習怎樣使「炸彈」爆炸。戲法人人會變，巧妙的組裝則需要多加練習。

內容

最後摺出來的蝴蝶炸彈模型，形狀是一個立方八面體（cuboctahedron），由三角形的邊組成凹金字塔形的凹室。因此建構此模型需要熟悉形狀。模型不容易組裝，因此學生必須首先了解物體的結構和對稱性，以便組裝在一起。模型會爆炸的特性，會激發學生的驅動力。

戴帽八面體版本，實際上是「雙重的」蝴蝶炸彈，不過需要的紙較少，比較容易組裝。

講義

講義全部都是摺紙步驟。

(1) 摺疊蝴蝶炸彈的步驟說明。

(2) 摺疊經典枡盒（Masu Box 日本酒傳統容器）模型的步驟說明，有助於蝴蝶炸彈工程。

(3) 戴帽八面體炸彈模型的步驟說明。

時間規劃

　　戴帽八面體模型需要 30-40 分鐘。枡盒和蝴蝶炸彈需要一個小時。單獨摺蝴蝶炸彈也需要一小時，因為連盒子一起摺反而比較簡單。

講義 13-1

蝴蝶炸彈摺紙（Kenneth Kawamura 發明）

需要 12 張硬的正方形紙。3 種顏色（每色 4 張）。

 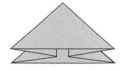

(1)拿一張紙，先摺出兩條對　　(2)將所有摺線一起壓扁，如上圖，然
　　角線（**谷摺**）。再水平對　　　　後壓平，使摺線清楚，再展開。其
　　摺一半（**山摺**）。　　　　　　他 11 張正方形紙重複以上步驟。

組裝：目的是製作一個**立方八面體**，有 6 個正方形面，8 個三角形面。

　　如下圖，先拿 4 個單元，組成正方形底座。單元上下層層交疊，組合在一起。

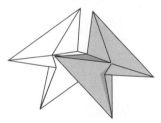 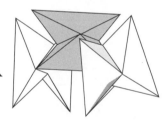 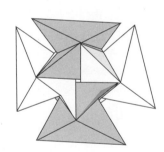

　　然後用一個單元插入正方形底座的一邊，形成一三角形凹室。這些單元同樣也要上下層層交疊。組合在一起並不容易，不妨兩人一組，四隻手同心協力。像這樣組合正方形底座的每一邊。

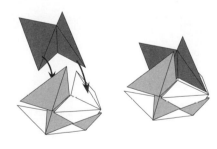

繼續插入單元，製作正方
形面和三角形凹室，直到
最後一個單元放好位置，
形狀才會固定。
這怎麼會是炸彈？拋入空
中，以手掌擊落，你就會
發現！

講義 13-2

經典枡盒

這是一個日本的經典模型。有助於摺疊蝴蝶炸彈。以 3 英吋到 3.5 英吋（1 英吋 = 2.54 公分）的紙，摺蝴蝶炸彈來說，枡盒需要 10 英吋正方形的紙。

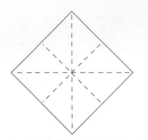

(1)摺兩條對角線和兩條水平對摺線。

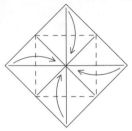

(2)四角往中心摺。

(3)每邊都摺往中心，產生摺線再展開。

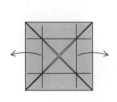

(4)展開左右兩邊。

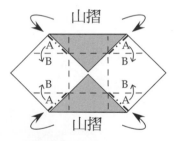

(5)利用山摺線，摺出立體的盒子。如圖，A 部分要疊在 B 的上面。

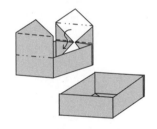

(6)摺成這樣。然後對面也要向內摺，四邊對齊，這樣盒子便製作完成！

為何連盒子一起摺，蝴蝶炸彈反而比較簡單：摺疊蝴蝶炸彈時，利用枡盒輔助。蝴蝶炸彈的正方形邊要貼緊枡盒的邊。

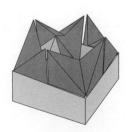

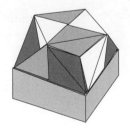

講義 13-3

雙重蝴蝶炸彈摺紙

你需要 6 張正方形紙。選 3 種顏色（每種顏色 2 張）。

(1)取一張紙，摺兩條對角線（谷摺），然後上下左右對折（山摺）。

(2)將所有摺線一起壓扁，如上圖。用力壓平，使摺線清楚，然後再展開。以同樣的方法摺疊另 5 張正方形紙。

組合：將所有單元組成一 6 個面的立方體，單元彼此上下層層交疊，最後形成 8 個金字塔形。

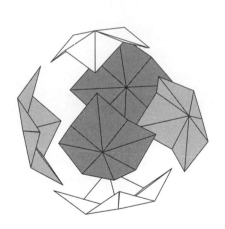

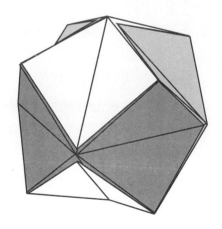

　　一直到插好最後一個單元為止，形狀才會固定。如果你總是手拙，請找人一起合作。（越多隻手越好！）

　　摺出來的模型也是一顆「炸彈」。拋入空中，以手掌擊落，它就會爆炸！

問題：這個形狀使你想起什麼？試描述之。

「解答」與教學法

　　由於整節活動都在摺紙模型，雖然模型本身可令人得到許多概念（稍後將解說），但藉由摺疊步驟的實行，在心中建立圖形的影像，並認識一些多面體形狀，才是此活動的重點。

　　此活動最大的挑戰是組合這些單元，完成模型。由於戴帽八面體和蝴蝶炸彈模型非常不穩定，要一直到最後一個單元插入才能摺成。你或學生或許看過PHiZZ等模型的單元，不同處在於是否有鎖定結構。基本上，這些單元彼此依靠，組合在一起層層疊疊像編織一樣，才具有鎖定的功能。事實上，由於這些模型的精緻程度，通常在插入最後一個單位時，會讓其他單元分開，因此需要稍微壓住整個模型，才能使各單元恢復正確的位置。

　　教師讓學生進行挑戰之前，**必須**自己事先練習多次。學生通常會需要一對一輔導才能正確組合模型，如果教師自己都組合不起來，學生也不太可能順利（再者，這是一場發現之旅，若有數學同好團體一起摺這些模型，無論對學生或教師來說都是非常好的經驗！）

　　以下為這些模型的具體教學建議。

- 摺蝴蝶炸彈時，最好先教枡盒怎麼摺。若課堂時間有限，可設枡盒摺紙為家庭作業，要求學生上課時將摺疊好的枡盒帶來（注意尺寸）。在摺疊蝴蝶炸彈過程中，利用枡盒作為底座，對於建構蝴蝶炸彈很有幫助。

- 對於戴帽八面體，或不用枡盒摺蝴蝶炸彈，策略是拿 3 或 4 個單元一起放在手掌心，然後用另一隻手拿其他單元插入，將單元組合起來。把手指拱起成「杯狀」，有助於維持單元組合的形狀。

- 摺疊炸彈模型時，兩人四手效果更好。（事實上，教師在第一次製作時，就會想要尋求同事的協助。）有些學生動作比較快，很快摺好模型，可請這些學生協助其他同學。這樣不僅有益於推動教師的教學，也有益於培養學生的合作。

- 講義中的圖，是基於提供效率與教學意義而設計繪製的，並沒有呈現完整步驟，這是因為完整呈現戴帽八面體的組裝，不僅需要耗費更多篇幅，對於學生的教育反而也是一種傷害而非幫助，因為學生需要的是把模型視覺化，在心中呈現圖形，**接著**在組裝過程中實際動手體驗。但這麼作，表示教師也必須一對一協助學生，直到學生終於能夠領悟為止，工作量當然會增加。

　　這些模型所需的教學時間，有幾個影響因素。首先戴帽八面體模型，每個學生會需要花費 30-40 分鐘摺疊、讓它「爆炸」，然後再重新組合。蝴蝶炸彈需要的時間更長，至少一個小時。如果能夠先教學生摺枡盒，組裝單元會比較容易，而且完成整個活動的總時間並不會增加（枡盒約 15-20 分鐘，蝴蝶炸彈 40 分鐘）。

重點內容

　　摺疊這些模型，潛移默化之中也會教導學生關於一些多面體結構方面的事，但接下來必須將重點放在連結，才能深入強化。

戴帽八面體：講義所示，可將此模型視為，每張紙都是立方體的一面。事實上，取來一個立方體，從中點將立方體的邊「壓凹」，可得到完全相同的形狀。

　　然而，摺好的八面體，看起來很像是一堆金字塔。事實上在組合時，一次組合一個金字塔通常比較容易成功，這樣還可以追蹤組合單元的進度。所以，教師應該讓學生算一算，組合好的模型最後會有幾個金字塔，答案是 8 個。然後再問學生，金字塔的底部是什麼幾何圖形？答案是正三角形。由 8 個正三角形面所組成的常見物體叫作什麼？八面體！因此我們想像此模型裡面有一個八面體，在八面體的八個面上，各有一個金字塔覆蓋在上面。這就是為什麼我把這個模型稱為「戴帽八面體」的由來，講義的說明卻不用這個特殊的稱呼。我比較想要讓學生自行建立模型，然後自行發現特性。但如果學生已熟悉八面體，一開始即可告訴他們要摺的形狀是戴帽八面體，這樣有助於組合形狀。

　　另外，如果你已在課堂上介紹過二元性概念，學生在看這個模型的時候，應可以雙重視角得到立方體和八面體兩個不同形狀。

　　注意：這種戴帽八面體形狀，可用各種不同的摺紙方式完成。事實上，最常見的就是Sonob'e Unit [Kas87]，摺好 12 個單元就可以組合出這種形狀（但顏色模式不同）。有些學生以前可能摺過這個模型。在許多摺紙書和參考資料中，都稱這種形狀為星形八面體（**stellated octahedron**），但這個名稱並不正確。星形代表延長多面體的每個面，直到面的平面以有趣的方式相交。這樣做，八面體的確會「覆蓋」在三角形面上，但每個面上都是完整的正四面體，而非我們模型中的正三角形金字塔。因此，教師不應讓學生稱這種模型為星形。

蝴蝶炸彈：此模型的基本結構是一個八面體，其三角形面為金字塔狀的凹室。（與 cub-ohemioctahedron[Wei1]很接近，中文稱立方半八面體，又稱六合五面體，這是三角形面為正四面體凹室的立方八面體，但蝴蝶炸彈卻是正四面體凹室。）學生用枡盒摺這個模型時，可能比較傾向視之為立方體形，只是每個角都從邊的中點被切掉。（模型的正方形面代表原立方體的面，立方八面體的頂點是原立方體邊的中點。）但也可將這個模型看作是一個角從邊的中點切掉的八面體。這是立方體和八面體之間的二元性的另一種呈現。

　　這兩個模型都有左手式或右手式，取決於單元組合的方式。（看看你所組合的蝴蝶炸彈，正方形面是順時針還是逆時針排列？）

空間填充的包裝：一個非常令人驚訝的情況是，這些蝴蝶炸彈和戴帽八面體模型可結合形成三維空間（見下圖）。事實上，這只是因為三維空間可以用正八面體和立方半八面體鑲嵌，戴帽八面體上面的「帽子」可完美結合蝴蝶炸彈的金字塔腔室。

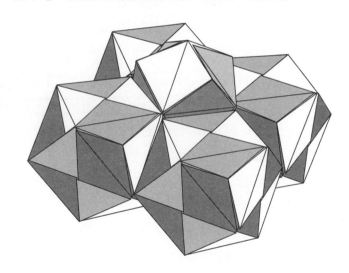

　　學生發現這種鑲嵌性質通常會很興奮。摺疊這兩個模型，時間可能會超過，所以教師不妨讓學生在課堂上做一個，另一個作為家庭作業，並鼓勵學生自行發現三維鑲嵌的性質。

變化形

　　這兩個模型可發展許多變化形。例如，假設我們將蝴蝶炸彈上的金字塔凹室恢復平坦，不再陷入模型，然後會發現蝴蝶炸彈展開後的基本形狀是立方體模型，如左圖。這個新模型

的「單元」其實是摺成一半的正方體，結構**非常**不穩定。

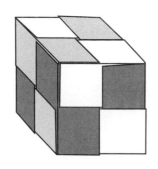 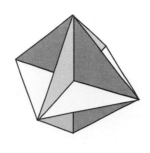

　　或者，我們可以將戴帽八面體上面的金字塔「反過來戳進去」，變成陷入模型。結果產生的新模型是八面體骨架（octahedral skeleton），如上圖右，是很穩定的結構，不再是「炸彈」。事實上，在下一個活動中我們還會看到這個八面體骨架，稱為「莫莉的六面體（Molly's Hexahedron）」（結構與本活動的模型相似）。

　　以上的變化形，是由多位摺紙家所創，包括 Robert Neale，Lewis Simon，Kenneth Kawamura，Michael Naughton。（然而大家公認Kawamura第一個利用模型的不穩定性質產生爆炸。）事實上，運用正方形紙可以摺出一系列連續的立方體（不過只有幾個真的是連續），從上面的 6 單元八面體骨架，到正方形紙四角都往中心折的 6 單元立方體（沒有圖示）。學生和教師可自由探索這些變化形。

活動 14
莫莉六面體
MOLLY'S HEXAHEDRON

適用課程：微積分先修、幾何學、文組數學。

摘要

此活動要教的是一種不尋常的六面體，由三個單元所組成。然後要問學生：「已知用來摺紙的正方形邊長為 1，那麼摺好的六面體體積是多少？」等到計算完成，再請學生比較 $1 \times 1 \times 1$ 立方體和自己的答案。

內容

此活動最基本是在體積的計算和認識。唯一運用的體積公式是角錐形形的角錐體公式，國中已經學過。這裡要做的是，將答案引申為，一個 $1 \times 1 \times 1$ 的立方體中，可放入多少個六面體？這個題目更具挑戰性，可作為大學程度幾何學班級很好的活動，認識多面體切割的概念。故此活動適用於各種不同程度的數學課堂。

講義

講義有兩份。講義 14-1 說明如何製作六面體，並要求學生算出體積。講義 14-2 為選修，顯示如何製作八面體骨架摺紙，與莫莉六面體貼合。

時間規劃

摺疊六面體的教學和組合很快，大多數學生會在 10 分鐘內完成。體積的計算會有點陷阱，但基本上並不難，因此整個活動大約需要 30 分鐘，不過時間多寡取決於教師想要如何探索 $1 \times 1 \times 1$ 立方體概念。

講義 14-1

莫莉六面體

這個模型由莫莉·凱（Molly Kahn）所創，需要三張正方形紙。三個正方形都要摺成看起來像青蛙的單元，然後再把單元組合在一起，組成一個有趣的東西！

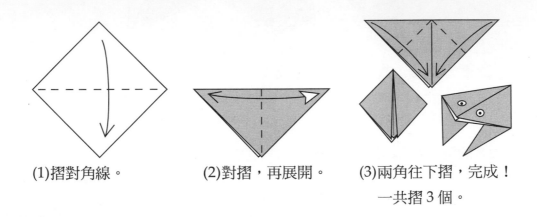

(1)摺對角線。　　　(2)對摺，再展開。　　　(3)兩角往下摺，完成！
　　　　　　　　　　　　　　　　　　　　　　一共摺 3 個。

組合：

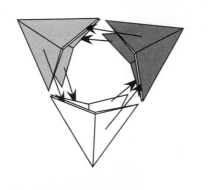

將單元青蛙的一隻「一邊」插入另一隻青蛙的「嘴」。想要插得準，需將青蛙放在正確位置，如左圖。然後插入第三隻青蛙，三個單元緊密結合，變成一個三角形！

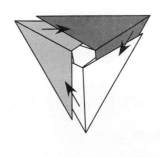

問題 1：你怎樣描述這個物體？它的面是什麼形狀？共有幾個面？

問題 2：假設原正方形邊長為 1，則摺好的物體體積為何？提示：利用角錐體體積 $V = \frac{1}{3}Bh$，B 為角錐體底部面積，h 為高。

講義 14-2

八面體骨架

這是一個經典的單元摺紙模型，由Bob Neale於1960年代所創，共並需要六張正方形紙。

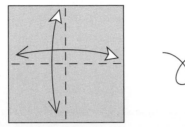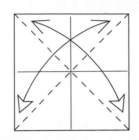

每張紙作谷摺，先左右對折，再上下對摺。然後將紙**翻到背面**，沿兩條對角線谷摺。注意，一定要像上面說的，先上下左右對摺，再將紙翻到背面摺對角線。

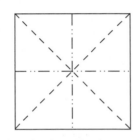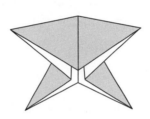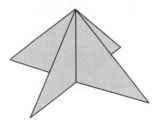

然後將紙摺成星形，如上圖。這個摺紙形狀，摺紙家稱為水雷基本形（*waterbomb base*），具有 4 個長長的三角形摺耳，是從正方形紙的角摺成的。

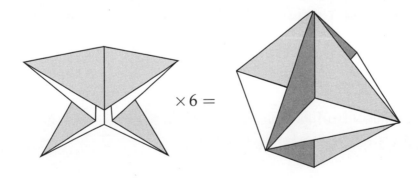

摺 6 個相同的水雷基本形，3 種顏色各 2 個。接著請解謎：將這 6 個單元組合為一個八面體骨架結構！

提示：將 6 個三角形摺耳上下依序插入其他三角形單元中。

解答與教學法

莫莉六面體應為已知最簡單的三維單元摺紙模型之一,為莫莉·凱(Molly Kahn)所創,她已經過世。莫莉的母親是著名的摺紙家Lillian Oppenheimer(為摺紙界的關鍵人物,在她的積極推動下,成立了國際非營利組織OrigamiUSA,享譽世界)。這個模型雖然簡單,蘊含的數學原理卻非常令人驚訝,使得此模型成為摺紙和數學教師的首選。

多年來,這個模型沒有經過正式的學術傳承,卻流傳在人們之間。不過作者最早是從Gay Merrill Gross的著作《摺紙藝術》(*The Art of Origami*)[Gro93]學到莫莉六面體。

模型的教學

這個模型的單元非常簡單,學生不到一分鐘便能摺好一個單元。組合比較麻煩,有些學生要經過一番努力才能成功。不過還好只有三個單元,所以最後人人都能組合成功,學生還可以互相幫助會更順利。

為了讓全班學生看見如何將單元組合在一起,教師可用大型紙張來摺疊製作單元,向學生展示鎖定的機制。就此目的來說,可在手工藝品店或文具店購買製作相簿等的大型卡紙。

學生用3英寸或10公分見方的正方形memo方塊紙來摺疊此模型即可。如果有些學生對於摺疊八面體骨架有興趣,也是用莫莉六面體相同尺寸的紙即可。(注意,摺疊八面體骨架需要更多堂時間,大摘要花20分鐘。)

解答

莫莉六面體具有獨特的形狀,雖然每個面都是大家熟悉的45°直角三角形,但學生(還有許多教師)卻從來沒見過這種立體。我們會以為這種由標準三角形所形成的立體會有特殊的名稱,不過作者並不知道是否真的有這樣一個名稱存在。這是一個六面體,有六個面,可稱為雙角錐形,更具描述性。但還有其他的雙角錐形,是由正三角形的面所組成。(見名片單元摺紙的活動。)

因此,問題1目的在於讓學生仔細觀察此物體,發現它有6面,每一面都是45°直角三角形。

問題2的體積問題可由不同方面前進,根據班上學生的狀況,可鼓勵學生嘗試與講義不同的方式來解題。不過利用角錐體積公式最簡單。

利用角錐體積公式，學生需要運用想像力，想像立方體的上下正三角形之間為「赤道」，然後拆解成兩個角錐體。還需要了解六面體各邊長長度，與原始正方形邊長等線段的比例，所以我們需要額外摺一個單元，展開，拿來與已完成的模型比較。下圖畫出了說明重點。

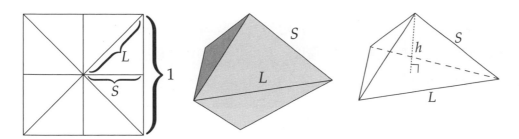

因此，為了求得六面體體積，要先求得一半的角錐形體積，然後將結果乘以二。幾乎所有學生立刻會利用上面最右邊的圖，帶入角錐形體積公式，其中角錐形的底為正三角形，高為正三角形中心向上延伸，形成 3 個直角三角形。這個解法**並不是**最簡單的，卻是最常見的，因此教師需注意計算上的難度。

事實上，以這種方式導入角錐形體積公式，會將問題難度推升到高中或大學幾何學範疇。（也可能是運用幾何建模的微積分先修課程。）

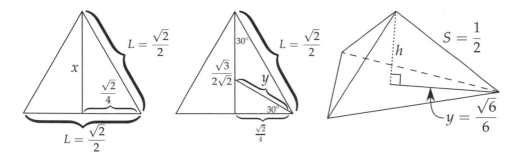

上圖畫的是求角錐形底部正三角形面積和高 h 所需要的提示。從模型摺痕中，我們知道六面體邊長為 $S = 1/2$（為正方形邊長的一半），$L = \sqrt{2}/2$（為對角線的一半）。所以正三角形底部邊長為 $L = \sqrt{2}/2$，設此三角形高為 x，我們得到 $x = \sqrt{3}/(2\sqrt{2})$，也可以用畢氏定理，或 x 為 30°-60°-90° 三角形的一邊長（設斜邊為 L，另一邊為 $L/2$）。

因此，角錐形底部面積為

$$B = \frac{1}{2}\frac{\sqrt{2}}{2}\frac{\sqrt{3}}{2\sqrt{2}} = \frac{\sqrt{3}}{8}.$$

高度 h 比較難求。h 是斜邊 $S = 1/2$ 直角三角形的一邊，另一邊設為 y，如前面最右圖。長度 y 為一頂角至正三角形底部中點的距離，在此三角形中，y 為 30°-60°-90° 小三角形的斜邊長。運用三角形原理或相似三角形原理，可得 $y = \sqrt{6}/6$。

因此可用畢氏定理求得 $h^2 + (\sqrt{6}/6)^2 = (1/2)^2 \Rightarrow h^2 = 1/12$。可求出角錐形體積為

$$V = \frac{1}{3}\frac{\sqrt{3}}{8}\frac{1}{\sqrt{12}} = \frac{1}{48}.$$

乘以 2 即可得到莫莉六面體體積，1/24！

當然還有一種更簡單的體積求法，就是不設正三角形為底，而設 45° 直角三角形為底，如下圖（同一個角錐體，只是旋轉一下）。這樣一來 h 變成 1/2，體積很好計算。

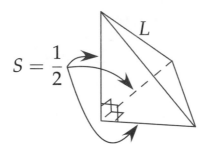

如此體積公式的計算變成：

$$V = \frac{1}{3}Bh = \frac{1}{3}\left(\frac{1}{2}\cdot\frac{1}{2}\cdot\frac{1}{2}\right)\frac{1}{2} = \frac{1}{48}.$$

體積和前面一樣乘以 2，是 1/24。

由此可知，這個問題的難度很容易評估。這裡呈現的第二種方法，程度相當於學習角錐形體積公式的國中生，不過我們要鼓勵學生注意選擇適當的底面。對於這些學生來說，莫莉六面體是角錐形體積公式一個很好上手學習的模型。

對於高中或大學低年級學生來說，第一種方法實際上很好的三角形練習，可以學習運用相似三角形、畢氏定理和三角函數來解題。根據作者的經驗，學生這個六面體並不熟悉，因此只有一些數學資優或幾何天賦的學生，才會想到不要用等邊三邊形為角錐形的底。但教師也可以直接指定學生用等邊三邊形為底，練習應用三角學、相似三角形等來解題，比較簡單的解法則留待具有創造力的學生來發現，讓老師樂一樂。

體積和切割的解說

確定 Molly 六面體體積為 1/24，接著我們自然要問：「這個體積合理嗎？太小了吧？」的確。如果學生手邊有還沒摺的正方形紙，可以把一些邊對邊排列，認識一個 $1\times1\times1$ 的立方體大小為何。如果我們將邊長為 1 的立方體與 Molly 六面體比較，可以在立方體裡面放入 24 個 Molly 六面體，有點難以想像。

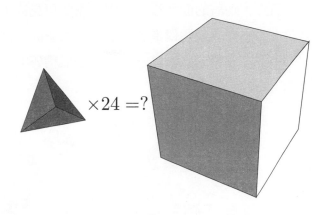

然而，數學是正確的；24 個 Molly 六面體體積，可裝滿 1 個 $1\times1\times1$ 立方體。看起來似乎不可能，事實上卻是有趣的挑戰。

可以用一種方法來證明，就是利用 Molly 六面體的每個面都是直角三角形。事實上，Molly 六面體的兩個頂點，就像立方體的一個角，所以可以想像一下，將 8 個莫莉六面體分別放在 $1\times1\times1$ 立方體的 8 個角。而且由於六面體邊長 $S = 1/2$，這 8 個六面體會如左圖，排列完美。

將 8 個六面體放入立方體以後，接著，如果把六面體分成兩半，可以再放很多到立方體中。同理，把兩個莫莉六面體如下圖中間重新分割組合，可得到底部為正方形的角錐，排列在立方體中心的空間。下圖最右邊顯示的是，把這種底部為正方形的角錐，放到立方體的頂面和底面，可看見角錐在立方體中心緊密排列在一起。

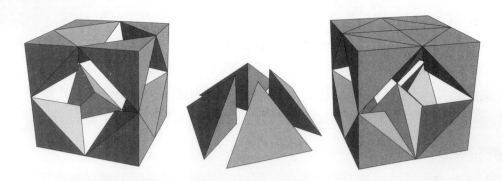

如此一來，立方體每個面都可以放入兩個六面體，8 個角共有 2×6 = 12 個六面體，所以立方體裡面總共可以放入 20 個六面體。

現在仔細觀察上圖最右邊，會發現放在立方體中間底部為正方形的六面體切割角錐，與放在立方體角的六面體切割角錐，兩著的面並沒有接觸。由此可見立方體裡面還有空間，我們可以想像把剩下 4 個莫莉六面體變成液體倒進去，把剩下的空間填滿。

這是把立方體放入 1×1×1 立方體的方法之一，並不是很精確的方法，只是想辦法使體積為 1/24 的莫莉六面體合理化。

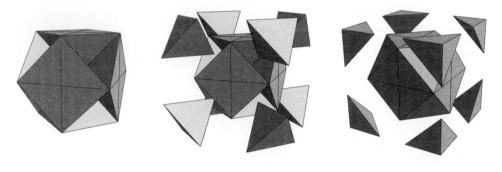

上圖提供的是將六面體放入立方體的精確分割圖。如果我們將底部為正方形的角錐（每個角錐都由 4 個直角三角錐組成，為六面體的一半）放在立方體每個正方形面的中心，不加入其他六面體，會得到上面左圖。

　　左圖看起來像一個立方八面體，每個三角形面都下凹，讀者可能會想起本書中的蝴蝶炸彈摺紙活動。但這個形狀與蝴蝶炸彈並不相同，這裡凹陷的形狀是正三角形，而蝴蝶炸彈模型則是45°直角三角形。

　　把正四面體填入這些凹陷中，如上圖中所示，可形成一個完美的立方體模型。然後如果我們將右邊的直角三角錐體（Molly六面體的一半）填入這個立方八面體的每個三角形凹面，可將1×1×1立方體完全填滿，如上右圖。（需注意的是，並沒有簡單的方法可以像摺疊莫莉六面體一樣，摺出正四面體，想要摺出正四面體，必須運用活動1的方法再更進一步，其實並不容易，更別提為了填充立方體要如何切割到適當的大小。）

　　現在一起來計算這個立方體的切割和體積吧。角一共是8個切半的六面體，下面有8個正四面體，中心結構與前面相同，是由4×6 = 24個切半的六面體（或說2×6 = 12個六面體也可以）。共有32個切半的六面體，即16個完整的莫莉六面體，故體積為16×1/24 = 2/3。

　　這裡的正四面體邊長$L = \sqrt{2}/2$。高h為直角三角形的一邊，另一邊為y，與第一次計算的莫莉六面體體積的長度$y = \sqrt{6}/6$相等（見143頁右下圖）。根據畢氏定理，

$$h^2 = \left(\frac{\sqrt{2}}{2}\right)^2 - \left(\frac{\sqrt{6}}{6}\right)^2 \Rightarrow h = \frac{1}{\sqrt{3}}.$$

因此，在這種切割中，正四面體的體積為

$$\frac{1}{3}\left(\frac{1}{2} \cdot \frac{\sqrt{2}}{2} \cdot \frac{\sqrt{3}}{2\sqrt{2}}\right)\frac{1}{\sqrt{3}} = \frac{1}{24}.$$

　　啊哈！這些正四面體與莫莉六面體具有相同的體積！由於共有8個正四面體，因此體積共為8×1/24 = 1/3。再加上六面體體積，由2/3加1/3，可得立方體總體積為1。

　　對於立方體中，莫莉六面體的體積為何與正四面體相同，一個幾何學上的解釋，是與立方體中自然放入一個正四面體的方法有關。假設取立方體的四個頂點，其中任兩頂點不在同一邊上，則正四面體的四個頂點，會包含在立方體中。若將立方體內的正四面體體積拿掉，那麼立方體的剩餘部分，可分成4個切成一半的莫莉六面體（將莫莉六面體切成兩半，會形成兩個直角三角錐形），彼此的邊互相連結。

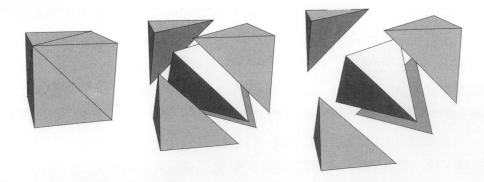

見上圖。另一種想法則是，如果我們把立方體中的正四面體取出來，然後將切成一半的莫莉六面體，分別放在四個正三角形面上，就會得到一個完美的立方體。

現在，我們邀請讀者自己來驗證，先找出一個立方體，然後計算此立方體的內切四面體體積，結果得到四面體體積，恰好是立方體的 1/3。（取 $1\times1\times1$ 的立方體，則內切四面體邊長為 $\sqrt{2}$。然後利用前面相同的四面體方法來計算。）4 個切成一半的莫莉六面體佔立方體體積的 2/3。當然，每兩個切成一半的莫莉六面體，可組成 1 個莫莉六面體，由此可知兩個切成一半的莫莉六面體，就是立方體體積的 1/3。也就是說，四面體的體積與莫莉六面體的體積相同。

教學法的延伸

讀到這裡，教師可能會想，「這麼複雜的切割，我究竟是想要學生學到什麼？」然而，這個問題有些錯失重點。上面的解釋在於提供此簡單模型中所蘊含的**豐富數學奧秘**。計算莫莉六面體體積並與 $1\times1\times1$ 立方體體積比較而產生疑問，這兩個相對來說簡單的工作，可以引導我們探索立方體與立方八面體的切割，然後進一步深入立方體中內切正四面體的經典方法。關於多面體如何內切於立方體或兩者如何互相容納，都是令人著迷的主題，但對學生來說卻是難以想像的，更無法自行發現。

關於如何解釋把四面體放入立方體，或立方體、立方八面體和八方體之間的關係，這些都可以放入柏拉圖多面體（Platonic solids）和三維多面體概論課程，或任何 3D 立體幾何學單元中。Cromwell 的書《多面體（*Polyhedra*）》[Cro99]是多面體幾何學歷史及各種 3D 多面體關係等很好的資料來源。

　　對於有時間想要充分讓學生進行莫莉六面體各種切割探索的老師，可教學生摺疊切成一半的莫莉六面體，會對學生很有幫助。有一種簡單的摺法，是將六面體的一半壓入另一半裡面，但這樣做會產生一個正三角形的凹陷，不過雖然如此，還是確實能夠得到上述說明中所用的基本直角三角形四面體。

　　另一種摺紙法則是將莫莉六面體單元的摺法略為修改，如下：

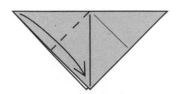 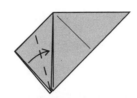 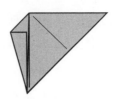

(1)取一個莫莉六面體單元，重新摺疊左邊的部分。

(2)將左下角的邊線往中線摺，壓扁**使摺痕變明顯**！

(3)摺好了！

　　現在把重新摺好的單元組合起來，像前面的組合方法一樣，每個單元彼此上下各交疊一半，如此一來剛剛步驟 2 所摺的耳朵就會突出來，如下圖。這些耳朵也要彼此上下交疊，組成正三角形面的邊。注意，這個面中間會有一個有趣的三角形洞。

　　多作幾個這種一半的莫莉六面體單元，可用來模擬前面描述的立方體切割問題。然而，想要使這些切割單元維持立方體的形狀，需要裝入一個盒子支撐，或需要幾個人一起把單元組合起來，基本上就是用手支撐。

　　利用這些一半的莫莉六面體，當然是一個可以讓學生看見如何將 24 個莫莉六面體放入一個立方體的好方法，但相對的也需要摺比較久。

問題加碼：八面體體積

　　八面體骨架模型，不僅摺起來有趣，同時也是很好的教學範本，是屬於單元摺紙中的經典範例，也是許多類似模型的源頭。這是由摺紙界傳奇人物Robert（Bob）Neale所創，他因特殊貢獻而在魔術業界享有聲望，同時也是一位資深的神學院心理學教授。

　　在講義中，我們注意到此八面體模型的組合並沒有進一步的解說。根據作者的經驗，學生親眼看見這個模型的例子就夠了。讓學生自己組合模型，搞清楚組合單元所需的上下交疊鎖定即可。將最後一個單元放入適當位置最為棘手，這種情形同樣也會發生在其他摺紙模型組合中，但此模型的組合結果卻很令人滿意。

　　然而，把這個模型放在此活動中，是因為此模型單元的摺痕，幾乎與莫莉六面體事一樣的。展開的摺痕如下所示，八面體骨架單元在左，而莫莉六面體在右。

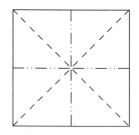 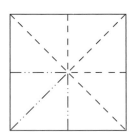

　　請注意，這些摺痕圖案的唯一區別，僅在於山摺與谷摺。為什麼這一點很重要？因為這代表Neale的八面體骨架所形成的三角形，與莫莉六面體的三角形，其實是一**模**一**樣**的。

　　換句話說，這兩個看起來不同的模型，應能彼此貼合，的確如此！下面顯示莫莉六面體與八面體骨架彼此完美結合的樣子，事實上我們可以多摺一些模型，然後層層疊疊放在一起，堆成一座有趣的「塔」。

當學生在課堂上都在練習摺這些六面體和八面體骨架模型，此時可以把握機會讓學生進行塔的組合。

當然，這樣做等於提出了一個問題：「這個由八面體骨架所形成的八面體，體積是多少？」若前面已算過莫莉六面體的體積，那麼確定八面體的體積會變得很容易。取 8 個切成一半的六面體，可以完全填入八面體中，表示體積必為 $8 \times 1/48 = 1/6$。再與 $1 \times 1 \times 1$ 立方體比較，看起來的確很小。這告訴我們，以比較的方式來估計一個體積的大小，是很難得到正確答案的。

問題加碼：不同的摺痕圖案　看見這個八面體骨架模型，還衍生了另一個問題。既然兩者的摺痕圖案相同，只是山谷摺疊步驟不同，導致產生兩個不同的模型。所以，如果將這個摺痕圖案的山谷摺痕換其他的方式摺疊，是否可得到別的形狀？是否也能與八面體和莫莉六面體一樣貼合呢？

這個問題的答案是：「可以！」但在此留給讀者自行深入探索。請注意，本書還有另一個模型會為此問題提供答案。

活動 15
名片單元摺紙
BUSINESS CARD MODULARS

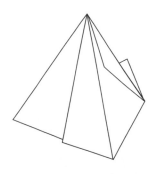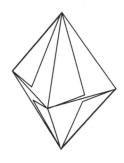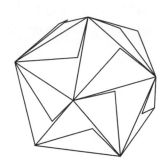

相關課程：幾何學、文組數學。

___

摘要

　　向學生展示一種由名片摺成的簡單單元，要求學生利用此種單元，尋找製作各種形狀。

內容

　　此單元可以用來製作所有面都是三角形的任何多面體，但頂點不能超過 6 以上。因此，本活動基本上是探索符合這種條件的多面體，從一般的四面體、八面體和二十面體開始，並延伸到其他形狀，如雙三角錐和變棱雙五角椎。

講義

(1) 描述如何摺疊基本單元，並讓學生利用這些單元，挑戰製作各種不同的多面體。

(2) 一份由教師自行決定的講義，含有全三角形面的約翰生立方體（Johnson solids）圖。

時間規劃

　　指導學生摺疊單元，並製作四面體和八面體，需時 30-40 分鐘。製作二十面體等則需要更長的時間。整個活動可分散為幾天上課，有些模型也可以留作家庭作業或課外活動。

講義 15-1

名片多面體

　　在**單元摺紙**中，名片是非常受歡迎的媒介，可摺疊成許多**單元**，然後組合，不需膠帶或膠水，組成各種形狀。標準名片是 2×3.5 英寸的長正方形，即比例為 4×7。

　　下面介紹一種非常簡單的摺紙步驟，摺好的多面體單元可組合成許多不同的形狀。**摺痕要壓得深一點！**這個單元最早是由 Jeannine Mosely 和 Kenneth Kawamura 兩人所發明。

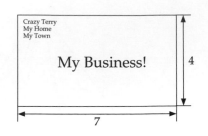

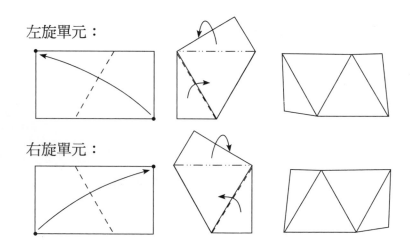

左旋單元：

右旋單元：

問題 1：請注意，簡單的名片摺紙，看起來似乎是正三角形。真的是**正三角形**嗎？怎麼證明？

任務 1：摺一個左旋、一個右旋單元，並找出一種鎖定的方法，組合成一個**四面體**（tetrahedron，如下圖左）。完成後，用 4 個摺好的單元製作一個**八面體**（octahedron，如下圖右）。先不告訴學生要用多少單元來族合，請他們自行發現！

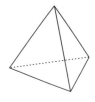

任務 2：現在摺好 10 個單元（左右旋各 5 個），以製作一個二**十面體**（icosahedron）。一個二十面體具有 20 個三角形面（見下圖），想要將這麼多個單元組合在一起很不容易，可找幾個人幫忙（或膠帶輔助）會有幫助。

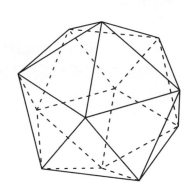

任務 3：這個單元還可以用來組成其他什麼多面體嗎？提示：還有很多。試試看只用 6 個單元來組合。8 個單元又如何？試著用文字來描述你所找到的多面體。

講義 15-2

約翰生立方體與三角形面

　　試試看用名片單元製作下面這些奇怪的多面體。你必須找出需要多少個單元，是左旋還是右旋，或左旋和右旋的組合！

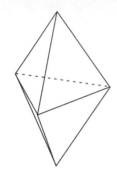

雙三角錐

triangular dipyramid

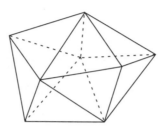

變棱雙五角椎

snub disphenoid

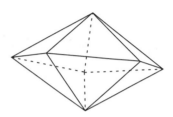

雙五棱錐

pentagonal dipyramid

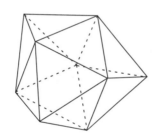

三側錐三棱柱

triaugmented triangular prism

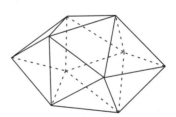

雙四棱錐反棱柱

gyroelongated square dipyramid

解答與教學法

問題 1

好巧，名片能剛好摺成正三角形。

依照 4×7 比例，這是因為 arctan (4/7) = 29.7···° ≈ 30°

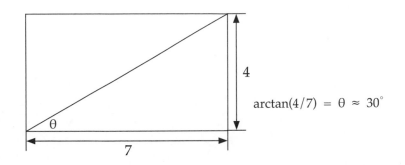

$$arctan(4/7) = θ ≈ 30°$$

任務

　　這些單元能夠鎖定在一起，完全是因為一種「抱抱」機制。摺好的單元形成短耳，圍繞並「抱抱」其他單元的邊，維持住形狀。但摺痕必須要夠深夠紮實，所以必須注意用力壓。想要摺痕壓得深，可用尺或筆在每個摺痕上來回壓扁。四面體最容易組合，左旋和右旋單元彼此緊緊抱在一起，就像一雙手。用 4 個單元來組合製作八面體，方法有數種；可以用左右旋單元各 2 個，或全部都是左旋或右旋。

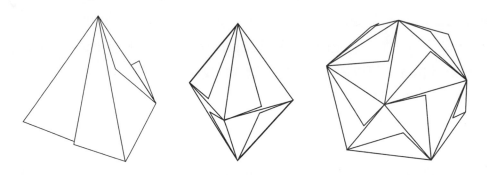

　　二十面體的組合非常困難，這是因為在最後一個單元組合完成以前，其他單元都不穩定，隨時會解散。一個好辦法是將學生兩兩分組，一起組合，或用膠帶暫時黏住等。等到組合完成，結構就會很穩固，但還是不可以用力擠壓！

　　雖然學生可能已經熟悉所有面皆為三角形的柏拉圖立方體，（如果沒有，這個活動會很有幫助！）會很努力想出所有面都是正三角形的不規則多面體。然而，許多這種不規則的多面體，需要至少 6 到 10 張名片單元來製作。事實上，這種名片單元可以用來組合具備以下兩個重點的**任意多面體**：

(1) 所有面都是正三角形，以及

(2) 所有頂點最多為 5。

滿足第 2 點的原因是，如果你有一個形狀具有 6 個頂點，那麼周圍的正三角形會形成一平面，單元無法抱在一起。超過 7 個頂點不會形成凸面，這些單元無法組合。但即使有這些限制，仍然可以製作許多令人驚訝的立方體。

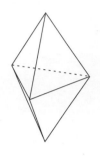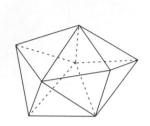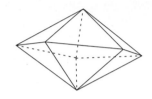

例如，上面是雙三角錐（左圖，3 個單元），變棱雙五角椎（中間，6 個單元）和一個雙五棱錐（右圖，5 個單元）。

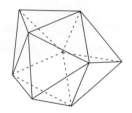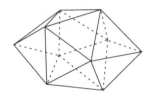

左上圖顯示的是一個三側錐三棱柱，需要 7 個單元來組合。其中的頂點，有 3 個頂點為 4 個面，6 個頂點為 5 個面。右上圖叫作雙四棱錐反棱柱，需要 8 個單元。有兩個頂點為 4 個面，8 個頂點為 5 個面。可以把它看作是一個四角反棱柱，是將一個正方形角錐放在一個正方形面上。試試看如何組合一個雙三棱錐，你會發現實際上無法組合，因為有些三角形面會變成平面，導致形成一個平行六面體。（你可用名片試試看，組合不太容易。）

這些都是約翰生立方體的例子。約翰生立方體是一個凸多面體家族，其中所有多面體的邊長皆相等，但不包括其他傳統的多面體（如：柏拉圖立方體、阿基米德立方體、棱柱、反棱柱）。進一步資料請參考 http://www.mathworld.com 或搜尋網路有關「Poly 圖形計畫」（www.peda.com/poly）。

教學法

　　本活動就基本上來說，就是要讓學生有機會建構各種多面體。看起來可能意義不大，但這樣的練習不可低估其教學價值。有一個悠久的傳統甚至可追溯到古希臘時期，直到今日也依然由類似 Magnus Wenninger [Wen74] 和 George Hart [Hart01] 等熠熠名人所延續，建構多面體是一種發展空間關係和幾何學理解能力的方式。其實很多人都沒有真正清楚認識什麼是柏拉圖立方體等等，直到親自用雙手製作一個才了解。拿著別人作好的模型是不夠的！學生需要親自用雙手製作，才能與這些立方體建立深度而自然的認識。

　　名片單元摺紙，提供了方法來達成此一目的，事實上，由於使用的是名片這樣日常可見的物品，所產生的樂趣更是令人驚訝。由於每個建構的多面體之中，每一單元都含有兩個相鄰的三角形面，因此過程中學生需要注意諸如多面體頂點有幾個面等概念。

　　取決於學生操作手指的靈巧度和立體視覺化能力，這個活動的成功程度會有差異。有些學生組合四面體和八面體的動作很快，有些學生則很多幫助才能將四面體組合在一起。因此可使學生分組製作，使工作平均分散，做得快的學生可以幫做得慢的學生。這樣一來，也有助於二十面體的製作。

　　學生不太可能靠自己發現許多約翰生立方體。有些學生可能會找到雙三棱錐和雙五棱錐，但這畢竟只是少數。如果學生經過嘗試，再也想不出來其他形狀，此時教師可以將一些較為複雜的約翰生立方體介紹給學生認識。

　　這屬於講義 15-2 的範圍，選擇與否完全取決於教師。如果教師想要在課堂上利用電腦投影設備，可以利用 MathWorld 網頁或 Poly 計畫（如前所述）上面找到的圖形，投影給學生看。教師也可以要求學生自行利用名片來找到更多的多面體。由於學生可利用網路搜尋，因此完全可讓學生用三角形面的約翰生立方體當作家庭作業。

　　此活動還可用來加強多面體或平面圖論的各種概念。例如，文組學生常常會碰到歐拉公式 $V - E + F = 2$，此時便可利用名片多面體來加以驗證。

關於如何獲得大量的名片

　　名片是單元摺紙中重要的一部分，透過網路搜尋，可找到許多其他名片的單元摺紙介紹。（請參見本書「Modular 門格 Sponge 活動」）。對這個部分略有深入了解的人，可能會發現各種名片的品質並不都是一樣的。

　　名片的尺寸雖然都是一樣的，但品質卻很可能大不同。有些名片上面有亮亮的塗層，摺的時候還會裂開；有些名片的質量可能比標準略輕，而且也比較容易摺疊。

　　想要大量取得名片，不妨問一些廣告供應商、影印店或印刷廠，詢問是否有為客戶印製名片，他們通常會有廢棄的名片。當印刷廠或客戶不滿意時，往往會導致整盒整盒的名片被廢棄。這些店家或廠商通常並不排斥將這些回收紙送出去。你也可以購買空白名片，但隨機收集來的名片，在你摺紙的時候還可以看看上面印刷的文字，或印刷在組合上會展現什麼效果，更增添了活動的趣味程度。名片摺紙愛好者會到處蒐集不同餐廳或商家的卡片，還可以將不同的顏色進行分類，以便展現不同的藝術效果。

　　事實上，教師可以給學生功課，每個人回家自己蒐集名片，繳交 10-20 張名片。只要教師提早告知學生，這是完全合理的。（不過還是要預先準備一些以便有些學生找不到）。

活動 16
五複合正四面體
FIVE INTERSECTING TETRAHEDRA

相關課程：幾何學、文組數學、微積分、多變量微積分

摘要

學生學習如何運用 Francis Ow 所開發的 60° 單元摺紙，來製作四面體框架。然後，學生要分組挑戰，將五個摺好的四面體組合在一起，製作一個複合的組合體。

內容

製作一個四面體框並不難。但是要將五個四面體用適當的方法組合在一起，則是一個大難題！想要做到，必須先解決三維空間中，一些關於十二面體自然特性的特異對稱性問題。

後續延伸的問題，是確定此模型最佳的「支柱寬度」，這是一個具有挑戰性的向量幾何和微積分問題，需要認真研究此模型的複雜對稱性，如果手裡沒有實體模型，這並不是一件容易做到的事。

講義

(1) 「五複合正四面體」（兩頁）和「連接四面體」（一頁）介紹如何製作模型。

(2) 「尋找最佳支柱寬度」（兩頁）引導學生藉向量幾何和微積分的基本步驟來解決問題。

時間規劃

摺疊這些單元並不難，只是要摺 30 個單元，所以摺完全部的單元可能需要 30 分鐘以上，所以無法在課堂上摺，除非讓學生分組進行。製作一個四面體並不像想像中那麼麻煩，只是摺紙再加上組合單元，可能要花 30-40 分鐘。

等到所有單元都摺疊完成，由於組合模型的複雜程度，會另外需要 30-40 分鐘。向量幾何微積分的活動部分，大約需要再 20 分鐘，實際時間依據學生的程度而定。

講義

五複合正四面體

這個摺紙模型貨真價實是一個難題！首先我們將從Francis Ow的 60°單元[Ow86]開始摺疊一個正四面體。

Francis Ow 的 60°單元

這需要一張 1×3 的紙。所以可將一張正方形紙摺成三等分，然後沿摺痕割開。

(1)放直，摺成一半。

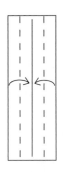

(2)將兩邊各往中間摺。

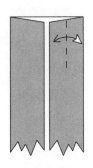

(3)在最上端，將右半邊摺出一小段摺痕。

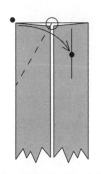

(4)將左上角往斜下方摺到右邊的摺痕，同時左邊摺痕上面必須位於紙的一半⋯

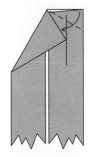

(5)如圖。然後將右上角往下摺，對齊左邊。

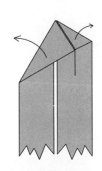

(6)兩邊都展開。

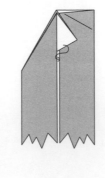
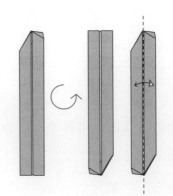

(7)利用步驟(4)的摺
　痕，將左上角向內
　凹入，這樣會形成
　一個白色的摺耳。

(8)⋯如圖。將白
　色摺耳壓在右
　邊紙下面。

(9)將單元上下顛倒180°，
　然後重複步驟(3)至(8)，
　將另一端摺好（強化單
　元的骨架）即完成！

將單元組合鎖定：三個單元組成一個角。**確保**每一個單元的摺耳部位都要與另一個單元緊密**結合**！

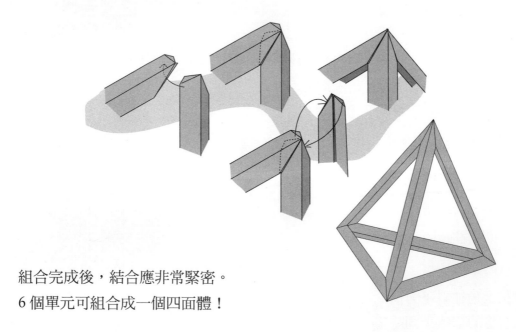

組合完成後，結合應非常緊密。
6 個單元可組合成一個四面體！

講義 16-1

連接四面體

　　五面體必須一起連續編織，一個接連一個。第二個四面體必須要與摺好的第一個四面體連結在一起。也就是說，不要把第一和第二兩個四面體先分別摺好，**然後再**想辦法把它們連結在一起，這樣是不切實際。而是要在摺好第一個四面體之後，就把第二個四面體的一個角，編到第一個四面體中，然後依序交錯摺好。

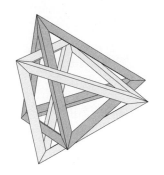

　　第一和第二個四面體摺好以後，看起來會有點像 3D 的大衛之星，其中一個四面體角會貫穿另一個四面體的邊，同時這另一個四面體的角，也會貫穿第一個四面體的邊。事實上，整個模型製作完成之後，**每一個**四面體都應該形成這種 3D 形式的大衛之星。

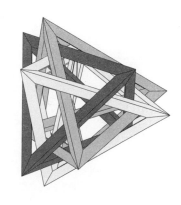

　　其中最難摺、最不容易嵌進去的就是第三個四面體。右圖是以特定角度繪製的結構圖，可以幫助你完成。注意先看圖中央，三個四面體如何交織成三角形圖案。仔細觀察，會發現模型反面的樣子是完全相同的情況。在你準備要嵌入第三個四面體單元時，可依照這個圖，試著交織出一模一樣的三角形圖案。模型完成之後，每個四面體的角下面都會有一個三角形編織點。

　　兩個四面體組成的 3D 大衛之星，以及三角形編織點，這兩種對稱性，是嵌入第四個和第五個四面體時，最好的視覺工具。下圖亦有幫助。

講義 16-3

最佳支柱寬度是什麼？

　　Francis Ow 60°單元摺紙步驟，指示我們從 1×3 大小的紙張開始摺，摺好的單元尺寸為 $1 \times 1/12$。換句話說，如果四面體的一邊長為 1，則此四面體框架的支柱的寬度即為 $1/12$。

　　這是否就是最佳支柱寬度？還是為了追求完美，我們應該尋找更寬或更窄的支柱？在這個活動中，你可以用向量幾何和微積分來求得近似完美的支柱寬度。這個計算很難徒手進行，不妨用電腦代數系統來解題。

　　理想的支柱寬度如下圖，設為線段 L。線段 L 是四面體邊線 $\overline{v_3v_4}$ 與另一個四面體邊線 $\overline{v_1v_2}$ 中點 h 的最短距離。

　　我們可為 v_1 和 v_2 設定適當的座標，使 h 點在 z 軸上成為點（0,0,1）。由於已知此四面體外切十二面體，可得 v_3 和 v_4 的座標如下：

$$v_1 = (-1, 1, 1)$$
$$v_2 = (1, -1, 1)$$
$$v_3 = \left(0, \frac{-1+\sqrt{5}}{2}, \frac{1+\sqrt{5}}{2}\right)$$
$$v_4 = \left(\frac{1-\sqrt{5}}{2}, \frac{-1-\sqrt{5}}{2}, 0\right)$$

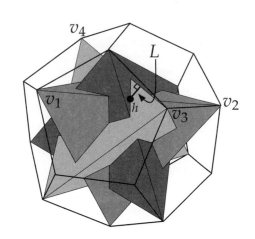

　　我們的目標在於證明 L 等於點 h（0,0,1）到線段 $\overline{v_3v_4}$ 之間的最小距離，如上圖。

問題 1：求 $\mathbb{R}^3$ 中包含 $\overline{v_3v_4}$ 的線段參數式 $F(T) = \{x(T), y(T), z(T)\}$。

問題 2：求線段 $\overline{v_3 v_4}$ 上任意點 $F(T)$ 與點 $h = (0,0,1)$ 之間的距離公式。

問題 3：將問題 2 中求得的距離函數最小化，並求長度 L。

　　提示：將距離函數的平方最小化，求 L^2，這個方法比較簡單。

問題 4：最佳支柱寬度 L 為何？與我們所摺出寬度為 1/12 的三角形邊比較看看。

評論、解答與教學法

評論

模型的歷史。1995 年我在美國羅德島大學研究所的時候,曾經構思如何製作這個模型。我看過一張數學海報上面有這個模型的圖畫,但框架的寬度看起來過窄,如果這個模型在現實中真的存在,想必會糾纏在一起。所以我開始藉由摺紙來製作。我發現 Francis Ow 60°單元([Ow86])完美符合這個模型的需求,特別是因為它可以製作任意厚度的框架。然後我猜想可用 1×3 大小的紙,然後摺出的邊框為 1×1/12,比完美邊框略寬一點,但以紙製模型來說已經很不錯了。後來我說服我的一群研究生一起來幫忙摺疊那些單元,同心協力把單元組裝起來,後來這個組好的模型就掛在數學系會議室天花板上很多年。

由於這個摺紙模型的成功,我便將步驟說明寫出來,發表在我的網站上,然後也寄信給住在新加坡的 Francis Ow 本人。他回信說,他很驚訝也很高興,他開發的單元竟然可以摺出這樣一個複雜的模型。後來這個模型便從摺紙圈和網路上流行起來,甚至英國摺紙協會(British Origami Society)還投票成為「最喜歡的十大模型」[Robi00]之一。

製作模型。許多人都覺得這種簡稱為 FIT 的五複合正四面體(Five Intersecting Tetrahedra)令人驚嘆。親自動手做,會覺**受益良多**。如何去教授和製作這個模型,可由教師來決定。有些教師可能會一開始就想要與學生一起摺這個模型,這樣大家的發現經驗都會是頭一次。有些教師可能想要先熟悉這種五複合正四面體模型,了解整個製作過程和模型的固定對稱性。如果你也想要摺這個模型,請為自己預留寬裕的時間,因為組合並不容易。真心想要挑戰的人,自己應該先用五種不同的顏色,摺好 30 個單元,然後在沒有講義提案和結構圖的情形下,只看模型的完成圖,自行試驗組裝看看。而瘋狂愛好摺紙的人士,還可嘗試只用一種顏色。

親身嘗試在沒有講義的提示和結構圖,來摺疊組合這個模型,可讓你知道學生在製作這個模型時心裡的想法,這樣一來你便能明白,在組合這個模型的時候,完成的五複合正四面體模型,它的對稱性所具有的價值所在。

模型的對稱性。當我們觀察模型時,不難看見,如果我們畫一條線連接四面體鄰近的角,這些四面體角會形成一個十二面體。原因如下:在這個十二面體中,可找到四個互為等距離的角。因此,如果我們畫一條線連接這些角,就會得到一個內切於十二面體中的正四面體。(如下頁圖。)

這個十二面體具有 20 個角，20 這個數字是被 4 整除。於是我們會產生一個疑問：在這個十二面體中，是否恰好可以內切五個正四面體？也就是說，每個四面體的角只會接觸一個面。這樣想的確很有意義，近而產生了五複合正四面體的正確概念。（見下圖。）

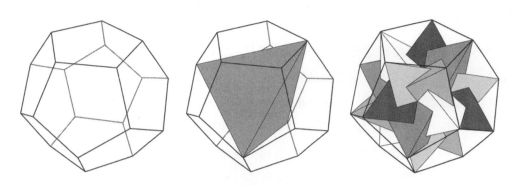

因此，這個五複合正四面體模型，亦含有許多十二面體的對稱性。它包含軸線連結兩個互相對力的四面體角（即十二面體的兩個相對頂點）的 120° 旋轉對稱，在五個四面體組合時所產生穿過中點的軸線（即穿過十二面體兩個對立面的中點）的 72 旋轉對稱，以及穿過兩個相鄰四面體折角的「中點」軸線的 180° 旋轉對稱（即十二面體一邊線的中點）。這些旋轉對稱的集合，即十二面體的旋轉群，是代數群 A_5 的同構（isomorphism）。

但十二面體也具有映射對稱性，這些並不屬於五複合正四面體的對稱性，而是來自五複合正四面體的兩個鏡像映射版本（又稱為 enantiomorphic 對映體，或 chiral [Wei2]，見下圖）。如果整個班上的學生都能動手製作自己的五複合正四面體，其中有些必定互相為對映體。這可以提供關於討論 $\mathbb{R}^3$ 鏡像對稱性的一個啟發，通常會比 $\mathbb{R}^2$ 更難以視覺化。

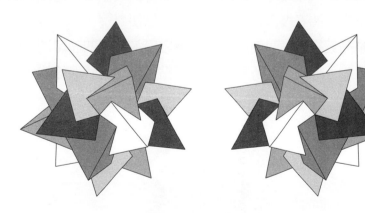

最佳支柱寬度問題的解答

　　講義「最佳的支柱寬度」，給了很大的提示。我在編寫這份講義時，中心思想是圍繞著這個非常具有挑戰性的問題。事實上，如果教師想把此問題列為進階使用，例如，指標性課程或向量幾何課程計畫，最好不要把講義給學生，而要讓學生自行發展多樣性的方法。因此，編寫這份講義目的在於提供學生有機會看見向量幾何和微積分素材的一些應用。在這個前提下，我希望這個問題是大多數學生都能解答的。

　　但是，講義確實有意留下一些尚待解釋的事。首先，無中生有的座標點 v_1、v_2、v_3、v_4，背後的想法是，正四面體可以內切於立方體內，所以乾脆讓四面體的各角，和一個以起點為中心、邊長為 2 的立方體，兩兩相重合。這樣立方體的角則位於（ㅂ，ㅂ，ㅂ），因此子集合即為

$$(-1,1,1),(1,-1,1),(1,1,-1),(-1,-1,-1)$$

然後這些點形成正四面體的頂點。因此，其他在五複合正四面體中的 4 個四面體之座標軸，即可藉由旋轉第一個適當的座標軸 $2\pi/5$ 的倍數而得到。關於實際讓學生去操作的細節，既有挑戰性又有趣，但也會消耗大量課堂時間，教師還需多編寫幾份講義，並運用電腦代數系統，學生才有機會嘗試。有興趣的讀者不妨參考 George Bell 對於這部分所綜合的摘要[Bell11]，非常詳實。

　　此講義的另一個重點，在於點 h 背後的基本原理。學生必須要能夠了解 v_1 和 v_2 之間的中點 h，就是我們可以測量到 $\overline{v_3v_4}$ 最短距離的位置，以得到最佳支柱寬度。為了要能實際看見原因，學生必須有一個摺好的五複合正四面體模型，以便觀察。

　　仔細觀察一個完整的五複合正四面體模型，會發現每一個四面體邊線的中點，都會與其他兩個四面體的支柱接觸。如下圖中所示，圖中黑點代表四面體邊線的中點。

　　換句話說，點 h 是一個四面體支柱底部，與另一個四面體邊線接觸的點，因此最佳的支柱寬度可藉由 h 點而發現，只要找出 h 點和四面體邊線的距離即可。

　　對於本書讀者來說，上面所說的可能會造成許多不解，但所有的解釋都是在利用五複合正四面體的對稱性。只要仔細觀察手裡的五複合正四面體模型，會發現很明顯的對稱性。因此經過推敲，相信學生便能夠懂得 h 點背後的意義。

問題 1：寫成向量函數，這兩條線即可簡單表示為

$$F(t) = (v_3 - v_4)t + v_4.$$

代入座標，可得

$$F(t) = (v_3 - v_4)t + v_4$$
$$= \left(\frac{-1+\sqrt{5}}{2}t + \frac{1-\sqrt{5}}{2}, \sqrt{5}t - \frac{1+\sqrt{5}}{2}, \frac{1+\sqrt{5}}{2} \right)$$

問題 2：運用 $\overline{v_3 v_4}$ 上的任意點 $F(T)$ 和點 $h(0,0,1)$ 距離的平方，解答會比較容易求得。以電腦運算來說，可點積（向量內積）來表示：

$$H(t) = (\text{dist}(F(t), h))^2 = (F(t) - h) \cdot (F(t) - h).$$

　　當然這只是標準距離公式的模擬。幸運的是，此式可簡化為較易懂的下式：

$$H(t) = 8t^2 - (9+\sqrt{5})t + 4.$$

問題 3：函數 $H(T)$ 是 t 的二次方程式，且為上凹形，因此我們要找得關鍵就是最低的那一點。公式可得 $H(T) = 16t - (9+\sqrt{5})$，$t$ 就是 $\overline{v_3 v_4}$ 和點 h 的最小平方距離，即：

$$t_0 = \frac{9+\sqrt{5}}{16}.$$

　　為了轉換為最小距離，要將此值代入 $H(T)$ 取平方根。取平方根項是一項艱鉅的任務，可以手算完成，也可以用 Mathematica 或 Maple 等電腦代數系統輕鬆處理。經過簡化可得：

$$H(t_0) = \frac{21 - 9\sqrt{5}}{16} \ \text{和} \ \sqrt{H(t_0)} = \frac{1}{4}\sqrt{21 - 9\sqrt{5}}.$$

　　因此，得到最佳支柱寬度 $L = \sqrt{21 - 9\sqrt{5}}/4 \approx .2339$。

問題 4：為使問題 3 的解答案具有意義，我們需要看看求出的長度 L 和四面體邊線長度的比例。這是因為五複合正四面體的摺紙單元，橫跨了整個四面體的邊線，所以 L 大於四面體邊長的比例，有助於我們比較摺紙單元的 1/12 比例。

想要求得四面體邊線長度，最簡單的方法是用電腦運算：

$$\mathrm{dist}(v_1, v_2) = 2\sqrt{2}.$$

因此我們所要找的比例 R 是：

$$R = \frac{\sqrt{21 - 9\sqrt{5}}/4}{2\sqrt{2}} = \frac{1}{8\sqrt{2}}\sqrt{21 - 9\sqrt{5}}.$$

接著要取平方根。由於過程繁複，不在此列出。最後求得：

$$R = \frac{\sqrt{3}}{12 + 4\sqrt{5}} = \frac{\sqrt{3}}{8\varphi^2},$$

其中 $\phi = (1 + 5)/2$，這就是我們要的答案。

轉換為小數，得到 $R = 0.0826981\cdots$，但實際摺紙摺出來的單元比例為 $1/12 \approx 0.8333$。真有趣啊！一個用 1×3 比例摺出來的 Francis Ow 單元，最後與計算求得的最佳支柱寬度，誤差竟然只有不到 0.000635，這 3 個數字由於位數太小，不管在什麼摺紙模型中，都可以忽略不計。

還有一個更具體的思考方式，是假設一開始我們用的 1×3 比例的紙，邊長為 10 英寸。這樣一來，Francis Ow 單元摺出來的四面體支柱寬度就會變成 0.83333 英寸。由於計算求得的完美寬度約為 0.82698 英寸，所以誤差只有 0.00635 英寸，即約 0.16mm，基本上根本看不出來！

因此，就算用 1×3 英寸的紙來摺，只要紙張容易摺疊即可，摺出來的支柱事實上只厚了一點點，根本無關緊要。但如果我們想要用木材或玻璃來製造不同版本的五複合正四面體，木工大師 Lee Krasnow 和玻璃工藝師 Hans Schepker 兩位都曾經做過，那麼精確度問題就會變得很重要。用木材或玻璃來製作模型，mm 等級的誤差算是很大嗎？或者，如果做好成品的尺寸比邊長 10 英寸的長正方形還要大很多，會怎麼樣？利用堅硬製作材料的藝術家，可能較傾向於將支柱做得比最佳尺寸還要更薄。

其他方法：還有其他方法可以求得這個問題的解答。Don Barkauskas（美國亞歷桑那大學）提出了一種僅用向量的解法；他用向量積去求出唯一與兩條線 $\overline{v_1v_2}$ 和 $\overline{v_3v_4}$ 相互垂直的方向向量 v。然後再找包含 v 和 $\overline{v_1v_2}$ 的平面方程式，以及包含 v 和 $\overline{v_3v_4}$ 的平面方程式，兩平面相交會形成一條直線 M，直線 M 與線段 $\overline{v_1v_2}$ 的交點，與直線 M 與 $\overline{v_3v_4}$ 的交點，兩者之間的線段距

離，為兩個四面體為兩個四面體邊線的最短距離，但這並不是最佳距離 L，而是最佳支柱的三角形橫切面的高。因此，接下來無論是用三角法或其他簡單的三角形幾何，都可以用來求得最佳長度 L。這種方法可以免除繁複的計算，但確實會有更多步驟，例如支柱橫切面需要確定正四面體一邊的二面角（dihedral angle，但不是 $60°$）。

　　另一種不需要計算的方法，則由 Kyle Calderhead（美國伊利諾州大學）所提。這種方法也是要先找出與 $\overline{v_1 v_2}$、$\overline{v_3 v_4}$ 相互垂直的向量，只是這個向量只是一個單位向量。我們將這個向量稱為 v_u。取 v_u 的點積（向量內積），以及從 $\overline{v_1 v_2}$ 上一點指向 $\overline{v_3 v_4}$ 上一點的向量 w。這個點積可以算出向量 w 投影到 v_u 上的長度，也就是線段 $\overline{v_1 v_2}$ 和線段 $\overline{v_3 v_4}$ 之間最小的距離。但是，想要將這個最小距離轉換成距離 L，我們還是需要找到支柱橫切面，以及四面體的二面角。

教學法

　　如前所述，在教導學生之前，教師最好要先練習摺疊製作五複合正四面體模型，多嘗試不同尺寸和磅數的紙張，或是把步驟細心分散到幾堂不同的課裡面，不過一切取決於你。在文組數學的課堂上，學生或許會覺得這個模型比較難，比較具有挑戰性，因此不妨將它視為一道難解之謎，或是藉機向學生展示複雜的多面體結構和對稱性。一切也取決於學生的程度。或許可以在課堂上教導學生摺好一個四面體框架，然後教師再向學生展示自己摺好的完整五複合正四面體模型，激發學生自行完成，可以額外加分。

　　幾何學得本科生或多變量微積分課程的學生，應該有能力完成整個活動。活動結構的調整也完全取決於你。有些教師成功完成活動，他們將學生分組，每三四個人一組，組裡面必須有一個學生擅長摺紙，一個學生具有紮實的數學／視覺化能力。Kyle Calderhead 曾經用過這個方法，他評論道：「班級小組裡面大多的情況是，有王牌摺紙大師，也有王牌數學大師，通常這兩個角色不會同時出現在同一人身上，所以每個學生都覺得自己有能力貢獻。

活動 17
巴克球摺紙
MAKING ORIGAMI BUCKYBALLS

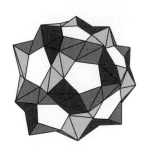

相關課程：幾何學、圖論、拓撲學。

摘要

此活動分成幾個部分。

(a) 學生學摺PHiZZ單元，並用 30 個單元製作十二面體，然後進行適當的三邊著色或對稱的五邊著色。

(b) 學生在足球形圖形（C60巴克球，截角二十面體）上發現一個漢米爾頓迴圈（Hamiltonian Cycle），並加以運用，規劃適當的三邊著色。然後讓學生（或許可以分組活動）製作一個 90 個單位版本的PHiZZ。

(c) 學生利用歐拉公式和計算技巧，來證明每個巴克球都恰有 12 個五邊形。有一個比較大的計畫是將所有球體巴克球分類，以求得一個公式，可計算製作巴克球所需的PHiZZ單元數量。

內容

在圖論課程中，PHiZZ單元是讓學生親身體驗三邊著色經驗的方式。漢米爾頓迴圈、三邊著色、歐拉公式和計算技巧，都是圖論課程的標準主題，通常學生都會很想要制做大型的巴克球（無論是個別作業或團體合作）。Coxeter 有很好的球體巴克球分類法，儘管不為世人所知，卻提供了一個非常好的方式可將圖論、組合數學、多面體、向量幾何等主題連結在一起。此教材很容易在圖論課程中耗費一星期或更長時間，但教師可以自行決定想要教導的內容。同時由於此活動運用了許多標準教材，因此多花一些時間在PHiZZ單元，亦可引導學生多認識幾種概念，不失為一石二鳥之計。

講義

本活動分為三部分，各有一份講義。

時間規劃

　　第一份講義，學生可在 20 分鐘之內摺疊 3 至 5 個單元，並學習如何將這些單元組合鎖定。而摺完所有 30 個單元，最好安排在課外完成。第二份講義的速度，取決於學生對於平面圖的經驗；熟悉平面圖的學生，經分組合作，只需 15 分鐘即可完成，但其他不熟悉平面圖的學生則可能需要 30 至 40 分鐘。第三份講義大約需要 30 分鐘。

講義 17-1

PHiZZ 單元

　　PHiZZ 為模組化的摺紙單元（為 Tom Hull 於 1993 年所創），可製造許多不同的多面體。名字的英文縮寫代表 Pentagon Hexagon Zig-Zag 單元。由於單元之間結合鎖定機制夠強，特別適合製作大形物體。

單元的製作：第一步是將正方形紙摺為 1/4 的鋸齒形（zig-zag）。

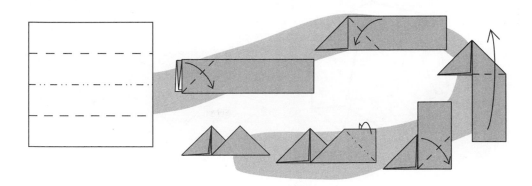

　　製作這些單元時，重要的是，所有單元都要摺得**完全**一致。有些時候往往摺到第二步驟的時候方向便摺反了，導致摺好的單元變成**鏡像**，無法與其他單元組合在一起。請注意！

組合鎖定：下圖中，我們的觀察角度是從「正上方」。為了組合，第一個單元要略為「打開」，以便插入另一個單元。

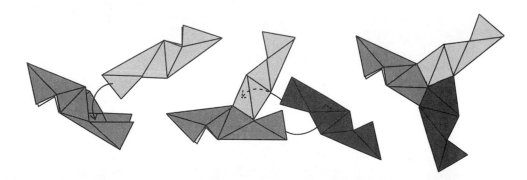

　　插入時，必須確定插入的單元有進入紙層**之間**。同時，也要確定「被插入」的單元摺耳，有與「略為打開」單元的摺痕完全重合，以形成鎖定。（編註：可上 youtube 搜尋本書作者影片 PHiZZ Unit Part 1）

功課：依照上面步驟，製作 **30 個單元**並組合起來，形成一個**十二面體**（如右圖），可見所有的面都是五邊形。同時只用 3 種顏色（每種顏色 10 張紙），試試看讓相鄰的兩個單元具有不同的顏色。

講義 17-2

平面圖和著色

　　運用PHiZZ單元的時候，繪製多面體的**平面圖**，是進行著色計畫的好方法。為了製作多面體的平面圖，我們想像把它放在桌面上，把頂部打開、放大，然後壓扁，使圖形任何一個邊都不產生交叉。下圖顯示的是十二面體及其平面圖形。

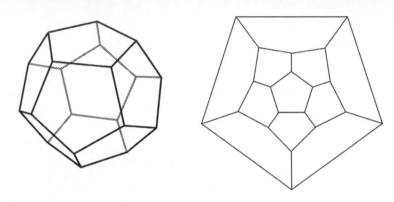

任務 1：繪製足球形的平面圖。請確定畫好的圖有 12 個五邊形和 20 個六邊形。

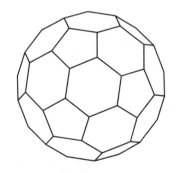

任務 2：**漢米爾頓迴圈**，指的是從一個頂點出發，圖中經過所有頂點一次，最後又回到最初的頂點，同一頂點不經過第二次。請在上面十二面體的平面圖中，找出漢米爾頓迴圈。

　　使用PHiZZ單元製作物體時，嘗試只用 3 種顏色的紙，同時確保相鄰的單元顏色不同，一直是個難題。由於每個單元對應於平面圖的一邊，所以相當於是圖形的三邊著色。

問題：如何在十二面體圖中，利用漢米爾頓迴圈，以求得十二面體的三邊著色？

任務 3：在上面的足球形平面圖中，找出漢米爾頓迴圈，並加以運用，來為PHiZZ單元的足球形，計畫正確的三邊著色。（這個任務需要 90 個單元，不妨分組合作，努力達成！）

講義 17-3

製作 PHiZZ 巴克球

巴克球是多面體，具有以下兩個特性：

(1) 每個頂點有 3 度（即每個頂點延伸有 3 個邊）。

(2) 面只有兩種，即五邊形和六邊形。

PHiZZ 單元非常適合用來製作巴克球，因為可以組合五邊形和六角形的環：

　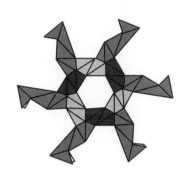

　　上圖代表巴克球的面。但在製作巴克球之前，知道需要多少個五邊形和六邊形，會有幫助！

　　右圖顯示三種巴克球，分別是：十二面體（12 個五邊形，沒有六邊形），足球形（12 個五邊形，20 個六邊形）和另一種形狀（你知道為什麼嗎？）。

問題 1：十二面體有多少個頂點，多少邊？足球形怎麼樣？請找出一個公式，以表示巴克球頂點數 V 和邊數 E 的關係。

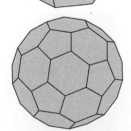

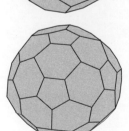

問題 2：設 F_5 為一給定巴克球的五邊形面數量，F_6 為六邊形面數。請找出以下相關的公式：

(a) F_5、F_6 和 F（所有面總數）。（簡單！）

(b) F_5、F_6 和 E。（較難）

問題 3：現在使用多面體的歐拉公式 $V - E + F = 2$，再加上問題 1 和問題 2 的答案，請找出與 F_5 和 F_6（五邊形和六邊形的數量）相關的公式。

問題 4：請為所有巴克球作一總結。

解答與教學法

講義 1：PHiZZ 單元

作者於 1993 年研究生時期，發明了 PHiZZ 單元，當時目標是想要設計一種單元，具有足夠強度的鎖定機構，用以支撐大型的多面體。結果成功了，在一整張摺紙中有 1/4 專門用於鎖定，還有額外的優點，就是可以組合成「環」，更容易看見多面體結構的面。但由於我認為這種單元無法支援三角形和正方形環，因為在摺這兩種形狀的時候，紙會變得彎曲，如果用的是某些摺紙專用紙，還會解體。因此，我不得不限制這種單元只能用來摺五邊形和六邊形面，還因此創造了五邊形－六邊形－鋸齒狀單元（Pentagon-Hexagon Zig-Zag Unit 或簡稱PHiZZ）的名稱。我後來發現還可以用來摺七邊形以上的面，但會產生負曲率。詳細說明請參閱「活動 18 環面面摺紙」，進一步了解我如何將此單元組合為模型。

由於本活動核心圍繞於PHiZZ單元的摺紙以及組裝，教師應該事先多花些時間，自己先摺疊PHiZZ單元，熟悉一番。無論是教師或學生，都可能會發現僅靠書上的圖，很難理解鎖定機制的摺疊方式。當然一定把說明圖**看清楚**，仔細研究怎樣把一個單元插入另一個單元的紙層之中。製作一個十二面體至少需要 30 個單元，並利用平面圖找出三邊著色的解答。想要準備更充分，則是先摺好 90 個單元來組合一個足球形（即「富勒烯」，英文為Buckminster fullerene，形狀為截角二十面體），這真是一個令人印象深刻的模型。然後按照講義，用漢米爾頓迴圈完成 3 邊著色。而且，這種模型掛在辦公室裡，還會吸引眾人目光。

我發現摺這些單元最理想的紙張，是文具店或辦公用品店都很容易買到「memo 紙」，不過不要買成Post-It便條紙，那後面有膠條會妨礙單元的功能。若是找得到，請買外面有紙盒或塑膠盒包裝的種類，這樣的紙會比沒有包裝的便條紙形狀更加方正。（紙張若不是正方形，在要求正確摺疊單元時，會產生問題）。

一般色紙也可以，只是摺紙前要先裁成小正方形。例如，想要摺出一個很大的巴克球，會需要 500 個以上的單元，若使用一般 3 英寸見方的memo便條紙可能最後摺出的模型會太大，宿舍都放不下。這時可以用一般摺紙色紙（一面彩色，另一面白色的紙）裁成 2 英寸或 2.5 英寸的正方形，比較容易掌握和保管。

摺疊單元時，摺得越精確越好，想要讓學生摺得好，教師在課堂上要花一些心思，至少摺出來的單元不應該像戴著連指手套的作品。

但更重要的是，要注意這些單元具有**左旋**和**右旋**兩種版本。按照說明步驟仔細摺的人，摺出的所有單元都是右旋，能夠正確鎖定在一起。但等到大家熟悉了摺疊步驟，開始不看書自己摺，很容易會不小心摺成鏡像的單元（即左旋）。左旋樣的單元是沒辦法與右旋單元組合在一起的。所以必須三申五令提醒學生，以免掉入陷阱！

等到班上同學摺好了幾個單元，也學會了怎樣組合鎖定，你可能會發現他們會開始將 3 個單元組合起來形成一個金字塔頂點，然後像這樣作了一大堆頂點，想要把這些頂點組合起來作一個十二面體。這是一種**不好的**作法，因為想要把這些頂點單元集合，3 個 3 個組裝在一起，想要在其中產生一個新的頂點，是非常困難的。嘗試這麼作的人都會挫折不已，最後只好把這些頂點拆開。想要組合PHiZZ單元，最好的辦法就是先組合產生第一個頂點，然後利用這個頂點組合加入更多的單元；建構多面體的時候就要像這樣，從一個頂點開始組裝。建議學生這樣作，可以降低接下來的許多困擾

講義 17-2：平面圖和著色

在這份講義中，第一個任務是繪製一個足球形的平面圖，這個圖又稱為截角二十面體。通常學生都喜歡這種活動，但關於如何進行，他們經常需要一些幫助，因此教師可向學生展示如何繪製十二面體的平面圖。首先，先從繪製中間的五邊形開始，然後注意到接著必須圍繞這個五邊形繼續繪製，每個頂點必須為 3 度等等。而足球形也一樣，是從中間的五邊形面開始繪製，然後在五邊形周圍的每一邊，都繪製一個六邊形，形成一圈。鼓勵學生盡可能畫得對稱，如下圖。

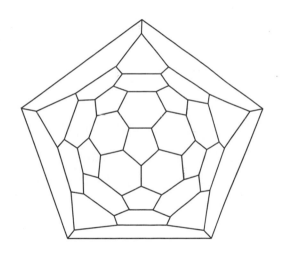

然後，要求學生利用所繪製的圖形，思考漢米爾頓迴圈。這麼作是因為漢米爾頓迴圈對於三邊著色可以提供一種簡單的解答。方法如下：等到找出漢米爾頓迴圈以後，可用兩種顏色對迴圈上的邊交替進行著色。在任何立方體（頂點皆為 3 度）圖形中，可以證明，頂點必為偶數個。（證明見講義 3，問題 1 解答。）由於漢米爾頓迴圈會接觸每個頂點一次，這代表漢米爾頓迴圈具有偶數個邊，也就是說，因此我們能夠正確著色迴圈。接著，我們可以將所有剩下的不在迴圈上的邊，著上第三種顏色。賓果！最後得到正確的三邊著色。

在十二面體和足球形上，想要找到漢米爾頓迴圈，有很多不同的方法。下圖即為一例。

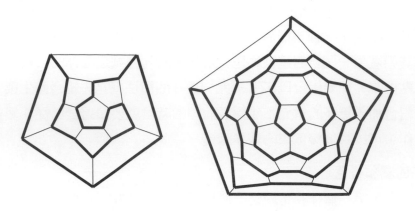

這裡還有許多有趣圖論可供探索。例如，在 1990 年代時期，Tait 便曾經試著用漢米爾頓迴圈的概念來證明四色定理（當時還只是猜想）。這是通過一種優雅的方法（源自於 Tait）將平面圖的 4 面著色，轉換為立方平面圖的三邊著色。然而，泰特的錯誤在於假設所有兩兩相接的平面圖都有漢米爾頓迴圈。事實上，在 1930 年代 Tutte 發現了一個沒有漢米爾頓迴圈的圖形案例。詳見[Bar84]和[Bon76]。

講義 17-3：製作 PHiZZ 巴克球

在初步認識講義 17-1 和 PHiZZ 單元之後，接著上講義 17-3 時，最好用一整堂課的時間。此時學生應已製作完成一個PHiZZ十二面體，或許正在製作足球形的過程，因此構思更大的巴克球對學生來說應該不是難事。但是可以提醒學生，如果看過穹頂建築（Geodesic dome）實際上那就是一種大型的巴克球。例如美國佛羅里達州迪士尼的 Epcot 中心的地球號太空船就很標準。（編註：臺北市立天文組學教育館也有此造型。）

（事實上，你所看過的穹頂建築，大多都是巴克球的對偶（dual）結構。如果你們班已經學過對偶平面圖形的概念，這將是一個值得探討的有趣主題。巴克球所有的頂點皆為 3 度，而對偶的穹頂球形則全部都是三角形面。巴克球只有五邊形面和六邊形面，而穹頂球形則只有 5 度和 6 度的頂點）

在講義中展示的三個巴克球，分別是十二面體（勉強算是很小型的巴克球），以及足球形（經典的碳-60 分子，化學家經常稱為富勒烯），還有第三個學生比較不熟悉的大型巴克球。第三個與足球形在基本結構上便很不同，正如你所見，它的頂點具有三個相連的六邊形，而足球形的所有頂點都是一個五邊形與兩個六邊形相連。好奇的學生，也許是你自己，會發現這個令人費解的問題：若有三個正六邊形相連，我們會得到一個沒有彎曲的平面。這樣怎麼可能形成多面體？但這個推理既然是正確的，表示它證明了這裡的六邊形**不是正六邊形**。為使五邊形和六邊形連結在一起可形成多面體，六邊形需要有點不規則（這就是為什麼講義上用Mathematica生成的圖形看起來有點怪異）。幸運的是，PHiZZ單元夠靈活，可以摺出略為不規則的六邊形稍微不規則，所以如果你或學生想要試試看製作這個巴克球，不會注意到有什麼不一樣。

問題 1：拿在手中研究PHIZZ單元一段時間後，學生會觀察到所有應該知道的事，認識十二面體和足球形各有多少頂點和邊數；請讓學生自己數清楚，務必要確定！如此一來，學生擁有多面體摺紙實作的經驗，對於他們所建構的物體會具有概念的理解。當然，問問題也能讓學生產生概念，但他們需要經過反覆討論才能得到這些概念。

條件如下：

	頂點	邊數
十二面體	20	30
足球形	60	90

表示方程式 $V = 2E/3$。但是這個公式可進行一般巴克球的證明：想一想，我們取任一巴克球，看看每個頂點，計算從頂點出來的邊數。當然，每個頂點會得到三個邊，總共 $3V$ 個邊。但每個邊都是重複算過兩次！這是因為每個邊都與兩個頂點連接，所以我們每看一個頂點，邊數都會重複計算。所以 $3V = 2E$。

這樣一來，我們等於立刻證明每個巴克球的頂點都是偶數（或任何 3-正則圖，又稱為立方圖，就此情況而言）。

我想要強調，這種計算的論證方式，對於學習多面體的組合非常有用。事實上，下一個問題還會再度用到。

問題 2：講義的(a)部分，問題的解答是 $F = F_5 + F_6$。對，就是這麼簡單。

(b)部分則需要與問題 1 類似的計算論證方式，只是這次看的是巴克球的每一面。我們還是要計算邊數，這次計算的是每個面周圍的邊。由於所有的五邊形面會有 5 個邊，所以五邊形面計算得到 $5F_5$ 個邊。

而六邊形會計算得到 $6F_6$ 個邊。不過我們還是會重複計算邊數（因為每個邊都有兩個相鄰的面），所以

$$5F_5 + 6F_6 = 2E.$$

問題 3：前面所求出的所有方程式，到此將一起有所表現。想要求得解答，可以有幾種方式。隨著歐拉公式的引導，我們用 $V = 2E/3$ 來消掉變量 V：

$$F - \frac{1}{3}E = 2.$$

現在，我們想要一個包括 F_5 和 F_6 的公式，所以只用兩個變量的方程式 $F = F_5 + F_6$ 和 $2E = 5F_5 + 6F_6$，來計算求得：

$$F_5 + F_6 - \frac{1}{3}\left(\frac{5F_5 + 6F_6}{2}\right) = 2$$
$$\Rightarrow\ 6F_5 + 6F_6 - 5F_5 - 6F_6 = 12$$
$$\Rightarrow\ F_5 = 12.$$

哇！六邊形消掉了，我們求得五邊形的數量！所以問題 3 算是「「陷阱題」，因為公式裡面雖然有 F_5 和 F_6，但其實 F_6 是可以消掉的。

但雖然如此，問題 4 的答案卻很清楚：每個巴克球都有 12 個五邊形的面，一個不多，一個不少，剛剛好。

延伸思考

$F_5 = 12$ 解答真令人驚訝，使得巴克球和穹頂球體結構可進行更深入的研究。如此一來，我們知道，其他巴克球的繪製，都可以依據頂點 3 度，12 個五邊形的面，還有一些六邊形。例如，你可以讓學生挑戰繪製所有具有 12 個五邊形面和兩個六邊形面的立方體圖形（然後，可以用多少個 PHiZZ 單元製作出來？）這種立體圖形中，是否可能只有一個六邊形面？（答案是不可能！）

檢視這樣的模型，還可以發現其他事實。協助測試的北愛何華大學 Jason Ribando 指出：「在教師的筆記中，值得注意的是，PHIZZ 十二面體的平行面，上面的五角形孔是對齊的，與柏拉圖多面體（正多面體）版本不同。這可以變成一個很好的練習題目，讓學生解釋為什麼！」1993 年美國罕布夏大學主辦的 HCSSiM 精英數學夏令營學生 Gowri Ramachandran 發現，當正確為十二面體完成三邊著色時，多面體邊上相對的面，會具有相似的著色（即，若一面具有兩個黃邊，兩個粉紅邊和一個白邊，相對面也會一樣）。此現象在更大的巴克球體也成立嗎？

　　還有一個問題：當我們使用紅色、藍色和綠色對一PHiZZ單元十二面體進行三邊著色，一些頂點的顏色順序，會按照這個順序（紅、藍、綠）在頂點順時針旋轉，而其他會逆時針旋轉。其中有多少是順時針？多少是逆時針？這是否必為真？在十二面體上，這會是依照某種模式安排好的圖案嗎？很顯然，關於其球體巴克球著色還有很多問題可以探討，這是一片有待學生研究的沃土。

　　對化學有興趣的學生，可能會想要用PHiZZ單元來製作奈米技術科學家正在探索的模型。例如，Richard E. Smalley 在萊斯大學網頁（http://smalley.rice.edu/smalley.cfm?doc id＝4866）所放的圖片。Smalley是一位諾貝爾獎得主，因為發現碳-60（富勒烯）分子，他對於巴克球的最新研究，可能會引發超導體革命。

　　然而，穹頂建築結構是球體。想要將巴克球盡量做得接近球體，需要盡量把12個五邊形均勻分佈排列，中間穿插六邊形。事實上，在球體巴克球上，我們可把每個五邊形對應於一個二十面體的頂點，這樣二十面體的每個三角形面會有三個五邊形，其中排列六邊形（見下圖）。這些三角形的「磁磚拼貼」，可決定巴克球的獨特性，羅列不同的球體巴克球，並解釋其對稱群組[Hull05-2]。

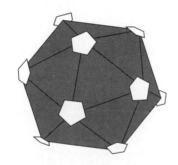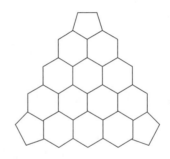

　　Coxeter [Coxe71]展示了在三角形格子上使用三角形拼貼的這種巴克球對偶分類，他的作品使任何球體巴克球的頂點，還有邊和面的數量，都有明確的公式。簡言之，重點在於思考這樣的對偶拼貼，會使穹頂球體有三角形「拼貼」。這些可藉由在三角形格子上取 3 個相互等距的點，完全加以分類。也就是思考由整數線性組合而成的格子，向量 $v_1 = (1, 0)$，$v_2 = (1/2, \sqrt{3}/2)$。v_1 的整數整數倍，會形成格子的 p 軸，v_2 的整數倍會形成 q 軸。假設三角形拼貼一角為 $(0,0)$，另一角為格子上的任意點 (p, q)。這樣一來可確定形成拼貼所需的第三點，可藉由將點 (p, q) 繞著原點旋轉 60° 來找到。下圖為一例，設 $(p, q) = (2, 1)$（在笛卡爾平面上，這確實是點 $2v_1 + v_2$）。

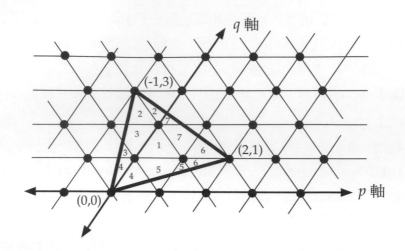

這個方法的好處是，我們可以計算這些三角形拼貼的面積。若將此面積一般化，令格子中一三角形面積等於 1，那麼我們只需要計算拼貼中有多少個三角形單元，即可求得面積。由於拼貼的對稱性，拼貼邊緣若有任何被切斷的三角形，在其他位置都會有互相配對的被切斷三角形。（見上圖，可由圖中三角形的數量得證。）因此，這個一般化面積將永為整數。Coxeter表示，在一三角形拼貼中，由點（p, q）產生的三角形數量，即為二次多項式$p^2 + pq + q^2$，你也可以試試看自己證明，非常有趣。

因此，如果我們用 (p, q) 拼貼來製作穹頂球體，會在二十面體的每一面都放一個拼貼。因此，此球體上的三角形面數量會是 $20(p^2 + pq + q^2)$。對偶則為一個具有相同頂點數量的巴克球。由於 $3V = 2E$，代表這種巴克球邊數的數量，以及所需的 PHiZZ 單元數量，即為 $30(p^2 + pq + q^2)$。

我做過最大的巴克球，總共用了 810 個PHiZZ單元，是以（3,3）拼貼。

可在網頁http://mars.wne.edu/~thull/gallery/modgallery.html看見照片。

活動 18
製作環面摺紙
MAKING ORIGAMI TORI

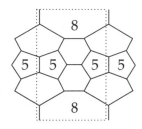 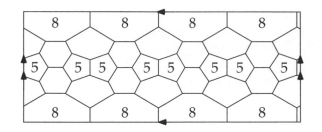

相關課程：幾何學、圖論、拓撲學。

摘要

學生在前面製作過一些PHiZZ單元模型（至少為十二面體），在此活動中將嘗試製作一個PHiZZ單元環面。此活動可引發正負曲率以及環面的基本域等討論。為協助學生進行環面設計的計畫，也會研究「巴克環面（Bucky tori）」的組合。

內容

此活動的環面可作為學習拓樸結構絕佳的入門課程。同時也為學習圖論的學生提供了一個機會，可使他們親手實際體驗圖形的表面，而不是平面繪圖。組合研究則是利用歐拉公式 $V - E + F = 0$ 來研究環面，以證明所有僅用五邊形面、六邊形面和七邊形面作成的三價環面圖面（three-valent toroidal graph），必有相等數量的五邊形和七邊形。

這是巴克球摺紙活動的延伸，不過真正相關的只有講義 17-1 部分。

講義

本活動講義共有三份：

(1) 探討大型PHiZZ單元環面的製作（負曲率）。

(2) 在基本域（fundamental domain）中探討環面圖的繪製。

(3) 在虧格 g 可定向面（orientable surfaces of genus g）探討歐拉公式。進而引導思考「巴克環面」中五邊形數量和虧格 g 數量的關係。

時間規劃

　　講義 18-1 最花時間的是為了製作環面而摺好所需的單元。如果能夠事先做好，這部分只需要 15-20 分鐘。講義 18-2 則是繪製環面圖，第一頁需要 10-15 分鐘，但第二頁須要的時間就比較多（實際製作PHiZZ環）。講義 18-3 的內容比較多，學生會需要 40-50 分鐘才能完成（有些部分可設為家庭作業）。

講義 18-1

更大的 PHiZZ 單元圓環

本講義希望你嘗試如何用 PHiZZ 單元來製作更大的「環」。

活動：用 PHiZZ 單元製作一個七角環或八角環（需要摺 14 或 16 個單元，可分組進行）。這會是很有挑戰性的：應該如何將這個環連結起來？注意單元上不可產生額外的摺痕！每個單元都要按照摺好的樣子連結在一起。

問題：比較五角環、六角環和更大的環（七角形或八角環等）的不同之處。

　　然後要做一件特別的是，想一想，這些環躺在平面上的樣子。五角環的平面會是什麼樣子？

　　六角環呢？

　　七角環或八角環又如何？

　　所以，如果想要用 PHiZZ 單元製作一個環（像個甜甜圈，如下圖），你要在環面的什麼位置放這個五角形、六角形或更多角形？

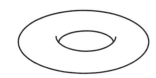

講義 18-2

繪製環面圖

　　在規劃PHiZZ單元環面模型時，想要將你想製作的模型視覺化比較困難，因為不能像巴克球那樣可以事先繪製平面結構圖。

　　但有一種方法就是將環面**扁平化**，如此我們便可用紙筆繪製環面。這個想法如下圖。想像在環面表面作兩個垂直切割，然後將環面「展開旋轉」成長正方形。**稱為環面基本域（fundamental domain of the torus）**。

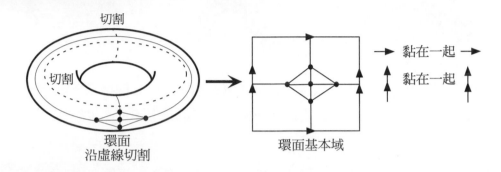

　　基本域的想法是，任何你繪製的邊，只要與邊緣接觸，都要返回另一邊。故如上圖所繪製的環面圖，可繪製一些從上到下、從左到右的邊緣，表現在基本域中。

活動：在基本域中繪製正方環面圖（square torus，如下圖）。

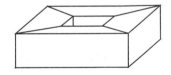

　　現在我們已具備所有設計PHiZZ單元環面所需的準備。從環面的基本域開始著手，並嘗試繪製具有以下性質的圖形：

(1) 所有頂點為 3 度。

(2) 只具有五邊形、六邊形或更多邊形的面。

（正方形和三角面不適用PHiZZ單元。）

　　不幸的是，利用PHiZZ單元來製作環面，需要很多個單元。有些人甚至會用到幾百個單元，但也可以用較為合理的數量來製作。下圖即為數學家 sarah-marie belcastro 所設計的環面，一共用了 84 個單元。是由一個小圖案（左下圖，虛線框）在基本域中重複四次（右下圖）所組成。只有五邊形、六邊形和八邊形面。

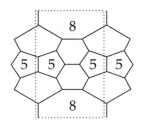 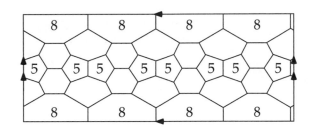

　　你可製作與上圖相同的環面，或嘗試自行設計。也可用較大的多邊形，如不用八邊形而是十邊形，來設計比較小的環形。

建議：製作這種環面時，**首先**要在內部的邊製作一個較大的負曲率多邊形。聽起來似乎很難，但先製作這部分會比最後才製作會更簡單。內邊製作完成之後，六邊形和五邊形就很容易了。

講義 18-3

環面的歐拉公式

問題 1：下圖為一**正方環面**。此多面體與歐拉公式 $V - E + F$ 的關係為何？

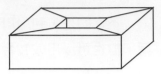

問題 2：**雙洞環面**又如何？

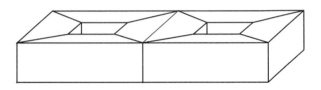

問題 3：我們將多面體的**虧格（genus）**定義為「洞」的數量。（所以一個環面為虧格 1，一個雙洞環面為虧格 2，一個二十面體為虧格 0，以此類推）請利用虧格 g 為多面體找到**廣義的歐拉公式**。

環面「巴克球」的性質

　　現在你知道環面的歐拉公式了，我們可以學到一些東西，幫助你使用PHiZZ單位來製作環面。

問題 4：設我們使用PHiZZ單元來製作環面，但只製作**五邊形面、六邊形面和七邊形面**。請找出一個公式，與F_5（五邊形面數）和F_7（七邊形面數）都相關。

　　提示：還記得嗎？$3V = 2E$。可利用我們在證明所有巴克球都具有12個五邊形面的技巧。

問題 5：設我們只用**五邊形面、六邊形面和八邊形面**來製作PHiZZ單元環面。找出一個方程式，與五邊形和八邊形相關。

問題 6：你能將這些結果一般化嗎？

解答與教學法

　　此活動必須安排在製作巴克球摺紙活動之後。這是因為首先，你可以在此活動中學到 PHiZZ的摺紙步驟說明，而且，如果沒有事先探索球體模型（如巴克球），用PHiZZ單元製作環面摺紙會是一件難事。另外，許多在環面活動中所用的計算論證（尤其是歐拉公式於環面運用的講義部分），與巴克球活動中所運用的計算論證很類似。

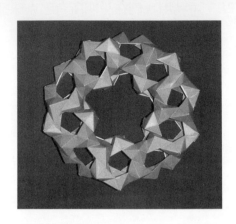

　　如同巴克球活動一樣，教師在此活動中需要花費一些時間親自製作和實驗PHIZZ單元環面。這樣做需要耗費大量時間，因為小小的PHiZZ單元有接近 100 個。（上圖中的環面是由 105 個單元所組成）。我在此推薦製作講義 18-2 的 belcastro 需要 84 個單元的例子。但是，你也可以製作更小的模型；講義中的例子用了四個基本結構，你可以只用三個，63 個單元就夠了。但三個基本結構的版本比較難以組合，因為單元之間更緊。

　　下圖是我自己設計的 PHiZZ 環面。基本結構使用十邊形，然後用三個基本結構組成環面。一共用了 81 個PHiZZ單元。

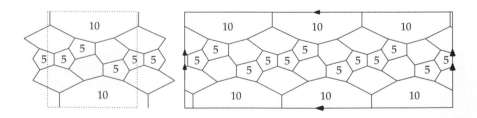

　　製作時有一個秘訣，就是首先要製作大型「多邊形」的圓環，也就是環面的內部，因為所有負曲率都在內部發揮作用，這也是最難以概念化和執行的部分。等到這部分組合完成，就會比較容易加入六邊形和五邊形等多邊形。（就像巴克球的活動一樣，最後的單元總是最難組合，但如果五邊形或六邊形是在圓環的外緣而非內緣，就會比較容易組合。）

製作PHiZZ單元環面的過程是很有趣的。學生或許從前製作過多面體紙箱，在此亦可運用來製作多面體摺紙模型。但實際製作一個環面的機會是很少見的，因此這個活動提供了一個機會，可讓學生對於多邊形和曲率種類有所認識，這兩者對於製作環面都是必備的知識。

講義 18-1：更大的 PHiZZ 單元圓環

這部分是為了讓學生了解我耗時多年時間玩轉PHiZZ單元的發現：你可製作比六邊形更大的圓環，但卻會產生負曲率！當你頭一次製作這樣的圓環時，會覺得不太可能作得出來。等你摺好足夠的單元來組合一個六邊形圓環，看起來根本不可能組合起來。但是，如果你讓圓環略為扭轉，就會發現可插入更多的邊，產生負曲率。

所以，講義中問題的答案是：

- 五邊形環可以放在圓頂或球體上面。
- 六邊形環是平的，所以也可以放在平面上。
- 七邊形以及更多邊的環，可以放在一個鞍點（saddle point）表面上，例如雙曲拋物線或品克洋芋片的表面。
- 五邊形必須放在環面的外側，也就是正曲線的部分。七邊形、八邊形或更大的圓環等，則要放在具有負曲率的內環部分。

講義 18-2：繪製環面圖

這份講義介紹了環面基本域的概念，目的是用來繪製環面圖。如果學生已經知道這個概念更好。這份講義的第一頁基本性質，其實很適合用來在介紹基本域定義之後，很快又要介紹橡膠幾何拓撲學課程的情況。這是因為實際在基本域中繪製環面圖形是鞏固概念的絕佳方法。

正方形的環形圖如下所示。

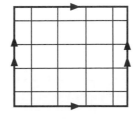

本講義的其餘部分要求學生嘗試製作「巴克環面」的PHiZZ單元。接下來的belcastro設計則具有挑戰性，需要大量的單元，因此可鼓勵學生合作，不過我要提醒一下，這個摺紙模型的難度很高，如果學生從前沒有在球面PHiZZ結構上花過什麼時間，會發現幾乎不可能製作PHiZZ環面。另一方面，製作這些環面可以很有趣，也兼具教育意義，因此排除萬難、努力把單元組合在一起會很有代價。

一個可能比較簡單的計畫，是讓學生利用PHiZZ單元來設計環面圖，像前面的belcastro範例。對於進行這些操作的學生，教師需要一些練習才能給予有效的指導。我發現最好先讓學生自己摸索一段時間，然後再檢查他們的工作，確保所有頂點都是3度，所有面都是五邊形或更多邊形，並且所有經過基本域邊界的邊，也都會在恰當的點返回。

只用五邊形、六邊形和更多邊形來設計環面圖很容易，但可能會太小，PHiZZ單元組合不出來，但我們還是要多鼓勵學生製作更小的PHiZZ環面。2000年美國罕布夏大學主辦的HCSSiM精英數學夏令營，sarah-marie belcastro與我共同讓我們的學生進行挑戰，作品「環面戰爭（Torus Wars）」出現了一些優異的設計，需要的單元不到100個。

當然，想要設計非常大的環面也可以。我做過最大的環面，是用660個PHiZZ單元，後來放在美國麻州Haverhill的Origamido Studio專業摺紙店展示數年。就像組合大型巴克球一樣，建造這麼大的物體，也可以成為學生進行分組研究的計畫。

講義 18-3：環面的歐拉公式

這份講義是巴克球活動中所使用的組合方法一個很好的驗證，可證明所有巴克球都有12個五邊形面。類似的結果也可以在只用五邊形、六邊形和更多邊形的「巴克環面」中發現。例如，如果我們僅用五邊形、六邊形和七邊形，學生可以證明五邊形和七邊形的數量相等。（請記住，我們依然堅持認為所有頂點都為3度。）如果我們用的是八邊形而不是七邊形，那麼五邊形的數量必為八邊形的兩倍。（可由講義 19-2 的belcastro範例加以證明。）

問題 1：如果學生先作講義 19-2 的第一頁，這個問題會變得很容易，他們可先繪製這個環面的基本域。然後會得到 $V = 16$，$E = 32$，$F = 16$，使得 $V - E + F = 0$。

問題 2：這個雙洞環面看起來可能有點奇怪，因為表面有些部分看起來較平，有些部分穿過了一些邊。如果排除這些穿越的邊，則 E 和 F 會各減一，因此結果不會改變 $V - E + F$ 的計算。

　　無論情況為何，學生最後都會得到 $V = 28$，$E = 60$，$F = 30$，使 $V - E + F = -2$。

　　比較仔細的學生或許會想要在基本域中繪製這個雙洞環面，必須用八邊形繪製（並設定適當的邊）。這份講義並沒有包含此部分，但可作為一份很好的活動延伸或家庭作業問題，特別適合需要進行曲面分類的拓撲課程。

問題 3：此時，學生具有三點數據：

表面	$V - E + F$	虧格 g
球	2	0
環面	0	1
雙洞環面	−2	2

　　從數據中，學生應能推得 $V - E + F = 2 - 2g$，如此一來，即可於拓撲學（或圖論）課程中進行正式的證明。

　　不過，如果學生沒有方向，可能會在問題 3 遇到困難。他們需要知道目標是這個公式：$V - E + F =$ 某數，而某數應為包含 g 的表述。如果有學生小組受困於這個問題，教師應該明白告知目標為何。

問題 4：同樣地，完成巴克球活動，證明 $F_5 = 12$ 的學生，應該在這個活動中沒有困難。由於 $3V = 2E$，我們可將環面的歐拉公式重寫為：

$$F - \frac{1}{3}E = 0.$$

　　接著用 $F_5 + F_6 + F_7 = F$ 和 $5F_5 + 6F_6 + 7F_7 = 2E$ 二式，將此式轉換為：

$$F_5 + F_6 + F_7 - \frac{1}{3}\left(\frac{5F_5 + 6F_6 + 7F_7}{2}\right) = 0$$
$$\Rightarrow 6F_5 + 6F_6 + 6F_7 - 5F_5 - 6F_6 - 7F_7 = 0$$
$$\Rightarrow F_5 - F_7 = 0.$$

　　如此即得到結論，五邊形數量與七邊形相等。

問題 5：同樣的方法，用八邊形而不是七邊形，得到 $F_5 - 2F_8 = 0$，故五邊形數量為八邊形的兩倍。

問題 6：「將結果一般化」這個問題的一部分價值，在於鼓勵具有相當數學成熟度的學生去了解，首先，這樣的一般化是什麼意思，其次，要怎樣求解。因此故意將問題 6 模糊化。學生唯一可能需要的幫助是把問題組合起來，但教師不應該幫學生做這件事。這個問題真正的教學目標，在於從抽象跳躍到具體模型。

如果我們只使用五邊形、六邊形和更多邊的 n 邊形，來製作一個 PHiZZ 環面，並且具有與上述相同的組合，我們便可得到：

$$F_5 - (n-6)F_n = 0.$$

因此，在每個 n 邊形中，我們需要 $n-6$ 個五邊形。

其他計畫

熟悉了 PHiZZ 環面的製作，等於打開了各式各樣的可能性。只用五邊形和六邊形來製作「巴克管」並不難，研究環面可使人們找到彎曲巴克管的工具。有了這些工具，可利用各種巴克管，製作螺旋，各種形狀和洞的環面，甚至像克萊因瓶這種奇形怪狀的東西。（克萊因瓶沒有邊，挑戰困難，但還是作得出來的！）可在網路上搜索「PHiZZ unit」，可見許多相關計畫的圖片。

這個計畫唯一的缺點是通常需要數百個 PHiZZ 單元。不過，你三不五時就會遇見一個數學專家，沈迷於製作大型的 PHiZZ 單元結構。

歡迎大家隨時寄電子郵件給我，將你或學生設計的有趣 PHiZZ 單元模型照片傳給我！

活動 19
門格海綿模組
MODULAR MENGER SPONGE

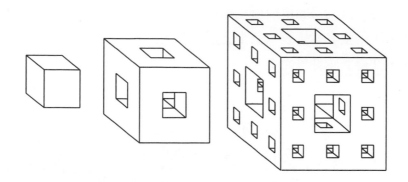

相關課程：碎形幾何、離散數學、組合數學、文組數學。

摘要

　　教導學生用名片製作立方體單元和鑲板，這可能是地球上最簡單的模組化設計之一。然後學生接下來要分組進行門格海綿的 1 級疊代（iteration）。講義將要求學生計算製作 1 級、2 級、3 級和 n 級海綿所需的名片數量。

內容

　　此活動實為介紹碎形。計算需要解答有限幾何數列，並了解自相似性的概念。

講義

　　第一頁顯示如何製作一個基本單元，並呈現製作 1 級門格海綿的活動。想要繼續的話，第二頁則提出一個問題，如何計算製作更大的門格海綿所需的單元數量，適用於較高級的離散數學或組合數學課程。

時間規劃

　　單元的教學耗費的時間不多，但學生需要 10-15 分鐘來建構第一個立方體。發現如何組裝立方體，並將兩個立方體鎖在一起，也需要 15 分鐘左右。因此，講義的第一頁可能需要 40 分鐘。

　　第二頁上的組合數學問題，是為組合數學班級所設計的，需要花一些時間，可能是 20 分鐘的課堂時間，然後結束，可設為家庭作業。

講義 19-1

名片立方體和門格海綿

　　利用標準名片可以摺的最簡單模組化摺紙之一，就是摺一個立方體。需要六張名片。首先摺第一個單元，用兩張名片排成一個十字形，然後沿著邊互相摺疊，如下圖。摺好以後再把兩張名片分開，便得到兩個單元！

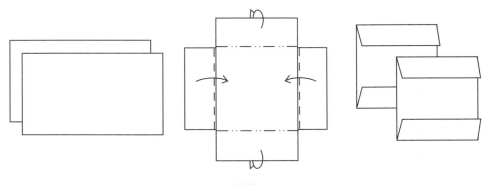

　　如此製作六個單元，用它們來組成一個立方體。每個單元會形成立方體的一面，摺的邊必須扣住其他單元。完成後，你會看到這些摺耳全部都露在外面，一起抓住它。

　　我們可能再拿 6 個單元使立方體變平，這樣每個面就不會有突出的摺耳了。你知道該怎麼做嗎？

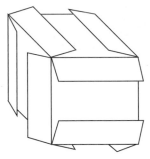

　　兩個（沒有使表面變平的）立方體，可藉由摺耳互相沿一個面鎖在一起。你可以這樣用立方體來製作各種結構。

活動：分組合作，製作「1 級」**門格海綿**。門格海綿是由立方體（0 級）開始的碎形物體。接著取 20 個立方體製作一個立方體框架（1 級），再用 20 個 1 級立方體框架製作一個更大的立方體框架（2 級），以此類推。如果我們在每次疊代後，將模型依照比例縮小（所以大小會與最初的立方體相同），重複無限之後，得到的就是門格海綿。

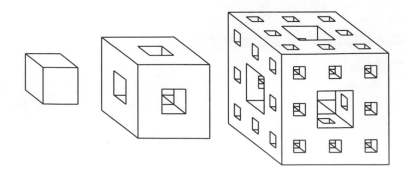

　　製作 1 級海綿需要多少張名片？如果要使立方體的面變平（panel 鑲嵌），又需要幾張？

問題 1：設 U_n 為製作一個無鑲嵌的 n 級門格海綿，所需要的名片數量。故 $U_0 = 6$。

計算 U_1、U_2 和 U_3 的值。根據 n 來找到 U_n 的封閉公式。

問題 2：設 P_n 為製作一個**鑲嵌** n 級門格海綿所需的名片數量，$P_0 = 12$。請找出 P_1、P_2 和 P_3 的值。你能找到一個 P_n 的一般化公式（不一定要是封閉的）嗎？若為封閉公式又如何？

解答與教學法

　　這個活動需要大量的名片，每個學生都需要幾十張。學生當然會想要自己製作一個鑲嵌的立方體，如此便需要 12 張名片。沒有鑲嵌，製作一個 1 級海綿需要 120 個單元，所以學生應該分組合作，並且需要大量的名片。（可參閱本書內容介紹部分的「尋找研究報告」，看看哪裡可以拿到很多名片。）此活動的模組化單元摺紙很容易，很快就可以摺好幾十個單元。所以學生小組完全有可能在一堂課的時間中做好一個 1 級門格海綿。

　　摺紙步驟則留給學生自行發現：

(1) 如何用單元製作立方體。

(2) 如何鑲嵌立方體。

(3) 如何使兩個未鑲嵌的立方體鎖在一起。

　　關於(1)，要確保學生作好的立方體外面有摺耳。如果摺耳變成在裡面，就無法將立方體鎖在一起。除此之外，最難的部分是最後一個單元插入時，要保持所有單元組合在一起。學生可能再度發現，組合時以一組兩個人會比較容易（更多雙手！）直到掌握訣竅為止。講義上的圖片應該有很大的幫助。

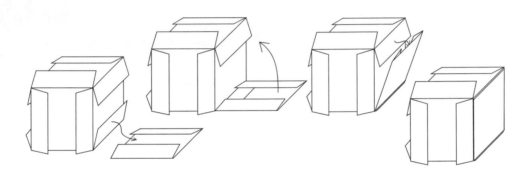

　　關於(2)，在概念上，鑲嵌的過程很容易，只是讓新單元的摺耳垂直勾住立方體的一邊（見上圖），但實際組合起來會發現並不容易。組合的時候要先勾住鑲嵌的一邊，然後打開（輕輕的）立方體的一邊，但要勾住鑲嵌的另一邊，這樣做比較容易。使立方體鑲嵌，會變得**非常**穩定、堅固。

　　(3)背後的想法與鑲嵌是完全一樣的，但結果會作成兩個立方體沿著一面鎖定起來。這樣也非常穩定，以這種方式鑲嵌而成的立方體，用來製作任何結構，都會很堅固。

　　將 1 級門格海綿所有內部的面加以鑲嵌，也是一種挑戰。學生會發現，如果想要鑲嵌內部的面（如果用彩色名片，成品會令人驚嘆），會需要先鑲嵌內部的面，然後才能鎖定外部的面。

　　要確實讓學生自行發現製作 1 級海綿的過程。結果可以是簡單而直接的（只要提前計畫，由內而外建構而成），或令人非常受挫的（例如，先建構的是外部立方體組合，然後才著手嘗試鑲嵌內部）。計畫立方體的建構，有助於學生認識門格海綿的結構，並且能提供關於講義中計算問題的洞見。由於組合問題具有相當的挑戰性，因此一般來說，文組數學或其他普通班級不太會教第二頁。但則很適合組合數學、離散數學班級，或主修電腦科學的學生。

　　無論班級的數學程度如何，教師在施行此活動之前，都務必要事先警告學生，以免大家過度沈迷於製作名片立方體結構。在本書創作的 beta 測試階段，我收到了 Albion College, Davidson College, 和 Loyola Marymount University 教師們的報告，學生進而嘗試 2 級和 3 級海綿，大家共同合作，想要在活動教室或學校系辦。順道一提，第一位用名片摺製 3 級海綿的人（並且也是唯一將所有鑲嵌製作得盡善盡美的人）是 Jeannine Mosely。她的「名片門格海綿計畫」（見[Mos]）花費數年時間完成，總重近 70 公斤，在她完成之前，還克服了結構工程上的問題。正如 Mosely 博士說的，4 級海綿需要超過一百萬張名片，重量會超過一噸，因此無法支持本身的重量。大家不必嘗試製作 4 級海綿。

問題 1

　　$U_0 = 6$，1 級門格海綿一般是由 20 個立方體組成。故 $U_1 = 6 \times 20 = 120$。2 級海綿是用 20 個 1 級海綿組成，故 $U_2 = 120 \times 20 = 2{,}400$，$U_3 = 48{,}000$。

　　一般來說，封閉公式即為 $U_n = 6 \times 20^n$。

問題 2

　　$P_0 = 12$，P_1 不像 U_n 那樣容易對應計算。思考這個問題有幾種方法，但處理這個問題可以用一種一般化的方法，會比較有價值。例如，以下是一種非一般化的方法：

　　$P_1 = U_1 +$（8 個角的立方體的鑲嵌）$+$（12 邊的立方體的鑲嵌）

　　　　$= 120 + 8 \times 3 + 12 \times 4$

　　　　$= 120 + 24 + 48 = 192$

　　但接下來計算 P_2 時，卻無法依照這種方法，因為在 2 級海綿中不只有角的立方體和邊的立方體而已。

　　一種比較優雅的方法，是將 P_n 看作是 20 份 $n - 1$ 級的立方體，但每兩個 $n - 1$ 級立方體鎖在一起的地方，該處就不再需要鑲嵌。所以我們只需要追蹤不需要鑲嵌的地方，然後減去

鑲嵌的數量。下面呈現的是我們藉此計算 P_1 的方法：

$P_1 =$（8 個 P_0 角的立方體）$+$（12 個 P_0 邊的立方體）

$= 8$（$P_0 -$ 3 個不需要的鑲嵌）$+ 12$（$P_0 -$ 2 個不需要的鑲嵌）

$= 8(P_0 - 3) + 12(P_0 - 2) = 8 \times 9 + 12 \times 10 = 192$ 個單元。

同樣的方法，可得

$P_2 =$（8 個 P_1 角的立方體）$+$（12 個 P_1 邊的立方體）

$= 8$（$P_1 - 3 \times 8$ 個不需要的鑲嵌）$+ 12$（$P_1 - 2 \times 8$ 個不需要的鑲嵌）

$= 8(P_1 - 24) + 12(P1 - 16) = 8 \times 168 + 12 \times 176 = 3456$ 個單元。

亦，

$P_3 =$（8 個 P_2 角的立方體）$+$（12 個 P_2 邊的立方體）

$= 8(P_2 - 3 \times 82) + 12(P_2 - 2 \times 82)$

$= 66{,}048$ 個單元。

可歸納求得一遞迴公式：

$$P_n = 8(P_{n-1} - 3 \times 8^{n-1}) + 12(P_{n-1} - 2 \times 8^{n-1}) = 20P_{n-1} - 6 \times 8^n.$$

　　事實上，你看到這個遞迴公式以後，應該可以想見一個比較簡單的辯證。萬一你還沒看出來，在這裡：想要求得 P_n，需要作一個 20 級的 $n - 1$ 個鑲嵌的立方體（每個立方體需要 $P_n - 1$ 張名片），然後再減去不需要的鑲嵌。在 12 個邊的位置上的 $n - 1$ 級立方體中，有 2 邊不需要鑲嵌（故 $12 \times 2 = 24$），然後這些邊的每一條會對著不需要鑲嵌的角立方體的邊。所以不需要鑲嵌的總共是 48 條邊。現在，$n - 1$ 級立方體的邊會需要 8^{n-1} 張名片進行鑲嵌，所以我們需要減去 $48 \times 8^{n-1} = 6 \times 8^n$，得到想要的遞迴公式。

　　此遞迴公式可用生成函數來解題（以得到一個封閉公式）：將各項都乘以 x^n，$n \geq 1$ 都求出和，可得

$$\sum_{n=1}^{\infty} P_n x^n = 20 \sum_{n=1}^{\infty} P_{n-1} x^n - 6 \sum_{n=1}^{\infty} 8^n x^n.$$

生成函數是 $G(x) = \sum_{n=0}^{\infty} P_n x^n$。代入 $\sum_{n=0}^{\infty} (8x)^n = 1/(1 - 8x)$，得到

$$G(x) - P_0 = 20xG(x) - 6 \left(\frac{1}{1 - 8x} - 1 \right)$$

$$\Rightarrow G(x)(1 - 20x) = 12 - \frac{6}{1 - 8x} + 6 \Rightarrow G(x) = \frac{18}{1 - 20x} - \frac{6}{(1 - 8x)(1 - 20x)}.$$

將式子整理，得到

$$\frac{6}{(1-8x)(1-20x)} = \frac{A}{1-8x} + \frac{B}{1-20x},$$

故 $6 = A(1-20x) + B(1-8x)$。使用標準 Calc II 技巧，令 $x = 1/8$，因此 $A = -4$，$x = 1/20$，故求得 $B = 10$。因此生成函數為：

$$G(x) = \frac{8}{1-20x} + \frac{4}{1-8x} = 8\sum_{n=0}^{\infty} 20^n x^n + 4\sum_{n=0}^{\infty} 8^n x^n$$

故 $P_n = 8 \times 20^n + 4 \times 8^n$。

當然，還有其他方法可以求得解答，或許還比上面的方法更簡單。然而，由於遞迴關係和生成函數是組合數學本科生課程的標準教材，此活動可為解答提供一些雖然驚訝但可接受的應用。

進階／高級課程

學習碎形幾何學的學生，如果已經上過組合數學課程，對於計算門格海綿表面積和體積，已經有了探索的預備。這種物體就像許多碎形一樣，展現出違反直覺的行為：門格海綿在「無限疊代」的情況下，表面積為無限大，但體積為零。

記住，執行這樣的分析時，所有門格海綿的疊代都需要在同一規模下。也就是說，如果我們假設 0 級海綿（立方體）邊長為 1，那麼所有 n 級海綿邊長也是 1。（因此 1 級海綿的體積會是 $20 \times (1/27)$）。以此類推，我們會看見 n 級門格海綿的體積是 $(20/27)^n$，因此若 n 為無窮大，體積則趨近於零。

鑲嵌單元的數量 $P_n - U_n$，可用來計算 n 級門格海綿的表面積，當 n 為無窮大，表面積亦趨近於無窮大。

活動 **20**
紙鶴摺紙和著色
FOLDING AND COLORING A CRANE

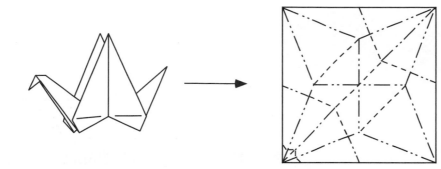

適用課程：離散數學、圖論、文組數學。

___

摘要

教導學生摺疊飛鳥（一種較簡單的日本傳統紙鶴版本）模型。然後再讓他們把模型展開，將摺痕圖案描紅。接著再讓學生在摺痕區域著色，但兩相鄰區域不為同一顏色，顏色種類也要盡量少。最後，把模型重新摺好，會變成什麼模樣？有什麼啟示？

內容

這個活動碰觸到了「計算摺紙（Computational origami）」領域的開端，也是一個簡單的圖形著色練習。純理論證明，是一種很好的圖論基本練習。

講義

只有一份，包括紙鶴的摺紙驟說明，以及摺痕圖案描紅和著色的活動說明。

時間規劃

教學生摺紙鶴需要 15-20 分鐘，摺痕圖案的描紅也需要一些時間。後面的著色和研究不必太多時間。整個活動應不超過 45 分鐘。

講義 20

摺紙鶴

從一張正方形紙開始。

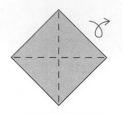

(1)兩對角線對摺。然
後把紙**翻面**。

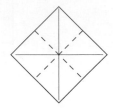

(2)兩對邊對摺。

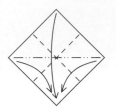

(3)利用摺痕,將所有角
往下摺,與最下角對
齊。

(4)如圖。這個形狀稱
為**初步模型**。兩對
角開口處往內摺
半。

(5)然後將頂點往下
摺。

(6)展開,將步驟 4、5
復原。

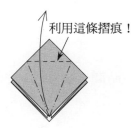

(7)現在做花瓣摺紙:
提起最上層的紙,
沿已有的摺痕來
摺。

(8)如圖。將頂點摺到
最上方,兩邊在中
間對齊,壓平。

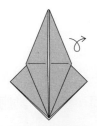

(9)如圖。翻面。

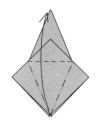

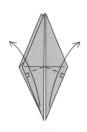

(10)這一面也做同樣
　　的花瓣摺紙。

(11)兩面都摺好以後，這
　　個形狀稱為**基本鳥形**。
　　把下方兩隻腳往上摺
　　（一個是頭部，一個
　　是尾部）。

(12)用力壓平。然後
　　展開。

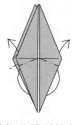

(13)利用剛剛的摺痕，
　　將紙朝紙中間向上
　　反摺。

(14)如圖。最後，
　　反摺頭部。

(15)紙鶴完成！

　　這是**扁平摺紙模型**（flat origami model）的一例，作好的模型可放在書中夾好，以防變形。

活動 1：小心**展開**紙鶴，用一隻筆描繪摺痕的圖案。確定你所描的是**實際的**摺痕，而不是摺紙步驟圖中的輔助線。

活動 2：然後描好的摺痕圖案，用最少的顏色加以**著色**。也就是說，在一道摺痕之間的相鄰區域，不用同樣的顏色著色（就像地圖上國家的著色方式）。你用的最少顏色是幾種？

活動 3：著色完成，將紙鶴重新摺好，看起來會是什麼模樣？請在恢復之前，先試著猜一猜，想一想。這種情況是否會發生於**每個**扁平摺紙模型？試證明之。

解答與教學法

　　這個活動雖然簡單，卻具有令人驚嘆的因子。活動目的在於學生可以發現，根據圖論，所有扁平摺紙模型的摺痕圖案，都是屬於 2 面可著色。「摺紙證明」的確優雅，但純圖論證明也不遑多讓。

教導摺紙

　　教師可以簡單教學，只要把摺紙步驟圖提供給學生，無須講解，讓學生依照自己的步驟進行（分組合作、互相幫助也是一個很好的主意）。教師也可以一步步帶領整個班級一起摺。無論教師選擇哪種方式，都必須自己事先練習幾次，尤其是複雜的花瓣褶紙部分（步驟 7 至 8）與反摺（步驟 13 和 14），這是學生比較會停滯不前的地方。

　　在說明步驟圖中，用的是一面彩色，另一面白色的紙。這是傳統摺紙（kami）的特性，但此活動並不需要用這種紙。一般的白色正方形紙反而最好，有利於學生描繪摺痕圖案，並進行著色。把A4 白色影印紙裁成正方形，對於這個模型和活動來說，是很適宜的尺寸。

　　講義中沒有提到這個紙鶴模型名稱飛鳥的由來，原因如下。用一隻手捏住紙鶴脖子底部，再用另一隻手輕輕拉扯尾巴，紙鶴的翅膀便會開始移動，就像在飛一樣。剛摺好的紙鶴模型一開始的飛行機制可能會運作不順，經過調整會比較容易拍動。不過這個附加價值與此活動的數學部分無關。

活動

　　有些學生可能不太想要把摺好的紙鶴重新展開攤平，但可以告訴他們，這是按照摺紙步驟反過來進行，學生會比較容易接受。照著摺痕圖案描繪，有時學生會描錯，因為其中有些是輔助線，而非最後完成的模型。必須強調最後完成模型的摺線才可以描。

　　摺痕圖案應如下圖所示（圖中有標示山摺與谷摺，但學生不需要注意兩者的差別）：

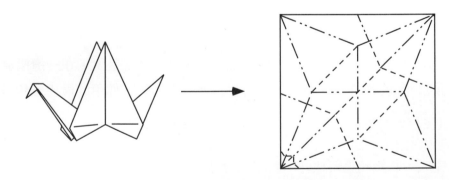

以下方式對於描圖會有幫助。學生可依照摺紙步驟倒推回去，每退回一步就描一次摺痕。或是可用魔擦筆等在摺疊成紙鶴的過程中一步步描繪。我發現在學生開始動手描以後，或是快描好的時候，向他們展示正確的完成圖，對於摺痕圖案的修正很有幫助。這樣可以確保接下來的著色活動不會有蟲子。

關於摺痕圖案的區域著色，答案是只需要兩種顏色。每條摺痕的兩個相鄰區域必須為不同顏色。著色完成之後，重新摺回去，會發現兩色各位於摺紙的反面。因此也就是說，2 色扁平摺紙模型圖案，摺疊完成後，一個顏色會集中在一面，另一個顏色會集中在另一面。

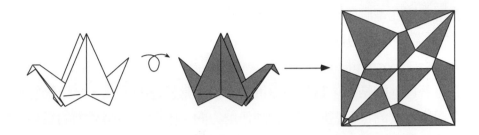

事實上，這個結果提供了一個方便的證明：所有扁平摺紙模型的摺痕圖案，皆為 2 面可著色；摺疊完成便會得到一扁平物體。既然扁平，紙張各區域都會朝向左右兩個不同的方向。每個朝左的區域為白色，朝右的區域為灰色。當展開這個模型時，摺痕圖案各面僅以兩種顏色著色，並且相鄰的兩面皆為不同顏色。

我們也可以只用圖論來證明。首先的爭論是，扁平模型紙張內側的所有頂點度數皆為偶數（想要本科生嚴格證明這一點並非易事，不妨留點餘地）。接下來，如果我們將摺痕圖案視為平面圖，正方形紙的邊界對於平面圖也貢獻有邊，所有可能奇數度的頂點，都是位在紙的邊上。創造一個新的頂點，v 在「外部的面」上，並與紙張邊界上的所有奇數度頂點連結。圖中的奇數度總是具有偶數個頂點，因此 v 為偶數度，而且我們所創的新圖，所有頂點都是偶數度。所有頂點皆為偶數度的平面圖，對偶為二分圖（bipartite graph）或二部圖（duals that are bipartite）。故對偶為 2 頂點可著色（2-vertex-colorable），意思是摺痕圖案與頂點 v 是 2 面可著色的。拿走頂點 v 後，原本的摺痕圖案即為 2 面可著色。

在圖論課程中，此證明可用於強化一些基本概念（對偶性、二分圖、頂點度）。提出這樣一個「純圖論」證明，對學生來說是很好的練習。

有一個方法可加速此活動，就是調整活動步驟為：(1)摺紙鶴。(2)一邊摺，一邊讓學生在摺痕區域著色，讓紙張朝一面都是灰色，然後朝另一面都是白色。(3)接下來讓學生展開模

型，解釋為何這樣做可以正確為摺痕圖案著色。一邊摺紙，一邊著色，有時可能會搞錯，特別是紙鶴頭部的小區域。這種替代方法可大量減少活動所需的時間。

為什麼我們集焦於此？

身為數學家，這種 2 面可著色的結構，具有本質上的吸引力。許多數學科系學生也都會喜歡，但還有另一個動機。「計算摺紙」其中一個盛大的開放新領域（這的確是一門快速發展的新計算幾何學的子領域，如果想要證據說服，請見 Erik Demaine 的成果[Dem99，Dem02]）是進行電腦程式設計以進行**虛擬摺紙（virtual origami）**的問題。目標在於編寫一個程式，讓使用者可在電腦螢幕上操作一張虛擬的紙，摺疊成任何摺紙物件。但由於摺紙過程的計算複雜性問題，這樣的程式尚未完成。（例如，決定一普通褶痕圖案是否可扁平摺疊，是NP-complete；見[Bern96]。）

這種 2 面可著色性的結果，為我們提供了一種非常快速的方式，使電腦能夠在摺紙時決定每一個平面摺痕圖案的每個區域，應朝向什麼方向。因此，這個活動的結果對於摺紙計算領域的研究很有幫助。

活動 21
探索平面頂點摺疊
EXPLORING FLAT VERTEX FOLDS

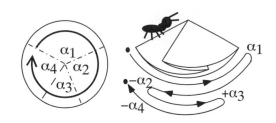

相關課程： 幾何學、離散數學、組合數學、文組數學、證明、建模。

摘要

學生要用許多小紙來摺疊扁平頂點，這種扁平摺紙模型的摺痕圖案，只包含一個單一的紙中心頂點。任務：尋找圖案模式，猜想，尋找證據和反例。

內容

學生的猜想及其證明，會與一些基礎幾何、組合和小心推理有關。因此，這個活動可用於早期的幾何或組合課程中，強調同學要探索、猜想和證明。由於所需時間不多，也可以用於文組數學課程或證明課程的入門。此外，這是用數學方法去建模的一個好例子，可實際看見和摸到，加以研究，並創造語言、符號和理論，因此也適用於數學建模課程。此活動中的猜想，也會形成扁平摺紙理論的基礎。

講義

第一份講義故意設計得很簡單，為開放式的。主要是想讓學生設定自己的猜想，並尋找反例或證明。關於扁平頂點摺疊，有許多可以作的猜想（將於解答中描述），因此講義並不提供任何提示。最好是讓學生能夠自行發現。

第二和第三個份講義是扁平頂點摺疊的建模的活動，可用 Geogebra 或 Geometer's Sketchpad。具體目的在於讓學生以實驗方法發現川崎定理（Kawasaki's Theorem）。

時間規劃

　　第一份講義是開放式的，可花費一整堂課或數堂課的時間，端視於教師的教法。第二或第三份講義則需 30 至 40 分鐘，取決於學生對 Geogebra 或 Geometer's Sketchpad 的熟悉程度。

講義 21-1

探索扁平頂點摺疊

活動：取一張正方形紙，任意摺疊一個單一的摺痕圖案。使頂點位於紙**中心**附近（而不位於紙的邊界處，摺成這樣的不算），摺出一些從頂點出發的摺線，然後再多摺幾道，壓成扁平狀。下圖展示一些範例。請自己多摺幾種。

 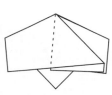 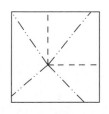 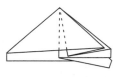

問題：「這裡發生了什麼事？」這種扁平頂點摺疊，是否有什麼規則？**你的任務**是，盡量將你對這種摺紙的猜想化為公式。

如果你有了一個猜想，寫在黑板上，看看是否有人同意，或有人可以找到一個反例。如果有人能夠實際證明你的猜想，那就更好！

講義 21-2

利用 Geogebra 建立扁平頂點摺疊

利用 Geogebra 模擬頂點摺疊扁平，請執行以下操作：

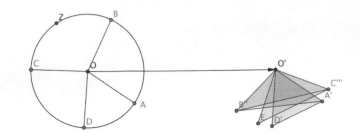

(1) 在工作表 worksheet 左邊作一圓。中心標示為原點 O。

(2) 在圓周上選 4 點 A、B、C、D。

(3) 在圓周各點和圓點 O 之間建立線段。這個圓和這些線段就是你摺好紙展開的摺線。

(4) 在工作表右邊作一圓 O'。利用**兩點之間的向量工具（Vector between Two Points）**，從 O 往 O' 作一向量。

(5) 現在用**向量轉譯物件（Translate Object by Vector）**工具，依照步驟 4 的向量方向，將 A 轉譯到新的點 A' 上。同樣對 B、C、D 作點 B'、C'、D'。

(6) 使用**多邊形（Polygon）**工具製作三角形 $O'A'D'$。這個三角形將是我們開始摺紙的地方。

(7) 然後將點 B'、C'、D'，映射（摺疊）到摺線 $O'A'$ 上。利用**線映射物件（Reflect Object about Line）**工具，映射每一個點，一次一個，作出新點 B''、C''、D''。

(8) 現在用**多邊形**工具製作三角形 $O'A'B''$。

(9) 現在將點 C'' 和 D'' 映射（摺疊）到摺線 OB'' 上，以作第三次摺疊。這樣會產生新的點 C''' 和 D'''。

(10) 用**多邊形**工具作三角形 $O'B''C'''$。

(11) 現在將 D''' 映射到摺線 $O'C'''$ 以作新的點 E。（Geogebra 會自己用新的字母，因為它不喜歡 D'''）。

(12) 用**多邊形**工具作摺紙的最後一個三角形 $O'C'''E$。

(13) 現在用**顯示／隱藏物件（Show／Hide Object）**工具，隱藏點 B'、C'、C''、D'' 和 D'''，因為我們再也不需要這些點了。

練習：你所作的最後一點 E 是否與 D' 點對齊？如果是，你在左邊所作的摺線可以摺平。如果不是，請將左邊圓上的點移動，直到可以摺平為止。利用 Geogebra 來測量角 $\angle AOB$、$\angle BOC$、$\angle COD$、$\angle DOA$。當摺痕摺平時，你對這些角有何猜想？

講義 21-3

Geometry's Sketchpad 上的平頂點摺疊

要在 Geometry's Sketchpad 上模擬平頂點摺疊，請執行以下操作：

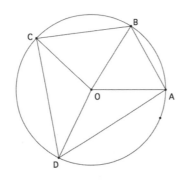 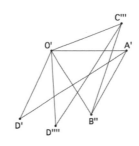

(1) 在工作表左側作一圓。中心標示為原點 O。

(2) 在圓周上選 4 點 A、B、C、D。

(3) 在圓周各點和圓點 O 之間建立線段。同時也在 A、B、C、D 各點之間建立線段，得到一個四邊形（如上圖）

(4) 選取四邊形，以及點 A、B、C、D 和 O，還有從 O 開始的線段，到**轉換（Transform）**選單中選擇**轉譯（Translate）**。選矩形座標，使水平和垂直距離分別為 12 公分和 0 公分。

(5) 你現在有四邊形摺痕「紙」的第二份副本。選取文字工具，然後點擊所有的點，一一查看（A'、B'、C'、D'、O'）。

(6) 現在我們要將這份副本沿摺線映射，摺疊起來。選取線段並從「**轉換**」選單選取「**標記鏡像（Mark Mirror）**」。

(7) 現在，選擇線段 $A'B'$、$B'C'$、$C'D'$、$O'B'$、$O'C'$、$O'D'$ 和點 B'、C'、D' 的分數。全部選取後，從轉換選單選擇映射工具。

(8) 你剛所製作的 $\triangle OAD$，就摺痕 $O'A'$ 固定並映射了紙張的其餘部分！現在我們要把前面選取的部分隱藏起來。在**編輯（Edit）**選單中選取 **Select Parents**，然後取消選取線段 $O'A'$、$O'D'$ 和點 D'。然後在**顯示（Display）**選單下選取**隱藏物件（Hide Objects）**。

(9) 使用文字工具，點擊各點，一一檢查（B''、C''、D''）。

(10) 現在選取線段 $O'B''$，並作**標記鏡像**。

(11) 選取線段 $B''C''$、$C''D''$、$O'C''$、$O'D''$，點 C'' 和 D''。然後作**映射**。

(12) 再作一次 **Select Parents**，取消選取線段 $O'B''$，然後**隱藏物件**。

(13) 再次命名各點，選取線段 $O'C'''$，然後**標記鏡像**。

(14) 選取 $C'''D'''$、$O'D'''$ 並**映射**。然後隱藏 $C'''D'''$、$O'D'''$ 和 D'''。

練習：你所作的最後一點 D'''' 是否與 D' 點對齊？如果是，你在左邊作的摺線即可摺平。如果不是，請將左邊圓上的點移動，直到可以摺平為止。利用 Geogebra 來測量角 $\angle AOB$、$\angle BOC$、$\angle COD$、$\angle DOA$。當摺痕摺平時，你對這些角有何猜想？

解答與教學法

教師在帶領學生進行此活動之前，必須事先多次練習平頂點摺紙。這樣做的原因在於，大多數人在探索這種自由形式摺紙之際，對於摺紙具有先入為主的觀念。教師自己也可能會有這樣的觀念。

這些先入為主的觀念，包括「摺線必須穿越整張紙」（不一定，見右下圖例子，與講義中的例子不一樣）或「一次不能摺很多山摺（或谷摺）」（見左下圖例子，山摺可以連續。）

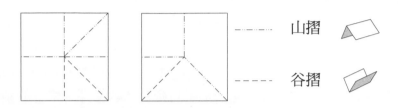

將學生**分組**，這樣他們可以互相分享自己的摺紙範例，以消除任何先入為主的觀念。（注意：摺疊的頂點必須位於紙張**內部**。）

然而，還有很多學生會有另一個問題，就是摺痕不夠清楚。在這些平頂點摺疊中，摺痕必須要清楚。任何模糊不清的摺痕，容易造成學生誤以為對於其他人的猜想找到一個反例，但事實卻並非如此。

猜想

學生可能生出何種猜想？如下列所示：

(1) 平頂點摺疊必為偶數度數（摺線數）。

(2) 在一平頂點摺疊中，兩連續褶線之間的角度始終為 $\leq 180°$。

(3) 如果我們在平頂點的某個合理位置進行穿刺（即不靠近紙的邊緣，也不是在摺線上），則穿刺點的紙層數量必為偶數。

(4) 在一平頂點摺疊中，山摺數量和谷摺數量差必為 2。

(5) 如果 α_1、α_2 和 α_3 是平頂點摺疊中三個連續角，並且如果 $\alpha_1 > \alpha_2$，$\alpha_3 > \alpha_2$，那麼分開這些角的兩條摺線，必有不同的山谷摺奇偶性。

(6) 如果 α_1、α_2, 、$\cdots\alpha_{2n}$ 依次為平頂點摺疊摺線之間各角，則 $\alpha_1 - \alpha_2 + \alpha_3 - \cdots \alpha_{2n} = 0$。

(7) （概念與(6)相同）$\alpha_1 + \alpha_3 + \cdots + \alpha_{2n-1} = \alpha_2 + \alpha_4 + \cdots + \alpha_{2n} = 180°$。

(8) （概念較難）如果我們繪製摺線，連續角相交於頂點，滿足 $\alpha_1 - \alpha_2 + \alpha_3 \ldots \alpha_{2n} = 0$，則頂點將會摺疊扁平。

當然，學生可能還會有其他猜想，例如「不會全部都是山摺或全部都是谷摺」，這種猜想雖然簡單，卻為真。另外，以上所有猜想皆為真。學生也可能生成一些蟲子的猜想，但即使是蟲子的猜想，或你以前從來沒有想過的猜想，都應同樣嚴肅地看待。

我喜歡在學生探索平頂點摺疊時，將猜想一一列在黑板上，這樣學生可選擇要繼續去尋找更多的猜想，或將注意力轉移到證明或反駁列出的猜想。在學生發表猜想之後，可用他們的名字來命名，以鼓勵學生，因為想要證明「志明的猜想」，感覺比證明「第2猜想」更加與個人有關。這樣可幫助學生感覺自己所發展的數學，是他們所擁有的，這是朝向數學研究者邁進的一大步。此外，只要你想要，這個活動可延長為數堂課。學生的猜想可列為一表，變成家庭作業，類似摩爾法（Moore method）的詢問式教學法。

如前所述，最好讓學生自己提出這些猜想。在扁平摺紙的理論中，上述的猜想(4)和(6)至(8)可最為重要，並分別稱為前川（Maekawa）定理和川崎（Kawasaki）定理[Kas87]，不過這些猜想也曾被Justin [Jus84]所發現，而(6)也曾被其他人個別發現（見[Rob77]和[Law89]）。但即使班級沒找到其中任何一個猜想，也不會有任何實質的傷害。（除非你還計劃要繼續進行扁平摺紙或矩陣模型等後續活動，在這種情況下，你就會需要全班都了解川崎定理。）

事實上，學生很可能無法發現適用於(6)至(8)所需的角度條件。由於這對其他活動是一個重要結果，我因此囊括一份講義，以告知學生如何在Geogebra 或Geometer's Sketchpad 上面，模擬四度頂點摺紙。想法是：扁平摺紙要求每道摺線，都要像平面的映射。所以，我們在Geogebra創造一個4度頂點時，想像它被其中一道摺線（在講義上為線段OD）切斷。然後，我們用幾何軟體的映射工具，顯示沿著其他摺線去摺紙，看起來會是什麼樣子。如果紙張兩個切割端對齊，則四個摺線形成可摺疊的平頂點摺線圖案。如果沒有對齊，摺線就不會摺平。

目的在於讓學生測量摺線之間的角度，這樣他們可以到數據資料，知道哪些角度可形成平頂點摺疊。於是學生就有機會實際在四度的情況下去猜想川崎定理，然後可引導出一般化定理。

不過，重要的還是讓學生看見，這些小摺紙與真正的數學確有相關，因此還是可給予一些委婉的提示。

例如，通常學生不會去思考山摺和谷摺的可能圖案。講義實際上在頂點摺疊的例子中，顯示了一些山摺和谷摺的樣子，這是微妙的提示。如果學生沒發覺，你在課堂上各小組來回之間，可以大聲告知學生：「真有趣，沒有人在思考山摺和谷摺！」然後學生就會開始猜想。

猜想的證明

證明這些猜想有很多方法。如果本書是一本摺紙數學教科書或專題研究，我選擇以優雅的順序一一呈現特定的結果。但學生不會這樣做，因此，不錯，有些結果的確比較容易證明，但有些則需要單獨證明。（當然，這也是自己進行研究，與閱讀期刊的差別，畢竟閱讀不需要塗塗寫寫、絞盡腦汁。）

所以，我會在此列出幾個證明，順序無特別意義。你和學生可能會發現更多證明。參考文獻[Hull94]、[Hull02-1]和[Hull03]。

前川定理（Maekawa's Theorem）：令 M 和 V 分別代表一平頂點摺疊的山摺和谷摺數量。則 $M - V = \pm 2$。

證明 1：進行頂點的摺紙，想像用剪刀剪去頂點，於是產生一個平面多邊形橫切面（見下圖）。想像有一單軌沿逆時針方向於橫切面行進。假設我們是從正上方觀察橫切面，每次單軌到達山摺時，會旋轉 180°，每次到達谷摺時會旋轉 −180°。因此當回到起點，已旋轉了 360°。

因此，

$$180M - 180V = 360 \Rightarrow M - V = 2.$$

如果我們從正下方觀察頂點，會得到 −2。　　　　　　　　　　　　　　　□

證明 2：（1993 年 HCSSiM 的 Jan Siwanowicz 研發此證明。）如果 n 是摺疊數，則 $n = M + V$。摺平紙張，並思考剪掉頂點所得到的橫切面；橫切面會形成一個扁平的多邊形。如果將這個多邊形中的每個 0° 內角視為谷摺，每個 360° 內角視為山摺，多邊形內角和可得 $0V + 360M = (n-2)180 = (M+V-2)180$，使得 $M - V = -2$。如果我們將山谷摺互換（相當於將紙翻轉），則可得 $M - V = 2$。　　　　　　　　　　　□

偶數度定理（Even Degree Theorem）：每個平頂點皆具偶數度。

利用前川的證明：使頂點的摺線數為 $n = M + V = 2V + M - V = 2V \pm 2 = 2(V \pm 1)$，為偶數。 □

利用著色的證明：如果學生已完成紙鶴摺紙和著色的活動，就會知道平頂點摺疊都是 2 面可著色的。這樣即告訴我們摺線數為偶數。 □

獨立證明：利用前川證明 1 中的單軌法，按左右順序的序列，來記錄單軌左右行進。由於每個摺線都會被摺平，所以這個序列將會交替出現左右。如果我們一到達單軌出發時的區域，則停止記錄數量，會得到相同數量的左和右，所以序列具有偶數長度。此序列的長度等於頂點的次數。 □

大小大角定理（Big-Little-Big Angle Theorem）：假設在平頂點摺疊中，我們有一角度的序列為 α_{i-1}，α_i 和 α_{i+1}，其中 $\alpha_{i-1} > \alpha_i$，$\alpha_i < \alpha_{i+1}$。故在此三個角之間的兩條摺線，不能有相同的山谷摺奇偶性。

證明：以反證法，假設兩摺線都是谷摺或山摺，摺紙時就會有兩個大角 α_{i-1} 和 α_{i+1}，兩者之間有一小角 α_i 在紙張同側。若紙沒有自交，這是不可能的。因此，兩條摺痕線必有不同的山谷摺奇偶性。 □

川崎定理（Kawasaki's Theorem）：一頂點摺疊 v 要摺平，若且唯若 v 位置摺痕之間的連續角度的交錯總和等於零。

證明：設 v 為平頂點摺疊，摺線之間形成 $\alpha_1, \cdots, \alpha_{2n}$ 的連續角。想像把一隻螞蟻放在摺痕線上，繞著摺紙的頂點行走移動（若將螞蟻走過的路徑畫出，將紙展開，可見形成一封閉簡單環形）。假設螞蟻從角 α 開始走，然後穿過摺線，轉個方向沿 α_2 走。然後碰到下一條摺痕，依照 α_1 同向在 α_3 上走，依此類推（見下圖）。跟蹤螞蟻走過的角，我們會發現角度總和為 $\alpha_1 - \alpha_2 + \alpha_3 - \cdots \alpha_{2n}$。由於最後螞蟻會回到開始的地方，所以此角度總和應等於 0。

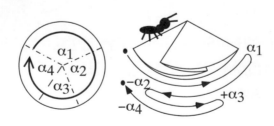

　　倒推回去，我們先假設 $\alpha_1 - \alpha_2 + \alpha_3 - \cdots - \alpha_{2n} = 0$，想要證明頂點可以摺平。為了證明，我們要在 v 位置產生一種山谷摺的摺痕線分配，而非強迫摺紙的時候自交。

　　在位置 v 隨機選一條摺線 l，然後沿摺線 l 剪開紙，使紙「分開成兩端」，然後把山摺和谷摺分配給剩下的摺線。我們可以把這些摺線摺起來，使摺好的紙看起來呈之字狀。既然角度交替，總和為零，我們知道紙兩個分開的末端最後會互相對齊。只要運氣好，分開的末端之間沒有紙，我們就可以將兩端黏合（於是會分配一個山摺或一個谷摺到 l），頂點也會被摺平。（見下圖）

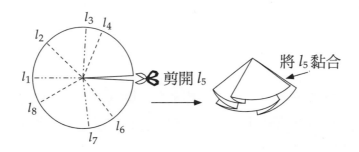

　　但是如果運氣不好，在 l 分開的兩端會發生自交。在這種情況下（如下圖），我們需要檢查之字型摺紙的橫切面，假設是呈左右分布，選擇橫切面最右邊的摺痕轉過來，翻轉以後山摺會變成谷摺，谷摺則會變成山摺。這樣一來，分開的兩端會互相交疊，兩者之間沒有紙隔開、也沒有摺耳，因此可以重新黏合，以完成平頂點摺疊。　　　　　　　　□

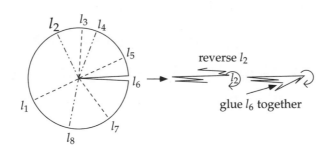

角定理（Angle Theorem）：平頂點摺疊中，兩個連續摺線之間的角度始終 ≤ 180°。

利用川崎定理證明： 由於頂點摺疊扁平，我們知道 $\Sigma(-1)^i \alpha_i = 0$，但我們也知道 $\Sigma \alpha_i = 360°$。將這些式子相加並簡化，

可得，

$$\alpha_1 + \alpha_3 + \cdots + \alpha_{2n-1} = 180° \quad , 且$$
$$\alpha_2 + \alpha_4 + \cdots + \alpha_{2n} = 180°.$$

因此，在平頂點摺疊中，沒有角會大於或等於 $180°$，除非它是一個「微不足道」的 2 度頂點，如此角度恰好為 $180°$。 □

是的，我們並不一定要考慮 2 度頂點，但有些學生會堅持認為 2 度頂點存在。在我們發展這種「扁平摺紙理論」時，有時讓 2 度頂點存在反而會比較方便，因此別在意這種小事。

獨立證明：學生可能會在發現此點之前，就嘗試證明川崎定理，所以必須沒有其結果的證明。像反證就很有用。

假設平頂點摺疊中，有一角 $\alpha_i > 180°$。摺紙有一個基本事項，就是紙不會伸展變大，也不會破掉裂開。因此在一張展開紙上的任何兩點，經過摺紙之後，此兩點之間的距離不是保持不變，就是變小。也就是說，如果 $f: D \to \mathbb{R}^2$ 代表一張摺起來的地圖，其中 D 代表紙，那麼我們需要 $d(f(x),f(y)) \le d(x, y)$，對所有 $x, y \in D$，否則因為這些點移動到比開始更遠的地方，紙張就必須破裂。

因此設 x 為紙上角 α_{i-1} 覆蓋區域內的一點，且 y 為角 α_{i+1} 區域內的一點。由於 $\alpha_i > 180°$，含有角 α_i 的紙張區域不是凸的。因此，如果我們想像 α_i 的區域保持固定，那麼將角 α_i、α_{i-1}、α_{i+1} 之間的摺線摺疊起來，便會使點 x 和 y 互相遠離。此即為一反證。 □

層數定理：在不與邊相交的任一點的平頂點摺疊，附近的紙張層數為偶數。

證明：利用川崎定理的螞蟻行進論證，螞蟻會穿越每一層紙的此點（假設路徑經適當選擇）。每當螞蟻往某方向穿過此點時，例如向左，接著螞蟻就要再向右穿過此點，才能回到出發的位置。（也就是說，如果螞蟻出發時是在點的右邊，首先會穿越此點向左行進。然後，為了要回到右邊，必須再向右行進穿越此點。）因此，螞蟻每一次穿越此點，都必須左右成對，這代表此點的紙層必須為偶數。 □

教學法

我僅在此部分列出猜想和證明，因為我知道這樣做對很多教師都很有幫助，教師會知道在一個像這樣的開放式活動中大約會發生些什麼。教師必須**克制**自己想要重返演說教學模式的衝動，也就是說，不要向學生說明這些猜想和證明，以免破壞整個活動的目的，而是要向學生提出他們完全不熟悉的問題，卻不難進行研究，也不需要預備知識，卻可讓學生深入探

索，發現新知。這樣一來，學生在尋找模式，猜想，嘗試證明之際，便可獲得第一手的數學研究經驗。

當然，學生的猜想不見得能夠如列表一般，也許他們會發現一些不在列表中的猜想！這樣的開放式活動教學非常具有挑戰性，因為你不知道究竟在課堂上會發生什麼。不要把列表當作一份必須教導給學生的課程材料，相反的，真正的目標應該放在，讓學生獲得經驗，與問題鬥智，並一步步展開猜想和證明。但如果接下來你打算進行更多扁平摺紙活動，如本書中「不可能的摺痕模式活動」或「矩陣模型活動」，那麼你就可以多給學生一些提示，確保他們發現前川定理和川崎定理。

此活動一方面不需要高程度的數學，非常簡單又有趣，另一方面則非常具有挑戰性，因為學生需要像數學家一樣思考，並以一種與他們從前學數學都不一樣的方式去「做數學」。

還有驅動力可能也是一個問題，特別是對於程度較低的文組數學班級而言。對於這樣的班級，在進入平頂點摺疊之前，不妨先讓他們先摺一些有固定形狀的摺紙模型，例如「摺紙鶴與著色活動」裡面的紙鶴。

不好的證明

在猜想漸漸形成證據之際，學生經常會傾向於尋求不成熟的思考。更糟糕的是，學生還可能會產生一些關於前川定理和川崎定理的論證，這些論證聽起來很有說服力，實際卻錯誤百出。因此，此活動的證明建構部分更是意義非凡，因為有些猜想並不難證明（但需要合理思考），而有些猜想則頗具挑戰性。

教師應特別注意學生試圖藉由引導來證明前川或川崎定理。某些證明方式，例如從一個一般的平頂點摺疊中刪除一些摺痕線，這種摺疊的結果就不太可能成為平頂點摺疊，因此註定失敗！不過，有些學生會堅持一些想法，例如一山摺必然伴隨一谷摺。因此，例如，最基本的平頂點摺疊是 2 度的頂點，我們可以看成這是周圍有兩個山摺的頂點。然後，任何其他平頂點摺疊，會在此再加一個山摺和谷摺，然後不斷重複，因此山摺總是會比谷摺多 2。有些學生因此會強烈認為這是一個有效的論證，但其實當然是胡說八道（另一方面，有其他方法可以藉由引導來證明；詳見本活動末「後續事項」部分。）

　　證明這些猜想的困難點在於學生不知道該從哪裡著手，沒有直接公式或什麼數學意義的東西讓他們可以快速得證。這也是為何此活動可以為學生提供寶貴經驗的另一個原因，因為數學家經常要面對一種情況就是，我們在證明任何事物之前，必須先自行創造數學模型。學生在此所面對的是一張摺紙，一開始所要面對的是定義角度和山摺、谷摺的模型，但若無一絲創造力，難以產生任何能夠通過嚴格檢驗的東西，例如無法想像在摺紙頂點附近爬來爬去是什麼樣子，或剪掉頂點檢視橫切面的樣子。這些都是良好證明的關鍵。此外，單軌和螞蟻行進的證明技巧也都非常有幫助，這樣做可提供一種使摺紙視覺化的方法。向學生推薦這種技巧（兩者基本上是相同的）或甚至告訴學生如何利用螞蟻行進來證明川崎定理，可提供他們一些證明其他猜想的方法。

　　從教學角度來說，教師想要平衡學生的需求，既要讓他們研究自己的證據，又要給予提示，讓他們能夠推動想法。就此意義而言，如果教師知道前述證明可以說是很危險的，因為如果教師不知道這些證明，則會被迫讓學生自行設計證明。畢竟前述前川定理的證明之一，是由一位學生（當時還是高中生）所研發，所以你永遠不知道學生可能會想到什麼新方法。

後續事項

　　有許多方向都可以讓學生進一步去探索平頂點摺疊，這對於學生計畫具有很大的潛力，包括研究一些較簡單的開放式問題。

　　這本書包含其他活動（如後續）即為一部分的這些方向。例如川崎定理是否可推廣於具有多個頂點的摺痕圖案，為「不可能的摺痕圖案」活動的主題。此外，如「平面頂點摺疊的矩陣模型」活動中所探討的，可用一種矩陣模型來製作相當於川崎定理版本的扁平摺疊。

　　想要知道完整故事的學生和教師，不妨閱讀我的論文〈扁平摺紙的組合數學：研究綜覽（The Combinatorics of Flat Folds: A Survey）〉[Hull02-1]。論文中提到一件事，無論是前川和川崎定理的證明，事實上從來都沒有運用「紙是平的」這件事，因此兩者的結果都適用於在不同曲率的紙上進行摺疊。例如，如果摺疊一個錐體，頂點位於錐形頂點，則此二結果依然有效。就這種形式，我們實際上可用一種小心推導的論證來證明這些定理，因為減少摺痕線，與減少錐體周圍的紙量，兩者相同。

　　在此領域探索的另一個途徑，是計算一個已知摺痕模式的有效山谷摺分配數量。「方轉摺紙活動」即為一例，如上述研究調查（參見[Hull03]）。

活動 **22**
不可能的摺痕模式
IMPOSSIBLE CREASE PATTERNS

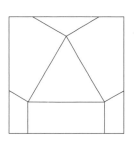

相關課程：幾何、離散數學、組合數學、文組數學、證明入門、建模。

摘要

　　此活動實際上為接續前一活動「平頂點摺疊」，但亦可獨立看待。學生需要用一張上面已繪製摺痕的正方形紙張，並沿線摺疊，將紙張摺成一些扁平的物件。重點在於，如果沒有加入新的摺痕，是不可能摺疊扁平的。雖然每個頂點都可摺平，但卻無法全部一起摺平。學生需要解釋為什麼不可能。

內容

　　在基本階段，此活動提供學生更多的練習，以檢查實際的情況，並嘗試進行數學的分析。完成上一個活動，會更容易理解這個活動，但此活動並不需要預作準備。

　　然而，完成了上一個活動，學生進行此活動的觀察將可更深入。對於一既有的單一頂點摺痕圖案，我們很容易即可確定它是否可以摺疊扁平。但對於多頂點摺痕圖案則較為困難。依照此活動中不可能的摺痕圖案，我們可知，決定摺痕圖案是否可摺疊扁平，一般為 NP 完全問題（NP-complete）。因此對學生可為一種描繪，為演算法課程中的分析，究竟可能出現哪些不同的可判定性和計算複雜性。事實上，NP 完全問題的證明，已超出本活動的範圍，但學生可邊玩邊討論不可能的摺痕圖案問題，這能讓他們認識到，這種問題若有更大的摺痕圖案，將會多麼困難。

講義

　　講義以最低程度，提供摺痕圖案。可由學生或教師預先剪裁。

時間規劃

　　活動所需時間，完全取決於教師期望學生嘗試多少種摺痕圖案。每個圖案只需 5-10 分鐘的摺疊時間。但讓學生產生為何不可能的結論，則需要額外 10 分鐘。

講義 22

摺紙練習

活動：以下是一些摺紙圖案。你的任務是把它們剪下來，然後試試看怎樣摺疊。注意：你只能依照指示的摺痕線來摺。不可增添更多摺痕線，以免破壞規則。不過你可自行決定山摺或谷摺。

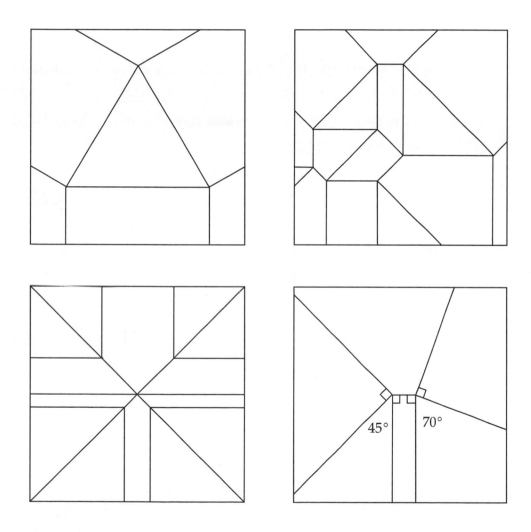

解答與教學法

當然，所有的摺痕圖案無法全部一起摺平，這是此活動邪惡的一點。因此，學生剛開始對摺紙可能會產生一些挫折感，等到他們了解他們所要挑戰的就是這種不可能，就會開始嘗試尋找原因。

這是「探索平頂點摺疊活動」後續一個很好的活動，其中一個主要的定理就是川崎定理：若且唯若其錯角和為零，則單一頂點摺痕圖案可以摺平。此活動顯示川崎定理無法推廣於多頂點的摺痕圖案，因為每個摺痕圖案都是由滿足川崎定理的頂點所組成。尤其前頁右下方的圖案更令人不解，因為它一共只有兩個頂點（應該很好摺平）！這些摺痕圖案顯示各種不可能摺平的方式。

前頁上排的圖案不能摺平，是因為山谷摺矛盾（mountain-valley contradictions），因此我們可得一個關於摺平的基本事項：一頂點依序有一個大角，接著一個小角，然後再一個大角，此三個角之間的兩條摺線，必有不同的山谷摺奇偶性（parity）。原因是，若它們具有相同的奇偶性，我們就會在紙的一邊有兩個大角夾著一個小角，使紙捲起來相交。（這是學生在上一個活動「平頂點摺疊」可觀察到的，即大－小－大角定理。）

因此在左上摺痕圖案中，所有三個頂點都有兩個 90 度角，中間夾著一 60 度角。摺痕圖案中間的三角形，應有山摺和谷摺在周圍交替環繞，因此不可能摺平。

右上摺痕圖案的道理完全相同，但要得到山谷摺矛盾，需要連續摺更多摺痕。下圖是一種摺法（此為前川定理，即每個 4 度平頂點，必有 3 個山摺和 1 個谷摺，反之亦然）：

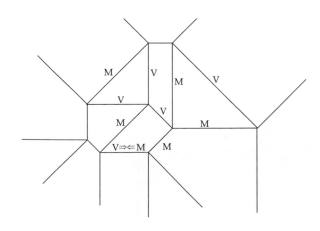

　　這些例子顯示，山谷摺矛盾可以想成是圖形的 2 面可著色性問題。如果我們觀察連續摺痕，會發現必有不同的山谷摺奇偶性，因此這些連續摺痕為避免產生山谷摺矛盾，必為 2 面可著色性。在這樣連續摺痕之下，奇數週期可謂死亡之吻。

　　講義下方兩個摺痕圖案較難以分析，兩者都沒有山谷摺矛盾，反而卻有紙張自相交的問題。山谷摺矛盾和紙自交都容易受到頂點位置的影響，也就是正方形邊的位置。例如，前頁右下圖，如果兩個頂點互相移得更遠，就會變成可能摺平。

　　事實上，想要證明左下圖摺痕為不可能摺平，是非常困難的。要求學生進行嚴格證明是一場絕佳的挑戰，只是難免有些殘酷，不過我總是希望有學生能夠想出比我所知更紮實的證明，因此總是這樣要求學生。想法是把正方形的四個角摺起來，摺起來部分的大小由旁邊的水平和垂直摺痕而決定，下面兩個摺耳比較大，上面的摺耳則為正方形邊長的 1/3。所有四個摺耳都是向內摺。然後你一一檢查每個頂點的摺平可能與否，會發現答案是都不可能。通常問題在於由於紙不夠大，其中一個大摺耳總是會跑到紙外，另一個大摺耳也只能塞進去，除非你親自動手摺過一遍，否則無法說服你事實的確如此。

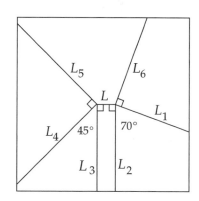

　　講義右下的摺痕圖案（如上所示）為數學科普作家 Barry Cipra 所提出的一個答案，是否所有二頂點摺痕圖案，既為單一頂點可摺平，同時二頂點也可以一起摺平。答案是「不能」。這是二頂點摺痕圖案的一個不可能之例，想法是，兩個角度分別為 45° 和 70°，有兩條平行摺線（線 L_2 和 L_3）不能同為山摺或谷摺，否則紙將被迫自相交。同樣的，摺線 L_5、L_6、L 則必有相同的山谷奇偶性。這是已知定理結合而成的：我們已知前川定理與大小大角定理，兩者結合告訴我們，L_3 和 L_4 必有不同的山谷摺奇偶性（故 L 和 L_5 必相同），而 L_1 和 L_2 也必有不同的山谷摺奇偶性（故 L 和 L_6 必相同）。

因此，我們可以將 L_5、L、L_6 所形成的紙張區域，看作是摺紙的「底牆」，然後前面必為 45°和 70°的摺耳。兩摺耳之一可以在最前面，但另一個摺耳則必須摺在裡面（因為 L_2 和 L_3 為不同）。無論哪一個摺耳在裡面，L_5-L-L_6 的底牆都不夠大，如果不摺出更多摺痕或把紙撕開，結果都不能摺平。

課堂建議

很有可能，有些學生會認為他們已經把其中某個圖案摺平了。如果發生這種事，教師心中要篤定，學生一定是在紙上某個地方增加了摺痕，或沒注意而少了一條摺痕。如果你讓學生分組活動，可以加上一條規則，就是凡是成功摺平的人，都要讓全組也依照同樣的方法摺平才算真的成功。如此一來就可降低不小心改變摺痕圖案的情形。

然而，最後一個摺痕圖案（講義右下圖）特別難解。如果學生摺的時候不仔細，沒有正確摺出 45°和 70°角，結果可能真的摺平了。因此務必再三重申，一定要讓學生依照模型正確摺疊。一個方法是讓學生用比較大張的紙來摺（可用影印機放大），可避免摺紙的失誤。

學生經此活動，可能會自行嘗試創造不可能的摺痕圖案。如果教師認為自己的班級會這樣做，可以先試著只給學生講義的右上圖和左下圖範例。這兩種圖案都有多個頂點，接著你可要求學生創造頂點比較少的例子。學生若能掌握右上圖的山谷摺矛盾概念，則有很大的機會能夠自行解出左上圖。事實上，2005 年 HCSSiM 精英數學夏令營有幾名學生，就把這個三頂點的例子，將其中一頂點往上移出紙外，而創造了一個二頂點的例子，如下圖。

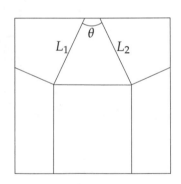

　　不過，他們的嘗試其實並不正確。如果上圖中的角 θ 為 60°，在三頂點例子中，這個摺痕圖案是可能摺疊的；只要讓 L_1 和 L_2 具有相同的山谷摺奇偶性即可。但如果我們不讓角 θ 為 60°，而是小於 60°，同時兩頂點之間的距離也更靠近，則上方的摺痕圖案確實為不可能；由於 L_1 和 L_2 具有相同的山谷摺奇偶性，因此在摺紙時會造成正方形頂端的紙自交。這個例子會發生的狀況與講義右下的二頂點圖例很類似，但學生或許更容易理解。

深入探討與研究

　　這些不可能摺平的摺痕圖案範例，顯示了當前平面摺疊先進研究中所出現的問題。我在 1994 年的論文[Hull94]中公開發表了其中兩種摺痕圖案（即講義中的左上圖和左下圖），這也我所知世界上第一篇公開結合前川和川崎定理的討論。兩年後，伯恩（Bern）和海斯（Hayes）[Bern96]證明了，欲決定已知的摺痕圖案是否可摺疊，則這個問題即是 NP 完全問題。他們甚至也證明了，如果我們要**依照某種規定好的山谷摺順序去摺紙**，那麼這個問題仍是NP完全問題！這代表當遇到像講義上面那兩個可摺疊性的決定，山谷摺矛盾的問題，是很容易解的（只需輸入電腦即可），但像講義中下面兩個例子的紙張自交問題，想要解題就會比較困難。

　　所有的一切都表示，就是因為摺紙時，紙的自相交問題，才使得摺紙這麼困難。但是，困難才表示有趣，也就是說，摺紙通常會比我們原先想像中要來得更加複雜。

　　這就是為什麼現在有一些研究人員，如Demaine、Lubiw、O'Rourke等人都在研究摺紙所發現的計算複雜性問題。的確，這些研究人員透過他們在九零年代末到二十一世紀初所發表的論文，創造了一門新的數學和電腦科學理論，稱為「計算摺紙」（computational origami），其中有許多應用。如前面的紙鶴著色與摺紙活動中提過，目前還沒有人可以完美設計「虛擬摺紙」的電腦模型（前述的 NP 完全問題就是一個主要的障礙），在電腦運算方面的摺紙研究是有幫助的。其他諸如機器人和生物學中的蛋白質摺疊，就像很多運算摺紙問題一樣，都可以歸納為「一維度的摺疊」問題。

　　數學本科系學生可在運算摺紙的豐富領域中發現許多更深入的問題。Erik Demaine的網站（http://erikdemaine.org/thok/origami.html）可看見各式各樣的摺紙，是一個適合學生的好地方。

活動 23
方轉摺疊
FOLDING A SQUARE TWIST

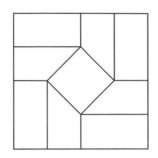

相關課程：幾何、離散數學、組合、文組數學、證明入門、建模、抽象代數。

摘要

學生會拿到一個方轉的摺紙圖案（很容易摺），他們要挑戰把這個模型以另一種方式摺疊。摺好以後，學生要把摺出來的模型彼此相互比較，看看摺法是不是一樣。如此可以引導大家產生山摺和谷摺之間不同的討論。然後教師要問學生：「我們是否可以將方轉摺疊重新分配幾種不同的山谷摺次序之後，再摺疊起來？」

後續活動：當我們想在同一張紙上摺疊不同的方轉，會發生什麼事？有沒有什麼規則？

內容

在我們離開前面摺平摺紙之後，緊接著要進入的是這個活動，要介紹的是關於離散幾何和組合數學的建模問題。扭轉摺紙也很有吸引力，不需要預先準備，因此對於大一數學班級是一項可行的活動。不過相對來說，想要嚴格證明此活動的結論，可能會需要一些謀略，因此對學習正明的學生來說，亦為一種很好的練習。最後，此活動為代數組合學中的伯恩賽德理論（Burnside's Theorem）提供了良好的應用情況。

講義

講義程度屬於一般普級，呈現了方轉摺疊圖案，以及向學生提問基本問題，有幾種不同的摺紙方式。至於如何進行，以及研究的主題究竟是什麼，則留給學生自行去發掘。

時間規劃

　　方轉摺疊需要 25 分鐘左右，取決於學生如何列舉各種摺疊方式，其餘則約需要 20 分鐘。

講義

方轉摺疊

活動：下圖為一摺痕圖案。摺痕都位於正方形紙的 1/4 位置，但中心的「鑽石」需要「立起來」。拿一張正方形紙，在紙上摺出一樣的摺痕圖案，看看它如何摺起來。為了幫助摺紙，請按照以下說明進行操作：

(1) 在正方形紙上，摺出 4×4 的方格摺痕。

(2) 利用摺痕摺出四條摺線，形成中間的鑽石。

(3) 用筆在摺好的紙上一下圖繪製摺痕。

然後你可以試試看摺紙。

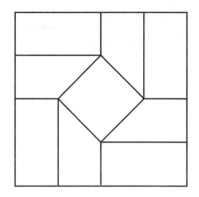

　　這種摺紙操作稱為**方轉（square twist）**，這是一種乍看之下不太容易發覺，卻可以將紙摺平的方法。

問題：看看同學摺的方轉，看起來與你的一樣嗎？你是否確定？分工合作，一起計算有多少種不同的方式，可以摺這種圖案（在不增加新摺痕的情況下）。

解答與教學法

　　方轉是一種不尋常的摺紙步驟，呈現出一種複雜的方式，使一張紙「縮小」或縮成中心的多邊形。（是的，還有三角形、六邊形、八邊形等形狀的扭轉，請你和學生一起去探索！）

　　因此，有些學生不太容易把這種摺痕圖案摺好。我建議教師協助學生，把這種摺痕圖案複製在另一張不同的正方形紙上，不要直接從講義中剪下來摺疊。這麼建議的原因在於，因為我覺得從頭開始摺紙，有助於學生發掘摺紙的趣味性，而不是什麼構成怪異的摺痕圖案，這樣做也有助於學生探索摺疊圖案的不同可能性。另外，保持整份講義的完整性，也讓學生可以把想出來的不同方轉摺法記錄下來。

　　當然，有很多方法都可以摺平這種摺疊圖案。下面是其中兩種（粗線是山摺，細線是谷摺）：

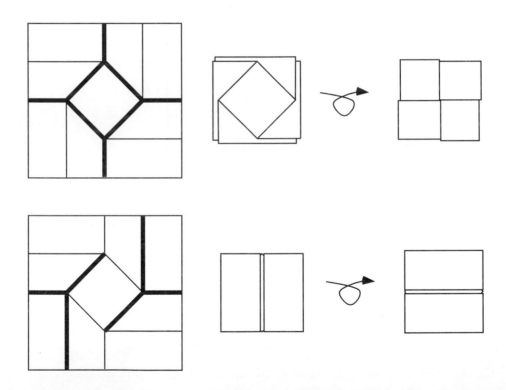

　　上圖為「經典」方轉的範例，我們很容易看見，摺痕圖案摺好以後，中心的鑽石圖形會旋轉 90 度。儘管中心的鑽石並不總是完全可見，不過我們可以用各種方式將紙摺平。下圖的範例則對稱性不錯，紙的兩端都摺得一樣（然而旋轉）。摺紙家稱這樣的模型為同分異構區（iso-area）。（進一步詳細資料請參閱[Mae02]和[Kas87]。）

現在，無論學生如何以什麼特定方式來摺這個摺痕，你都可將所有山谷摺對調，反之亦然。但如此很快會產生一個問題：我們究竟在計算什麼？學生必須要決定是在計算

(a) 物理上的不同摺疊數。

(b) 對稱上的不同摺疊數。

在(a)中，我們其實計算的是有效的山谷摺（MV）分配量，好比每條摺痕都有名字，因此一條摺痕的山谷摺分配是不一樣的。在(b)中，我們則不把在同一旋轉裡的兩個山谷摺，想成是不同的分配。

想要解開這兩個問題，必須耗盡心力。由於這種摺痕圖案並不複雜，無須系統性分析所有可能性。我實際上已經讓學生進行過系統性分析，但作對的人很少，由於學生無法正確描述方法，因此亦無法證明沒有其他可能性存在。系統性分析不僅耗時冗長，也不容易做得正確

解答(a)有一種比較好的方法，用的是一些關於扁平摺紙的基本事實，可見於平頂點摺疊活動中，但進行此活動亦可發現，無須先從平頂點摺疊活動開始進行。首先要注意的是，在方轉摺疊圖案中，每個頂點都是相同的。摺痕之間的角度，從中心鑽石開始，順時針依序為90°、45°、90°、135°。前川定理（$M - V = \pm 2$，見「平頂點摺疊活動」）告訴我們，每個頂點必須有三個山摺一個谷摺，或反過來，三個谷摺一個山摺。（若學生沒有進行過前面的平頂點摺疊活動，只需要知道，四個摺全是山摺，和兩山摺兩谷摺，兩者是不一樣的。）還有，45°的兩條摺痕線不可同為山摺或谷摺，否則就會有兩個90°角在紙的同一側，一起覆蓋45°角，造成紙的自相交。（在「平頂點摺疊活動」中，稱為「大－小－大角定理」）。

這代表在方轉摺痕圖案中，決定內部鑽石的山谷摺分配，會固定紙張其餘部分的山谷摺分配。這是因為鑽石的摺痕與全部的45°角相連，因此迫使摺痕位於45°角的另一側。然後，前川定理則強制固定了其餘每個頂點的摺痕。

因此，(a)的解答是 2^4（鑽石的每個摺痕都有兩種選擇），也就是摺這種摺痕圖案的不同方式一共是 16 種。

我們只要實際檢視所有 16 種可能的摺痕圖案，很容易看出哪些只是互為旋轉，因此可得(b)的解答。不過，這個證明依然冗長耗時，而且有更好的工具可用。例如，學生可以總結內部鑽石的各種山谷摺分配的對稱性。

一開始我們可設鑽石有四、三、二、一條山摺,或沒有山摺(其他則為谷摺)。分成不同的摺痕數量,探索其可能性的對稱,將所有不同山谷摺分配的方轉全部列舉出來。

另一種更有效的證明方式,就是利用Burnside定理(見[Gal01]、[Tuc02]),定理指出,為一個對稱群G的物體,著色的方法有N種,即:

$$N = \frac{1}{|G|} \sum_{\pi \in G} \phi(\pi),$$

其中$\phi(\pi)$=在π作用下保持不變的著色數。在此例中,對稱群是正方形的旋轉群,可表示為$G = \{R_0, R_{90}, R_{180}, R_{270}\}$。

由於我們已知R_0,故$\phi(R_0) = 16$。

由於互為相反,故$\phi(R_{90}) = \phi(R_{270})$。想想紙中心的鑽石,唯一可以在90°旋轉不變的情況下,將摺痕著上兩種顏色的辦法(顏色在此就是指山摺和谷摺),唯有全為山摺或全為谷摺兩種。因此$\phi(R_{90}) = \phi(R_{270}) = 2$。

而180°旋轉,可再設鑽石全為山摺或全為谷摺,或是山谷山谷、谷山谷山。故$\phi(R_{180}) = 4$。則

$$N = \frac{1}{4}(16 + 2 + 4 + 2) = \frac{24}{4} = 6.$$

六種可能性如下所示。

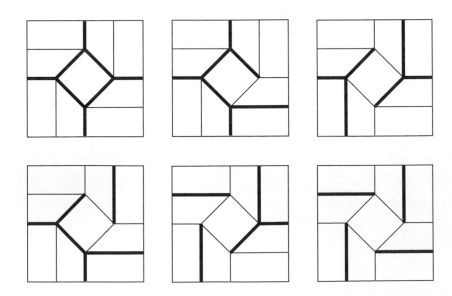

有些學生會進一步想,山谷摺順序顛倒的,在山谷摺分配中其實是重複計算,這種情況下答案則是4。

進階思考

方轉很令人著迷，你可能會遇見一些學生，他們想要知道類似的更多摺紙。

如前所述，其他多邊形也可以像正方形一樣「扭轉」，因此不妨試試看扭轉非正方形的多邊形，可能是擴展此活動最簡單的方法。在這本書的第一個活動「用正方形紙，摺正三角形」中，有一個將正方形紙摺成正六邊形的說明步驟。摺好以後將六邊形剪下來，這樣你會得到六邊形扭轉一個好的開始，摺法和方轉是一樣的；在紙的中心摺一個小六邊形，然後從小六邊形的角，呈放射狀向外摺。然後使「層疊」的摺痕與放射線平行。

下圖呈現六角形扭轉的摺痕圖案，中心的小六邊形為邊至中心的 1/4 距離。旁邊的圖顯示摺好的六邊形扭轉例子。

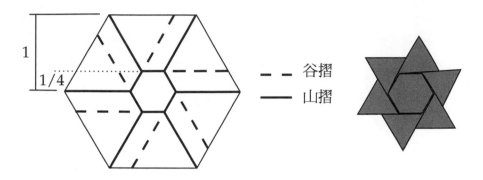

六邊形扭轉的摺疊，比方轉要難一些，因為六個「臂」的扭轉都要同時摺好，所以必須處理比較多摺痕。不過摺好以後效果很不錯，我們可以回答同樣的問題：我們可將六邊形扭轉摺疊，重新分配幾種不同的山谷摺次序之後，再摺疊起來？（上圖展示其中一種方式，其他還有很多種。）

此活動還有另一個後續的思考方向，是用**棋盤鑲嵌（tessellate）**的方式，將方轉製作在一張更大的紙上。作法請見活動 28「Origami and Homomorphisms」。

關於摺紙鑲嵌的資料，以及製作其他形狀的扭轉，可參考 Eric Gjerde 所著的《摺紙棋盤鑲嵌》（Origami Tessellations）[Gje09]，這是一本優秀的摺紙書。

活動 24
計算平摺
COUNTING FLAT FOLDS

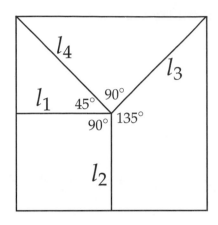

課程：組合數學、幾何、離散數學。

摘要

學生動手實驗，學習簡單的單一頂點摺紙，特別是 4 度的頂點。然後教師要求學生計算這種頂點可以摺平的方式有幾種，藉此可以發現，一般 $2n$ 度頂點有多少可以摺平的方式。

內容

此活動橫跨組合數學和幾何兩個領域。解決問題需要進行基本的組合學推理，但由於摺線之間的夾角扮演重要角色，增添了活動的幾何色彩。

講義

講義只有一份。要求學生嘗試摺疊不同的 4 度平頂點，並計算其中有幾種可以摺平。然後從這些例子會產生兩個一般化的問題。

時間規劃

時間主要取決於學生先前是否做過本書其他的平頂點活動。已經有經驗的學生，這個活動的進行僅需 20-25 分鐘。如果沒有做過，為了協助學生摺紙，教師需解釋並給予提示，則需要 40 分鐘。

講義

計算平頂點摺疊

下圖顯示三種不同的 4 度摺紙頂點，分別是 v_1、v_2、v_3。

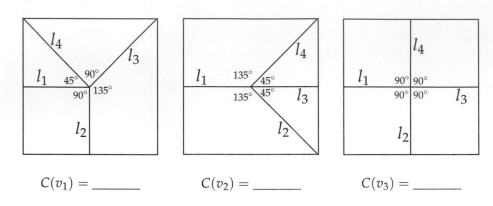

C(v_1) = ＿＿＿＿＿　　　　C(v_2) = ＿＿＿＿＿　　　　C(v_3) = ＿＿＿＿＿

每一種平頂點摺疊，我們要計算

$$C(v) = 頂點 \ v \ 可以摺平的方式數量。$$

例如，上圖中第三個 v_3，我們可使 l_1、l_2、l_3 皆為谷摺，l_4 為山摺。這是一種可以將 v_3 摺平的方式。

請用一些正方形只來摺這些頂點，實驗並計算各圖的 $C(v)$，然後嘗試回答下列問題。

問題 1：除了以上你所求得的 $C(v)$ 值，4 度平頂點摺疊是否還有其他哪些 $C(v)$ 值？

問題 2：如果有一 $2n$ 度的平頂點摺疊 v，你認為 $C(v)$ 的最大值是多少？（也就是 $C(v)$ 的上限。）

你能找到 $C(v)$ 的最小值（下限）又是多少？

解答與教學法

在所有扁平摺紙模型中，幾乎都可找到 4 度頂點。例如，在經典的紙鶴摺紙圖案（見活動 20「紙鶴摺紙和著色」），你也會看見這份講義中的三個例子，頂點都是 4 度。

由於此活動的基本想法很簡單，任何程度的學生都可以接受，至少也能回答問題 1。但已經做過其他摺紙活動的學生，如紙鶴摺紙和著色、平頂點摺疊、不可能的摺痕圖案，則會發現這個活動很直截了當。雖然學生或許不會很快解出所有問題的答案，但他們會比較容易入門，能很快處理問題 1 並提出問題 2 的猜想。

摺這些範例對學生來說不見得都很容易。但即使是最具挑戰性的頂點 v_3，摺起來應該也不是問題。而以 v_1 和 v_2 來說，要注意的是，所有摺痕線都位於正方形紙較容易摺那一側的對稱線上。想要摺好這些摺痕，只要先摺對角線成一半，或將正方形紙垂直或水平摺成一半即可。摺的時候，最難的部分是注意不要從頭到尾將摺痕穿過整張紙，也就是不要摺到中心（如 v_2 中的 l_2 和 l_4，以及 v_1 中全部的摺痕）。

範例 v_1

實際操作這個摺痕圖案，可引導學生觀察，當摺平 v_1 時，哪些摺痕是山摺，哪些是谷摺？

FL 在：

- 摺痕 l_2 和 l_3 必有相同的山谷摺分配。
- 摺痕 l_1 和 l_4 必有不同的山谷摺分配。

鼓勵學生證明為什麼這樣的觀察為真。（尋找證明！）第二點很容易用反證法來證明：設 l_1 和 l_4 皆為谷摺（若設皆為山摺亦可證明，則我們可改為設皆為山摺，因此為了一致性的基礎，皆設為谷摺）。注意，在 l_1 和 l_4 之間的角為 45°，而 l_1 和 l_2 以及 l_4 和 l_3 之間的角為 90°。如果 l_1 和 l_4 皆為山摺，則此二 90° 角都必須遮蓋 45° 角，這是不可能的！這樣一來，不是會產生一個新摺痕，就是紙會破掉。唯一使此二 90° 角可以在 45° 角旁邊摺疊的方式，就是 l_1 和 l_4 具有不同的山谷摺奇偶性。

這代表 l_1 和 l_4 摺痕只有兩種可能：不是山摺谷摺，就是谷摺山摺。現在，如果學生已經學過活動 21「平頂點摺疊」，他們便可運用前川定理，證明摺痕 l_2 和 l_3 必須是山摺山摺或谷摺谷摺（這必須為真，由此頂點 v_1 才可使 $|M-V|=2$ 亦為真）。如果學生沒有作過活動 21，他們就要先證明 l_2 和 l_3 必有相同的山谷摺奇偶性（因 l_2 和 l_3 之間夾著 v_1 最大的角，若山谷摺不同，其餘的角便無法在 135° 角旁邊摺疊，在摺平時亦能保持紙張不破裂）。

因此，l_1、l_4 有兩種山谷摺選擇，l_2、l_3 也有兩種山谷摺選擇，故 v_1 一共有四種可能的有效山谷摺分配。也就是說 $C(v_1) = 4$。

範例 v_2

請注意，摺痕必須有三個山摺和一個谷摺，或三個谷摺一個山摺。（再說一次，這可由實驗操作得證，或運用前川定理來推斷）。然後關鍵是要注意，l_1 的山谷摺分配不能與其他三條摺線不同。這是因為如果 l_1 為谷摺，l_2、l_3、l_4 為山摺，那麼兩個 45° 角就不可能連接 l_1 左右的 135° 角，一起摺平。

因此現在假設，我們知道 v_2 中有三個山摺、一個谷摺，因此只有 l_2、l_3、l_4 可以是谷摺，其餘都是山摺，故而產生三種可能性，這三種都可以成為一個山摺和三個谷摺的範例，使得 $C(v_2) = 6$。

範例 v_3

這是三個範例之中最簡單的。根據前川定理，我們依然必須有三個山摺和一個谷摺（反之亦然）。由於 v_3 所有角皆相等，因此唯一的谷摺位置沒有限制，設其中之一為谷摺，其餘皆為山摺。故我們有四個位置可以選擇放置唯一的谷摺，而其餘三個山摺都可以隨時交換變成唯一的谷摺。因此 $C(v_3) = 2 \times 4 = 8$。

在實際操作中，學生可以費時耗力，一一將 v_1、v_2、v_3 範例摺疊而得證。但所求得的數字固然重要，更重要的是能夠看見數字背後的邏輯，如此學生才可以繼續推斷其他問題。

問題 1

答案是「沒有」。想要紮紮實實證明此答案為真，必須運用以下的觀察：

- $C(v)$ 永遠為偶數。這是因為任何可將 v 摺平的有效山谷摺分配，都可藉由改變山摺和谷摺，來得到另一種有效的山谷摺分配。（在前川定理中，這使得具有 $M - V = 2$ 的山谷摺分配，以及具有 $M - V = -2$ 的山谷摺分配，兩者之間產生對射（bijective）。）

- 在 4 度平頂點 v 的摺疊中，我們無法得到 $C(v) = 2$。$C(v) = 2$ 只發生在非常例的「2 度」頂點，位於一條直線上，兩條摺線皆為山摺，或兩條摺線皆為谷摺（我們甚至不需要考慮這種 2 度頂點，因為根本不存在）。一種比較好的論證是，任何 4 度平頂點摺疊，都會有一個最小的角（可能的關聯性），在這個最小角的任一邊，會有山摺谷摺或谷摺山摺，而根據前川定理，另一邊則具有相同的摺痕。（這個論證與上面 v_1 範例的情況相同）。因此我們便得到兩個有效的山谷摺分配，而且兩者都可以讓山摺和谷摺交換，產生另外兩種有效的頂點摺平方法。因此，$C(v) \geq 4$（注意，此問題的論證結果，對於問題 2 很重要）

- 講義中的v_3頂點，顯然是 4 度頂點$C(v)$所能達到的最高值。由於所有角度相等，關於安放山摺和谷摺的位置，便具有最大的靈活度；任何遵守前川定理的山谷摺分配都有效！因此，4 度頂點v的$C(v) \leq 8$（此論證結果對於問題 2 也很重要）

因此，任何 4 度的平頂點v摺疊，$4 \leq C(v) \leq 8$，且$C(v)$必為偶數，故答案即為 4、6、8。

問題 2

這個問題比較複雜，要求學生推斷他們從摺紙範例以及問題 1 中的$2n$度平頂點摺疊中學到什麼。（注意，想要摺平頂點，需要頂點為偶數度，在「活動 21 平頂點摺疊」已經證明過，但想要讓學生快速理解也不難）。

想要求上限，學生需要知道v_3範例代表的是任一頂點。也就是說，想要找到最多摺疊頂點的方法，必須使所有連續摺痕之間的夾角相等。但是想要找出上限公式，必須要將v_3範例所得的論證加以一般化。

不妨讓學生先考慮圍繞頂點所有角度皆為 60° 的 6 度頂點範例，這樣比較簡單。由於遵守前川定理，所以我們會有四個山摺二個谷摺，或個二個山摺四個谷摺。以四個山摺二個谷摺為例，我們可以任意挑選六個摺痕其中的二個為谷摺，則其餘皆為山摺，這樣便有$\binom{6}{3} = 15$種方法。圖每個山摺和谷摺又可以交換，故總共有$15 \times 2 = 30$種方法。因此 6 度頂點$C(v) \leq 6$。

對於一般的$2n$度頂點，假設我們有$n+1$個山摺，$n-1$個谷摺（再度運用前川定理）。首先選則$n-1$個谷摺痕，然後乘以 2，因為山摺和谷摺可互換，得到

$$C(v) \leq 2\binom{2n}{n-1}.$$

想要求下界，可模仿範例 v_1，但這裡要注意把 6 度的例子也考慮進去，以免無法求解。

想要讓 6 度頂點摺平的方法為最少，則摺痕圖案的對稱性也要最低。例如使所有的角度都不同，但其中還是會有最小的一個角度，如範例 v_1 所示，最小角的摺痕會是山摺谷摺或谷摺山摺。

想像我們只摺這個最小角周圍的摺痕，這樣會得到一個錐形，頂點變成錐形頂端。現在由於我們已經摺了兩個摺痕，錐形剩下四個摺痕。在這四個摺痕之中會有一個最小角，我們可以用山摺谷摺或谷摺山摺來進行摺疊，最後，根據前川定理，剩餘的兩個摺痕必為山摺山摺或谷摺谷摺。

在上一段文字敘述中，每條摺痕都有山谷摺兩種選擇。因此，摺疊這個頂點的方法數就是 $2 \times 2 \times 2 = 8$。因此 6 度平頂點摺疊 $C(v) \geq 8$。

為了將此論證一般化，適用於任意 $2n$ 度平頂點，必須在連續摺疊之間找出最小角，然後以兩種方式（MV 或 VM）的其中一種，來摺疊最小的角，並重複進行。如此一來，將頂點摺平的方法至少有 2^n 種方式，也就是下界。

當然，論證可以更嚴格。這樣一來，需要將猜想（下界為 $2n$）重新設為**錐形平頂點摺疊**（**flat vertex cone folds**），亦即整張紙變成錐形，錐形的頂端為摺平的頂點（攤平的紙為圓錐角等於 360° 的特例），則可進行適當的歸納論證。

但是，就達成課堂活動目的而言，對學生來說，僅需認識到重複最小角的過程，便足夠得到一個令人信服的論證。進一步將之歸納為公式，可作為學生的家庭作業或數學研究計畫。（可練習歸納！）但若學生沒有進行過「活動 21 平頂點摺疊」，教師不應期望學生能求得平頂點摺疊的公式。

不過無論如何，問題 2 完整的答案如下：對於 $2n$ 度 v 的平頂點摺疊，可得：

$$2^n \leq C(v) \leq 2 \binom{2n}{n-1}.$$

深入探索

此活動讓我們能夠窺見一個難度較高的研究層級數學問題：有一已知可摺平的摺紙圖案，我們可令摺痕為多少種山摺和谷摺的分配，才可將摺紙圖案摺平？整體而言，這種「計算扁平摺疊問題」非常困難。

關於單一頂點摺疊的例子，我們已知所有情況。此活動中有數個平頂點摺疊範例實際上的確達成了上下界，但對於一個特殊的已知平頂點摺疊範例，我們可藉由摺線夾角的遞迴公式（recursive formula），確實求得可摺疊的方法數。（見[Hull02-1]、[Hull03]或[Dem07]）。

關於單一頂點的例子，還有另一個有趣的問題是：在 $2n$ 度平頂點摺疊中，可得 2^n 和 $2\binom{2n}{n-1}$ 間的偶數值為何。在 4 度情況下，偶數值可介於 4 到 8 之間，但在 6 度情況下，偶數值則**非**所有 8 到 30 之間的偶數都能滿足。找出 6 度頂點的正確 $C(v)$ 值，對於喜好摺疊許多摺紙圖例並詳加記錄的人來說，過程不但有趣，也具有挑戰性。但對於一般化的 $2n$ 度頂點來說，問題是開放性的。至少在 2011 年之前，關於此問題的演進，直到 2011 年為止，可見於我與從前的學生 Eric Chang 合著的論文[HullCha11]。

對於具有超過一個頂點的摺痕圖案，問題便更加廣泛。其中僅有特定的摺紙圖案族群範例受到檢視，但即使看起來最簡單的例子，實際操作卻仍相當複雜。例如郵票摺疊問題，我們只會注意摺痕圖案均勻分布的 $m \times n$ 格子。關於此問題已有許多研究，因此研究人員早已能夠精確利用演算法，來計算摺疊這種紙格子的方法數，但想要將這樣的紙格子摺平，依然如封閉公式令人難以捉摸。（見[Koe68]和[Lun68]。）

值得注意的是，這種摺疊問題的計算，在物理學和物理化學界也引起人們的興趣。具體來說，研究聚合物膜皺褶的人，就必須面對這個問題。無論是人造或天然存在的聚合物膜，如人體的血球細胞膜，便是由一些方形或三角形的分子晶格所組成。如果聚合物產生皺褶，會逐漸沿著構成晶格的分子鍵摺疊起來。（可能不是**所有**分子鍵都會摺疊，只是其中一部分。）為認識這些聚合物的機械性質，關鍵在於要知道大約有多少種摺疊或產生皺褶的方式，為了估計，物理學家運用熱力學法則（因為當產生這種皺褶時，會釋放能量，熱力學可提供解釋的模型）。而相關研究的數學家，他們則是極度認真，完全不同於此活動的探索方法，有興趣的讀者或學生可參見 Philippe Di Francesco 的研究報告〈摺疊和著色問題的數學和物理學〉[DiF00]。

活動 25
自相似波
SELF-SIMILAR WAVE

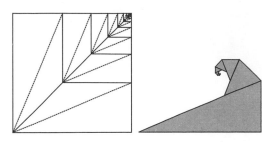

課程：碎形幾何、複變分析。

摘要

　　將波浪摺紙的說明步驟發給學生，等到班級摺疊完成，請學生檢查波浪摺紙的螺旋性。若將模型放置於一座標軸，是否可找到模型的螺旋收斂（spiral converges）位置？

內容

　　這是一個波浪摺紙的單一紙模型，為自相似摺紙模型的一例，背後的數學原理可運用幾何變換或複數。這也是摺紙的一支分類流派，稱為「無窮級數」摺疊，不過人們經常將這類模型誤認為碎形。因此，對於學習碎形的班級來說，這個模型既可提供實際操作的良好探索機會，研究一個看起來具有自相似性的物體，但又**不是**碎形。

講義

　　講義只提供製作此波的模型的說明，學生需運用在幾何變換或複數課程中學習到的技巧來解謎。

時間規劃

　　此模型的特殊在於，要先摺好摺痕，然後才摺整個模型。而且摺紙要有幾層，是由學生或教師自行決定。如果只摺三四層，花的時間比較少，約 15-20 分鐘即可。

　　此活動對於數學方面的需求較高，需對簡單代數或複數有深入認識，才能完成此活動。分組的學生一般需要 20-30 分鐘來完成活動，視數學能力而定。安全起見，還是安排整整一個小時較好。

講義

自相似波

這個波的模型需要用一張正方形紙。在步驟圖中，紙的一面為白色，另一面為其他顏色。

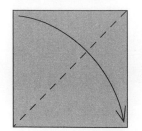

(1)在有顏色的一面，
　摺一條對角線。

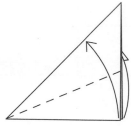

(2)將一面的紙往對
　角線摺。另一面
　重複。

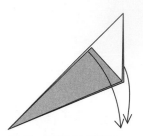

(3)將步驟(2)展開。

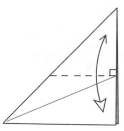

(4)在指定位置上下垂
　直對摺，再展開。

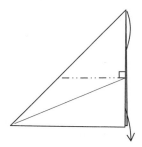

(5)現在利用(4)的摺
　痕，將點向內摺。

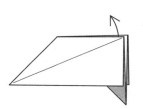

(6)如圖。將摺痕壓
　實，再展開。

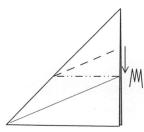

(7)重複步驟(5)，但此
　次摺的是上面的角
　平分線位置，讓紙
　呈波浪狀。

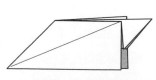

(8)摺好的樣子如
　圖。摺痕壓實，
　再展開。

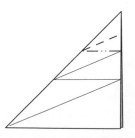

(9)現在重複步驟(4)
　－(8)，摺好下一
　「級」。

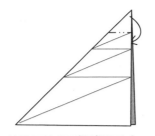

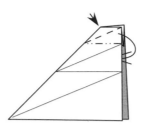

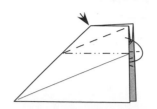

(10)可以不斷摺下去，但第一次摺的人，重複步驟(4)－(5)一共摺成三級。

(11)利用第三級的摺痕，將紙張摺向內。

(12)利用第二級的摺痕，再摺一次，波浪螺旋會在內部形成。

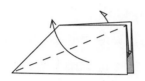

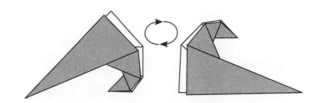

(13)對於第一級，需要摺的只是步驟(2)的摺痕。

(14)摺好的紙有如波浪一般！當然，你可以也應該摺更多層級，使波浪更加捲曲。

問題：假設我們用一張邊長為 1 的正方形紙張開始摺，將波浪摺紙進行無窮級數的摺疊。若將完成的模型放在一組座標軸上，底部尖角放到原點上，如右下圖，則螺旋的極限點 P 的座標是什麼？

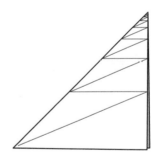

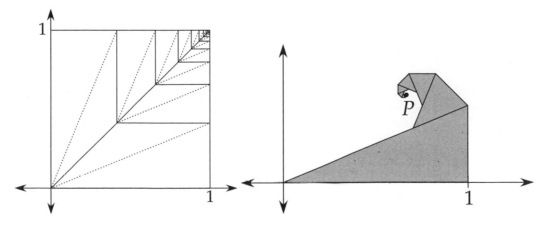

解答與教學法

　　這種摺紙模型分別曾為不同的人所獨立發現，包括Paulo Baretto、Ilan Garibi、Jun Mae-kawa、Chris Palmer 以及本書作者。這是「無窮級數」的一個非常自然的例子，以較小的尺度將同樣的圖案，一次又一次進行摺疊。其實，以風箏基本摺法為起點，可說是進行無窮級數摺紙，最自然的自相似波浪模型（風箏基本摺法，基本上是此模型的第一步驟。）

　　摺這個模型有一些容易落入陷阱的步驟，在讓全班進行活動以前，教師應該事先加以練習。一種讓學生可以摺好模型的方法，是告訴學生，第一次只要摺三級疊代。你的態度必須堅持到底，因為學生很快就會知道，只要照著樣子繼續摺下去，就能進行「無窮摺紙」，然後失去控制。但是對於新手來說，第一次摺就嘗試摺四、五個層級以上，並不是個好主意。等到學生摺好三、四個層級以後，你可以讓他們再度嘗試，看看誰摺得最好。

　　關於學生如何解答講義中的問題，故意沒有留下指導，這是因為教師可能會想要學生用自己班級教學相關的方法。我知道有兩種方法可適用於標準大學本科（或高中）課程，即：幾何變換或複數。兩個解法都是利用模型和摺痕圖案的自相似性，實際上，這種自相似性可能會使學生和教師聯想到模型與碎形之間的關聯。等到解答問題以後，找出螺旋的極限點 P 的座標，我們會再回來看這個模型是否為碎形。

幾何變換解題法

　　摺痕圖案在基本意義上是自相似的，明顯有一個仿射變換摺痕圖案嵌射（map into），但非蓋射（map onto），至其本身。因此，摺紙模型亦應為自相似。幾何課程學生可能不熟悉自相似的概念，但儘管如此，此模型應會給予學生一個很好的機會，在仿射變換領域運用數學能力。

　　首先讓我們看看，什麼樣的相似變換會將摺痕圖案與自己對應。如果我們將正方形（邊長為 1）放在第一個象限，使左下角位於原點，那麼這個平面為了要縮小到到點 $(1,1)$，相似變換為一變量。如下頁左圖，為了將點 $(1,0)$ 移動到步驟(2)風箏基本摺法的點 $(1,y)$，對齊正方形右邊。如果我們可以找到 y 變量的值，則變換的縮小因子將為 $1-y$，這是相似變換下縮小正方形的邊長。

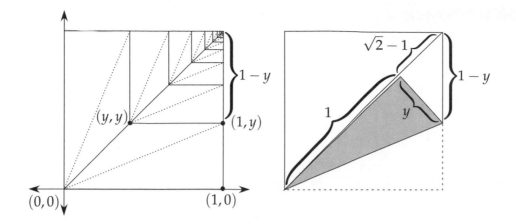

有許多方法可求 y 值。上方右圖顯示其中一種方式，其中 $1 - y$ 為 45° 直角三角形的斜邊，而一邊長為 $\sqrt{2} - 1$，另一邊長為 y。但由於 45° 直角三角形邊長相等，故 $y = \sqrt{2} - 1$。因此，相似變換的縮小因子為 $1 - y = 2 - \sqrt{2}$。

此縮小因子與波浪摺紙的相似變換相同。但即使我們手裡有波浪摺紙實體，也不見得看得出來波浪的自相似性。下圖是使用半透明紙來摺，顯示了波浪摺紙內部的摺痕。

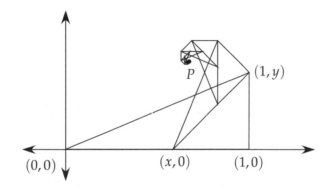

此圖顯示點 $(1, 0)$ 會與波浪摺紙的點 $(1, y)$ 對應，而原點則會與點 $(x, 0)$ 對應。事實上，此圖亦呈現了螺旋波浪中心 P 點，如何會成為仿射變換的**固定點（fixed point）**，重點就在這裡，若可找到此仿射變換的公式，那麼 P 點就會是仿射變換獨一無二的固定點。

將此變換寫成函數 $F(x, y)$ 形式：

$$F(x, y) = \begin{pmatrix} a & b \\ c & d \end{pmatrix} \begin{pmatrix} x \\ y \end{pmatrix} + \begin{pmatrix} e \\ f \end{pmatrix}$$

函數矩陣 $\begin{pmatrix} a & b \\ c & d \end{pmatrix}$ 是縮小和旋轉，而向量 $\begin{pmatrix} e \\ f \end{pmatrix}$ 為平移向量，縮小因子則為 $2 - \sqrt{2}$，我們可利用

45°旋轉得到標準旋轉矩陣。（上圖顯示正 X 軸旋轉 45° 後，躺在縮小波浪的底部。）故矩陣為：

$$\begin{pmatrix} a & b \\ c & d \end{pmatrix} = (2-\sqrt{2}) \begin{pmatrix} \cos 45° & -\sin 45° \\ \sin 45° & \cos 45° \end{pmatrix}$$

$$= (2-\sqrt{2}) \begin{pmatrix} \frac{\sqrt{2}}{2} & -\frac{\sqrt{2}}{2} \\ \frac{\sqrt{2}}{2} & \frac{\sqrt{2}}{2} \end{pmatrix} = (\sqrt{2}-1) \begin{pmatrix} 1 & -1 \\ 1 & 1 \end{pmatrix}.$$

在上圖中，平移向量是 $(x, 0)$，這是原點對應的位置。由於點 $(x, 0)$、$(1, y)$ 和 $(1, 0)$ 形成一個 45° 直角三角形，因此 $1 - x = y$，故 $x = 1 - y = 2 - \sqrt{2}$。
故仿射變換為：

$$F(x,y) = (\sqrt{2}-1) \begin{pmatrix} 1 & -1 \\ 1 & 1 \end{pmatrix} \begin{pmatrix} x \\ y \end{pmatrix} + \begin{pmatrix} 2-\sqrt{2} \\ 0 \end{pmatrix}.$$

現在，我們可以用代數來求解方程式 $F(x, y) = (x, y)$，這是平方根乘法與分母有理化結合的一個不錯的練習。如果你或學生喜歡，不妨多練習。

但是，利用矩陣可以更加簡單地解出系統 $F(x, y) = (x, y)$。若將之視為一矩陣向量等式 $A\vec{x} + \vec{b} = \vec{x}$，則可重寫為：

$$A\vec{x} - \vec{x} = -\vec{b} \Rightarrow (A - I)\vec{x} = -\vec{b}$$

則 $\vec{x} = (A - I)^{-1}(-\vec{b})$，可得：

$$A - I = \begin{pmatrix} \sqrt{2}-2 & 1-\sqrt{2} \\ \sqrt{2}-1 & \sqrt{2}-2 \end{pmatrix} \text{ 與 } (A - I)^{-1} = \frac{1}{3} \begin{pmatrix} -2-\sqrt{2} & 1+\sqrt{2} \\ -1-\sqrt{2} & -2-\sqrt{2} \end{pmatrix}.$$

故求解：

$$P = (A - I)^{-1}(-\vec{b}) = \frac{1}{3} \begin{pmatrix} -2-\sqrt{2} & 1+\sqrt{2} \\ -1-\sqrt{2} & -2-\sqrt{2} \end{pmatrix} \begin{pmatrix} \sqrt{2}-2 \\ 0 \end{pmatrix} = \begin{pmatrix} 2/3 \\ \sqrt{2}/3 \end{pmatrix}.$$

令人驚訝的，雖然有許多 $\sqrt{2}$，原本以為答案會很複雜，結果卻很簡單。此解答的確為仿射變換提供了一些紮實的練習。

複數解題法

若考慮波浪摺紙位於複平面上，我們可將點 P 位置的解答，寫成摺紙模型的點 P_n，然後選擇一序列以計算無窮的總和。有幾種方法可達成，但其中最簡單的是沿著波浪摺紙圖中，原來正方形上最主要的對角線。如下圖所示：

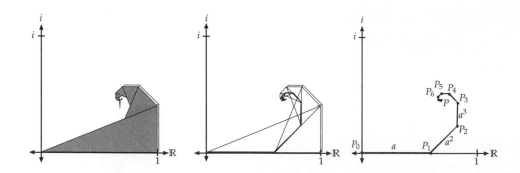

路徑的第一段，從 P_0 到 P_1，長度為 a，在展開的正方形上，相當於主對角線摺痕的第一部分（如前頁圖中的原點到點 (y, y)）。我們在幾何變換中得到的解答是 $a = 2 - \sqrt{2}$，因此在 P_n 路徑的第一個點，就是複平面的 $P_1 = 2 - \sqrt{2}$。

從 P_1 到 P_2，我們需要往上旋轉 $45° = \pi/4$ 弧度，得到距離 a^2。我們將得到的複數寫成 $re^{i\theta}$，然後計算 P_2 的位置就會很容易：

$$P_2 = P_1 + a^2 e^{\frac{\pi}{4}i} = a + a^2 e^{\frac{\pi}{4}i}.$$

以 P_3 來說，我們行進到 P_2，然後擺動 $2(\pi/4)$ 的角度（從正實軸測量），得到距離長度為 a^3。故

$$P_3 = P_2 + a^3 e^{2(\pi/4)i} = a + a^2 e^{(\pi/4)i} + a^3 e^{2(\pi/4)i},$$

以這種方式繼續下去，得到

$$P_n = a + a^2 e^{\frac{\pi}{4}i} + a^3 e^{2\frac{\pi}{4}i} + \cdots + a^n e^{(n-1)\frac{\pi}{4}i}.$$

故 P 點即為無窮的總和

$$P = a \sum_{n=0}^{\infty} (ae^{\frac{\pi}{4}i})^n.$$

但這只是一個幾何級數：$\sum_{n=1}^{\infty} z^n = 1/(1-z)$，其中 $|z| < 1$。

此處 $z = ae^{(\pi/4)i} = (2 - \sqrt{2})(\cos(\pi/4) + i\sin(\pi/4)) = (2 - \sqrt{2})((\sqrt{2}/2) + (\sqrt{2}/2)i) = (\sqrt{2} - 1)(1 + i)$，故得（利用 $a = 2 - \sqrt{2} = 2/(2 + \sqrt{2})$）

$$P = (2 - \sqrt{2})\frac{1}{1 - (\sqrt{2} - 1)(1 + i)} = \frac{2}{2 + \sqrt{2}}\frac{1}{(2 - \sqrt{2}) - (\sqrt{2} - 1)i} = \frac{2}{2 - \sqrt{2}i}.$$

用 $2 + \sqrt{2}i$ 分別乘以分子和分母，得到

$$P = \frac{2}{2 - \sqrt{2}i}\frac{2 + \sqrt{2}i}{2 + \sqrt{2}i} = \frac{4 + 2\sqrt{2}i}{6} = \frac{2}{3} + \frac{\sqrt{2}}{3}i.$$

因此，波浪螺旋點（2/3, $\sqrt{2}/3$），運用幾何變換亦求得相同的答案。

注意，這種複數解題法是一種很好的練習，可使學生運用幾何、極座標和幾何級數去思考複數。對於運用基本複數的課程都很有益。

教師還可以問學生另一個問題（學生也可以自問自答！）「這個摺紙波浪螺旋，是否會形成對數螺旋？」或者說，看過黃金分割的學生，可能會想，是否與自相似波浪的螺旋相關。

若我們隨著螺旋上的路徑移動，發現螺旋上的點與中心點p之間的距離，呈指數般增加，則此螺旋即為對數（logarithmic）螺旋。（相較於阿基米德螺旋，則是以恆定的速度遠離中心點。黃金分割螺旋是對數螺旋的一個例子。）因此，如果自相似波是對數螺旋的建模，距離 $|P-P_n|$ 應為一以n為單位的指數函數。一起來看看究竟是不是：

$$\begin{aligned}|P-P_n| &= \left| a\sum_{k=n}^{\infty}(ae^{\frac{\pi}{4}i})^k\right| = \left| a(ae^{\frac{\pi}{4}i})^n\sum_{k=0}^{\infty}(ae^{\frac{\pi}{4}i})^k\right| \\ &= \left|(2-\sqrt{2})((\sqrt{2}-1)(1+i))^n\right|\cdot|P| \\ &= (2-\sqrt{2})((\sqrt{2}-1)\sqrt{2})^n\frac{\sqrt{6}}{3} = \frac{\sqrt{6}}{3}(2-\sqrt{2})^{n+1}.\end{aligned}$$

（這裡我們用的是 $|1+i|$，這是從原點到點 $1+i$ 的距離，即 $\sqrt{2}$。）我們看見原點P和螺旋上各點 P_n 之間的距離，為指數函數。因此，自相似波所產生的螺旋，確實為對數螺旋。若將此螺旋平移，使P落到原點上，可得到此螺旋的極座標方程式：

$$r(\theta) = \frac{\sqrt{6}}{3}(2-\sqrt{2})^{\frac{4}{\pi}(\theta-\pi-\arctan(\sqrt{2}/2))}.$$

此螺旋圖如下所示。

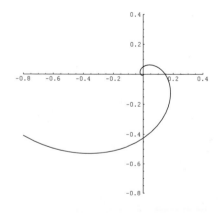

碎形連接

　　如前所述，自相似波模型是屬於摺疊圖案的一大分支，可無限自我重複，但仍可摺疊。下面顯示這種摺疊圖案的另外兩個例子。左圖是由前川淳所設計，右圖則是出自藤本修三（Shuzo Fujimoto）。

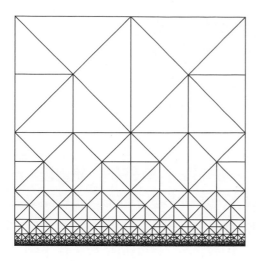 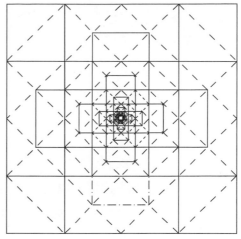

　　這兩種摺疊圖案都**不容易摺**！比自相似波更難。在此呈現這兩個例子，只是介紹更多自相似的摺疊圖案給大家看。

　　摺紙家傾向於將這種摺紙模型稱為「摺紙碎形」，認識一些碎形的學生，也會這樣說。然而，這些摺紙模型並沒有真正表現碎形行為，因此稱為碎形是錯的。

　　碎形幾何目前仍是一個相對來說較新的數學領域，關於如何在技術上精確定義「碎形」，也仍存有一些爭論。然而，碎形的基本有效定義是一個物體的 Hausdorff 維度，必嚴格大於拓撲維度。這裡所說的**拓撲維度**，是學生所認識的維度的標準概念，即點為零維度，一條直線或平滑曲線是一維，平面中的一個區域是二維，依此類推。**Hausdorff維度**則非常技術性，但它與許多書中所說的「相似維度」或「碎形維度」可以是相同的，即一個物體的自相似性與其維度相關。維度的概念最終可歸納為非整數，因此大多數碎形具有非整數的 Hausdorff 維度，如 1.26 或 0.792 等。

　　另一種思考法是將碎形視為一物體，在**所有層級**中皆可表現出某種自相似性。也就是說，當你放大物體的任何一點時，會不斷看見更多的自相似性。

　　自相似波的摺疊圖案和摺疊模型，看起來的確能夠滿足後者這種直觀的定義。但拿去與真正的碎形兩者相較，就會發現這種思考法是有問題的。下圖為一個碎形樹的例子，整棵樹每一根樹枝與樹枝之間的角度都是一樣的，而隨著樹枝數量隨指數不斷增加，樹枝的長度則以指數的速率減少。

　　看到這樣的碎形樹，我們必須自問：「什麼是碎形？」數枝只是一維線段，沒有碎形可言，相對來說，樹枝分支的頂端，也就是分支相交的點才形成了碎形。這些點集合形成了一條曲線，如右上圖所示，**每個點**都展現了自相似性。也就是說，如果你放大這條曲線上的任何一點，你都會看到更多的曲線隆起和複製品。相較之下，如果只是放大樹上的一根樹枝，只會看到一條直線而看不見更多的樹。

　　在這個自相似波摺紙模型中，我們也必須問一個問題：「什麼是碎形的部分？」波浪摺紙圖案中，大多數都像樹的碎形圖一樣，並不構成「無窮的部分」。事實上，摺疊圖案和波浪摺紙的自相似性，會聚集到單一個點上。在摺痕圖案中，這一點位於正方形的右上角，在波浪摺紙中即為點 P。然而無論是樹還是波浪，「無窮的部分」都只是一個點，維度為零，因此不是碎形。

　　在前文中另外兩個自相似摺痕圖案中，也發生同樣的事情。前川淳的例子為摺疊圖案在正方形底部收斂為一條直線，維度為一。而藤本修三的例子為摺疊圖案收斂於正方形的中心點，維度為零。因此兩者都不是碎形。

　　想要模仿真正的碎形去摺紙，是非常困難的。日本摺紙家池上牛雄（Ushio Ikegami）曾經成功設計並摺疊一棵碎形樹摺紙（見[Ike09]）。池上牛雄的模型極難摺疊，但也因此證明了摺真正的碎形是多麼困難。

活動 26
平頂點摺疊的矩陣模型
MATRIX MODEL OF FLAT VERTEX FOLDS

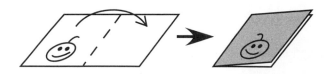

相關課程：幾何、線性代數、建模。

摘要

此活動採取以下方式，對摺紙進行建模：當我們摺平一張紙，實際上是將紙的一部分映射到另一部分。因此每摺一次，都是在進行映射。平面的映射，可利用矩陣建模。因此給予學生一個簡單的 4 度頂點摺疊，並要求計算每條摺痕的 2×2 映射矩陣。然後，再詢問學生，當他們將矩陣相乘會得到什麼。得到的可能會是單位矩陣（identity）嗎？

內容

此活動為線性代數的應用，不過由於活動與幾何學相關，因此不但適用於線性代數或幾何學課程，也適用於基本矩陣運算。活動的主要結果，也就是這些摺痕所產生的映射，關於頂點的映射，若且唯若頂點可摺平，則頂點將為單位矩陣，事實上這個結果相當於川崎定理（探索平頂點摺疊的活動）。

講義

講義無須說明，學生自然可藉由講義的引導，完成摺疊矩陣的活動，並讓他們挑戰，將矩陣相乘會發生什麼。

時間規劃

取決於學生製作映射矩陣的熟練程度。因此活動時間可能很快，只需 15 − 20 分鐘，或比較久，需要 30 − 40 分鐘。

講義

矩陣與扁平摺紙

想法：當我們將一張紙摺平時，實際上是將半張紙映射到另一半的紙上。我們可據此利用矩陣，進行摺紙建模。

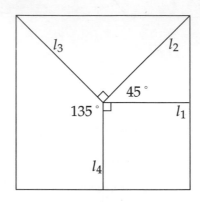

活動：上圖為一平頂點摺疊的摺痕。設頂點位於 xy 平面的原點。

問題 1：找到平面上映射摺痕 l_1 的 2×2 矩陣 $R(l_1)$。其他摺痕線亦進行相同處理。

問題 2：將這些矩陣相乘在一起會發生什麼事？試說明之。

解答與教學法

此活動是關於扁平摺紙，包括所有最後摺好的紙模型，都可以在書中壓平，不會弄皺或增加新的摺痕。前面的活動「探索平頂點摺疊」、「不可能的摺痕圖案」、「方轉摺疊」對於此主題皆提供了良好的介紹。但學生進行此活動之前，並不需要知道前述的活動，只是教師可能會發現，詳讀前述活動非常有用。

在學生開始製作矩陣之前，可以先發給他們一些小的正方形紙，去摺疊講義所示的頂點，而且每條摺痕線都應該獨立摺疊。l_1 和 l_4 是將紙沿邊摺半，但不可從頭到尾通過整張紙（在中心停止）。l_2 和 l_3 則是利用正方形對角線摺疊而成（還是要在中心停止）。摺好摺痕之後，再一起同時摺疊所有摺痕（例如，l_1 為山摺，l_2-l_4 為谷摺）以完成平頂點摺疊。手中有一個模型可參考，學生可獲知扁平摺疊的想法，並有助於記得他們所需製作的映射矩陣圖案。

幾何或線性代數課程的學生，學過各種平面的等距映射矩陣，對於活動的第一部分應該沒有什麼問題。但有時學生不太容易處理直線 $y=x$ 或 $y=-x$ 的映射，對於這種情形，可提供學生一些建議，協助他們的思考。例如 $y=x$ 的映射，即 l_2 的映射，應從點（1，0）到（0，1），點（0，-1）到（-1，0）。所以未知的 2×2 變換矩陣（以 a、b、c、d 表示）應滿足：

$$\begin{pmatrix} a & b \\ c & d \end{pmatrix} \begin{pmatrix} 1 \\ 0 \end{pmatrix} = \begin{pmatrix} 0 \\ 1 \end{pmatrix} \ \text{及} \ \begin{pmatrix} a & b \\ c & d \end{pmatrix} \begin{pmatrix} 0 \\ -1 \end{pmatrix} = \begin{pmatrix} -1 \\ 0 \end{pmatrix}.$$

讓學生仔細看這些式子，可以找出變量。或是可以相乘，得到四個未知數的式子，然後求解。

無論何種情況，若 $R(l_i)$ 為摺痕 l_i 的映射矩陣，則問題 1 的答案為：

$$R(l_1) = \begin{pmatrix} 1 & 0 \\ 0 & -1 \end{pmatrix},$$
$$R(l_2) = \begin{pmatrix} 0 & 1 \\ 1 & 0 \end{pmatrix},$$
$$R(l_3) = \begin{pmatrix} 0 & -1 \\ -1 & 0 \end{pmatrix},$$
$$R(l_4) = \begin{pmatrix} -1 & 0 \\ 0 & 1 \end{pmatrix}.$$

關於問題 2，將這些矩陣相乘，我們可得

$$R(l_4)R(l_3)R(l_2)R(l_1) = I.$$

我們也可以將矩陣的順序顛倒，但乘法順序則應與摺疊摺痕線的順序一致，繞頂點順時鐘或逆時鐘方向皆可。

我們能得到單位矩陣，一部分原因其實很簡單：將這些矩陣依序相乘，實際上等於是一個繞著扁平摺疊模型的頂點，在模擬它的方向。由於我們沿著同樣的方向，會回到出發的地方，因此這些矩陣相乘的結果，就必然是單位矩陣。

然而，雖然證明是朝著正確的方向，稍加仔細思考便能解答，不過說明卻有嚴重缺陷。因此，我們要為問題 2 的答案提供更多證明。

證明 1：將運動路徑公式化。 若我們設摺痕線 l_1 和 l_4（右下象限）為固定，然後依照摺痕線將其餘部分摺好。然後將紙展開，從這個固定的區域出發，繞著頂點沿逆時針方向的路徑運動（不過要記得，實際上我們是走在摺好的紙上）。

首先我們會通過摺痕 l_1，形成的映射是 $R(l_1)$，不錯，然後繼續走下去，最後會遇到摺痕 l_2，除非 l_2 已經不在原先展開紙上的位置。因此由第二條摺痕所形成的映射矩陣，就**不會**是 $R(l_2)$！而是摺疊完成之後 l_2 **圖像**的映射，我們將之稱為矩陣 L_2。接著我們繼續走，將摺疊完成的 l_3 和 l_4 圖像映射，稱為矩陣 L_3、矩陣 L_4。既然最後我們會回到原先開始的區域，故應得到

$$L_4 L_3 L_2 L_1 = I$$

寫成 $L_1 = R(l_1)$ 比較好看。如果學生嘗試的是這種直接沿著路徑移動的方式，這就是學生可能求得的，但這並不是 $R(l_i)$) 矩陣相乘的結果。

不過這樣做是一個很好的方向，可以計算 l_2 矩陣。一種這種映射過程的建模操作方法，是首先要**展開** l_1 摺痕，寫成 $R(l_2)$，然後重摺 l_1。因此得到

$$L_2 = L_1 R(l_2) L_1^{-1} = R(l_1) R(l_2) R(l_1)^{-1}.$$

同樣的，L_3 可藉由展開 l_2（於摺疊位置）而建模。展開 l_1，然後寫成 $R(l_3)$，再重新摺疊 l_1 和 l_2（於摺疊位置）。因此，

$$
\begin{aligned}
L_3 &= L_2 L_1 R(l_3) L_1^{-1} L_2^{-1} \\
&= (R(l_1)R(l_2)R(l_1)^{-1})(R(l_1))R(l_3)(R(l_1)^{-1})(R(l_1)R(l_2)^{-1}R(l_1)^{-1}) \\
&= R(l_1)R(l_2)R(l_3)R(l_2)^{-1}R(l_1)^{-1}.
\end{aligned}
$$

同樣的，

$$L_4 = L_3 L_2 L_1 R(l_4) L_1^{-1} L_2^{-1} L_3^{-1}$$
$$= R(l_1)R(l_2)R(l_3)R(l_4)R(l_3)^{-1}R(l_2)^{-1}R(l_1)^{-1}.$$

然後注意

$$I = L_4 L_3 L_2 L_1$$
$$= (R(l_1)R(l_2)R(l_3)R(l_4)R(l_3)^{-1}R(l_2)^{-1}R(l_1)^{-1})$$
$$\cdot (R(l_1)R(l_2)R(l_3)R(l_2)^{-1}R(l_1)^{-1})$$
$$\cdot (R(l_1)R(l_2)R(l_1)^{-1}) \cdot (R(l_1))$$
$$= R(l_1)R(l_2)R(l_3)R(l_4).$$

以上我們可看見，如何將此一般化為任何度的平頂點摺疊。但是，當進入符號矩陣的操作，心臟必須夠強！因此關於此部分的詳細論證，對學生來說並不容易產生，也不容易跟隨，但卻是一個很好的線性代數和幾何變換練習。

然而我們要注意的是，此證明突顯了 $R(l_i)$ 的乘積是單位矩陣，真令人驚訝。記住，這些矩陣都是**摺痕線在初始位置**的映射！關於移動路徑的證明，有助於養成良好的邏輯思維，但卻不適用於 $\prod R(l_i)$。

證明 2：一個變形。有一種證明方法，可使運動路徑的證明變形，使證明更為簡單。設 F 為摺痕線 l_1 和 l_4 之間的區域。想像把紙從正方形的邊（即點 $(1, -1)$）一直撕到起點，將區域分成兩半。這樣使得 F 被分成兩個小區域：與 l_1 相鄰的 F'，以及與 l_4 相鄰的 F''。現在於 F'' 區域，依序通過 $R(l_1)$ 進行 $R(l_4)$ 的映射。每個映射都是模擬紙張沿摺痕的摺疊，而且由於頂點最後會摺平，因此 F' 和 F'' 一定會沿著撕開的邊並列在一起。即

$$R(l_1)R(l_2)R(l_3)R(l_4)[F''] = I.$$

此式證明的只是這個矩陣乘積是區域 F'' 的單位矩陣。然而，學過線性代數的學生卻可能會知道，在這個例子中，矩陣乘積也會是平面上所有點的單位矩陣，而不只是 F 上的點。原因在於 F'' 是 xy 平面的一個有正面積的區域，因此在 F'' 存在有兩個線性獨立的向量（固定於原點），稱為 v_1 和 v_2。此外，為方便起見，我們可以用矩陣 T 代表 $R(l_1)\,R(l_2)\,R(l_3)\,R(l_4)$，故得到

$$T(v_1) = v_1 \ \ \text{及} \ \ T(v_2) = v_2.$$

設 v 為平面上的任一其他向量，則 $v = av_1 + bv_2$，其中 $a, b \in \mathbb{R}$ 為純量。由於 T 為線性變換，故可知

$$T(v) = T(av_1 + bv_2) = aT(v_1) + bT(v_2) = av_1 + bv_2 = v.$$

因此 T 為單位矩陣。

請注意，這裡最後的證明部分並不是真的必要。T 是等距映射，因此它可被三個不共線點的作用所唯一決定。由於 T 的起點和端點 v_1 和 v_2（固定於原點）都已經固定，可知 T 必為單位矩陣。

對於線性代數課的學生來說，實際看見以上直接證明 T 是線性變換，這是非常寶貴的經驗。它提供了線性變換定義的具體運用，而這對學生原本都是很抽象的。

還有值得注意的是，在下一個活動中，要認識非平面的 3D 摺疊，到那時要利用 T 為線性變換來證明 T 為單位矩陣是行不通的。（這是因為等距映射的三點決定理論，在 $\mathbb{R}^3$ 中不成立，但我們將這個討論留待活動 27。）

證明 3：利用川崎定理！如果學生因複雜的線性代數而退縮，可以使用川崎定理的這個版本嚴格證明任何平頂點摺疊。這個方法曾出現在「探索平頂點摺疊」活動中，上過的學生就會知道。若 $\alpha_1, \alpha_2, ..., \alpha$ 依序為一頂點的摺痕線之間的角度，若且唯若 $\alpha_1 + \alpha_3 + \cdots + \alpha_{2n-1} = 180°$，且 $\alpha_2 + \alpha_4 + \cdots \alpha_{2n} = 180°$（或，$\alpha_1 - \alpha_2 + \alpha_3 - \alpha_4 + \cdots \alpha_{2n} = 0$），則此頂點可摺平。

想法是運用兩個映射的乘積為旋轉，旋轉是兩條映射線之間角度的兩倍。因此，當進行 $R(l_2) R(l_1)$，α_1 為摺痕 l_1 和 l_2 之間的角度，此時我們得到一個旋轉為 $2\alpha_1$。接著，$R(l_4)R(l_3)$ 得到的旋轉為 $2\alpha_3$。以此類推，得到映射矩陣的乘積是平面的旋轉，角度為

$$2\alpha_1 + 2\alpha_3 + \cdots + 2\alpha_{2n-1}.$$

根據川崎定理，此式等於 360°，因此映射的乘積即為單位矩陣。

反過來也可以證明：若頂點摺疊的映射矩陣，乘積為單位矩陣，則其摺痕線可以摺平（設為川崎的相反方向）。

在扁平摺紙理論中，這個模型很有用。我們可將此練習的基本結果進行擴展，適用於一般的多頂點摺痕圖案，如下：令 γ 為一扁平摺紙模型摺痕圖案上面，不碰到頂點的任意封閉曲線，設 $R(\gamma)$ 為依序與 γ 相交摺痕線的映射乘積。則 $R(\gamma) = I$（詳見[bel02]）。此為一般平面摺紙圖案的必要條件，但並非充分條件。範例請見「不可能的摺痕圖案活動」。

　　此外，這個模型告訴我們很多關於紙張摺平的事。若有一扁平摺紙的摺痕圖案，設一面為 F，並設定我們在摺紙時，F 面將保持固定，則可定義**摺紙圖**為映射 $R(\gamma)$ 的摺痕圖案中，另一面 F' 的圖，其中 γ 為由 F 到 F' 且避開頂點的一條路徑**路徑**。可證明此映射的定義合理，並可告訴我們當紙摺平的時候，每個區域會往哪裡走。進一步詳細資料，請參閱[bel02]和[Jus97]。

3D 頂點摺疊的矩陣模型

MATRIX MODEL OF 3D VERTEX FOLDS

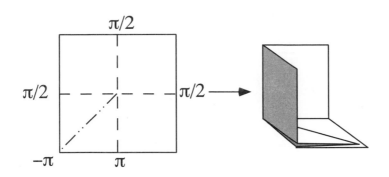

相關課程：幾何、線性代數、建模。

摘要

本活動實為平頂點摺疊矩陣模型活動的後續進階，兩者都具有相同概念：在某種意義上，圍繞 3D 頂點摺疊的旋轉矩陣乘積，會成為單位矩陣。但到了三維空間，旋轉矩陣變得更具挑戰性，摺痕圖案矩陣乘積的證明也變得更加複雜，但以正確的順序，仍可得到單位矩陣。（這回不能依賴川崎定理！）

內容

這是 3D 幾何中一個非常具有挑戰性的線性代數應用，需要 $\mathbb{R}^3$ 中立體的旋轉指令，以及強力的 3D 立體視覺化技能。對於學習計算機圖學所運用的線性代數類型有興趣的學生，這會是一個特別好的挑戰。

此活動結合「剛性摺疊 2（Rigid Folds 2）」活動，提供所有在 Mathematica 軟體中製作平頂點摺疊前後所需的知識。

講義

講義要求學生摺一個簡單的三維頂點摺疊，並計算每條摺痕線的 3×3 旋轉矩陣。然後要求學生進行相乘，看看會發生什麼。

教師可決定是否要將講義第二頁提供給學生，因此頁為前頁問題 2 的結論。問題 3 要求解釋為何五個矩陣的乘積會變成單位矩陣。問題 4 要求進行一般化證明（這個挑戰不小）。

時間規劃

　　此活動的矩陣計算，就視覺上來說需要動動腦筋，因此學生全程會需要 40-50 分鐘進行乘法手動計算。如果可利用電腦代數系統，時間就可少很多。

講義

矩陣與 3D 摺紙

取一張正方形紙，製作下方摺痕，摺成一個**立方體 3D 角**。

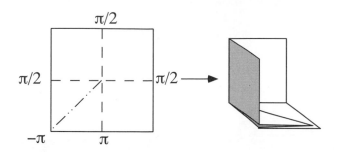

每條摺痕的角都稱為**摺疊角**，為了製作模型，這是每條摺痕線所需摺疊的量。

問題 1：令 χ_i 為 3D 的 3×3 旋轉矩陣，繞著摺痕線 l_i 旋轉 $\mathbb{R}^3$，旋轉角度即為摺疊角的角度。請找出上方 3D 立方體的 5 個 3×3 矩陣 $\chi_1, \cdots, \chi_5$。（設頂點為原點，紙位於 xy 平面。）

問題 2：將這些矩陣相乘，會發生什麼？

問題 3：在上一個問題中，你應該已得出單元矩陣 $\chi_1\chi_2\chi_3\chi_4\chi_5 = I$。為什麼會這樣？
請注意你的答案。記住，χ_i 矩陣是在**展開**紙上循著摺痕線旋轉的。

問題 4：證明，一般來說，如果我們有一個 3D 單頂點摺疊矩陣 $\chi_1, \chi_2, \cdots, \chi_n$，則這些矩陣依序的乘積，即為單位矩陣。提示：想一想，一隻蟲子在摺好的紙上繞著一頂點爬行。當蟲子穿過摺痕線時，會形成什麼樣的旋轉？

解答與教學法

此活動為「平面頂點摺疊的矩陣模型」活動的延伸，若已完成前次活動，才能繼續進行此活動，研究 $\mathbb{R}^3$ 的旋轉矩陣。此活動的主題為三維摺紙，說得更具體地，是**立體角頂點摺疊**（**solid angle vertex folds**）。這是一種特定類型的三維摺紙，其中每個頂點都在空間中形成立體角。換句話說，紙上摺痕之間的區域都不會彎曲或扭轉——摺好的模型會保持剛性。

如同扁平摺疊需要映射矩陣才能成功建模，立體角頂點摺疊則需要 $\mathbb{R}^3$ 中的旋轉矩陣。這些旋轉矩陣 χ_i 是由摺痕線來決定，摺痕線可作為旋轉軸，並形成**摺疊角 θ_i**。摺疊角代表紙從展開、扁平的位置，所進行的位移，換句話說，摺角 $\theta_i = \pi$ 減去在紙平面在摺痕線所形成的二面角（dihedral angle）。

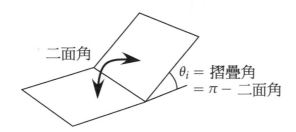

學生需要熟悉 $\mathbb{R}^3$ 的標準旋轉矩陣：

$$R_{yz}(\theta) = \begin{pmatrix} 1 & 0 & 0 \\ 0 & \cos\theta & -\sin\theta \\ 0 & \sin\theta & \cos\theta \end{pmatrix}, \ R_{xz}(\theta) = \begin{pmatrix} \cos\theta & 0 & -\sin\theta \\ 0 & 1 & 0 \\ \sin\theta & 0 & \cos\theta \end{pmatrix},$$

$$R_{xy}(\theta) = \begin{pmatrix} \cos\theta & -\sin\theta & 0 \\ \sin\theta & \cos\theta & 0 \\ 0 & 0 & 1 \end{pmatrix}.$$

在此 $R_{ij}(\theta)$ 表示使 ij 平面逆時針旋轉角度 θ。從正 X 軸開始沿逆時針方向將摺痕線標記 l_1，$\cdots$，l_5。我們可在上面的矩陣中插入適當的摺疊角 θ，以計算大部分的 χ_i 矩陣。但是要小心，因為上述旋轉矩陣是以假設的方向旋轉，即正軸在右與上方。對於 l_1 無妨；可得 $\chi_1 = R_{yz}(\pi/2)$。但如果認為 $\chi_2 = R_{xz}(\pi/2)$ 那就錯了，因為摺痕線 l_2 是以錯誤的方向與 xz 平面相交，正 x 軸和正 z 軸右軸在左上象限。要用 $R_{xz}(\theta)$ 矩陣，需要從 xz 平面的**另一側**來觀察此旋轉，意思是說，旋轉實際上是順時針方向，故 $\theta = -\pi/2$。也就是說，

$$\chi_2 = R_{xz}(-\pi/2) = \begin{pmatrix} 0 & 0 & 1 \\ 0 & 1 & 0 \\ -1 & 0 & 0 \end{pmatrix}.$$

其他位於主軸上的摺痕線矩陣 χ_i 為：

$$\chi_1 = \begin{pmatrix} 1 & 0 & 0 \\ 0 & 0 & -1 \\ 0 & 1 & 0 \end{pmatrix}, \chi_3 = \begin{pmatrix} 1 & 0 & 0 \\ 0 & 0 & 1 \\ 0 & -1 & 0 \end{pmatrix}, \chi_5 = \begin{pmatrix} -1 & 0 & 0 \\ 0 & 1 & 0 \\ 0 & 0 & -1 \end{pmatrix}.$$

而摺痕線 l_4 並不位於任何軸線上，因此 χ_4 的計算不同。一個簡單解法是利用其他旋轉矩陣組合而成；首先將摺痕線 l_4 旋轉到負 x 軸（稱為矩陣 A），然後繞 x 軸旋轉 l_4 摺疊角的負值（稱為矩陣 B），最後旋轉回到原位（稱為 A^{-1}），因此得到 $\chi_4 = A^{-1}BA$。矩陣 A 則需要繞 z 軸旋轉 $-\pi/4$，故得到：

$$\chi_4 = \begin{pmatrix} \frac{\sqrt{2}}{2} & -\frac{\sqrt{2}}{2} & 0 \\ \frac{\sqrt{2}}{2} & \frac{\sqrt{2}}{2} & 0 \\ 0 & 0 & 1 \end{pmatrix} \begin{pmatrix} 1 & 0 & 0 \\ 0 & -1 & 0 \\ 0 & 0 & -1 \end{pmatrix} \begin{pmatrix} \frac{\sqrt{2}}{2} & \frac{\sqrt{2}}{2} & 0 \\ -\frac{\sqrt{2}}{2} & \frac{\sqrt{2}}{2} & 0 \\ 0 & 0 & 1 \end{pmatrix}$$
$$= \begin{pmatrix} 0 & 1 & 0 \\ 1 & 0 & 0 \\ 0 & 0 & -1 \end{pmatrix}.$$

學生需驗算所求得的矩陣是否正確，驗算方法如下：將矩陣乘以某些向量，以確保正確旋轉。例如，以向量（0, 1, 0）乘以 χ_1，應回到（0, 0, 1），因為這等於是將 yz 平面旋轉 90 度。而以（-1, 0, 0）乘以 χ_4，應回到（0, -1, 0）。

將 χ_i 矩陣一起相乘，得到

$$\chi_1\chi_2\chi_3\chi_4\chi_5 = I,$$

就算相乘時順序顛倒，依然可得到單位矩陣。重點是要注意，無論是順時針或逆時針方向，繞著頂點移動時，都要依序相乘。

作 5 個 3×3 矩陣相乘，繁瑣又乏味，若有一種矩陣乘法的計算套件，就可讓學生利用。大致而言，使用 MATLAB、Maple、Mathematica 等數學計算軟體組合，可使學生能夠更迅速而準確地探索矩陣的作用。能夠「看見」矩陣的運作，對學生來說是一個很棒的學習體驗。

為什麼會這樣？

直覺上，你和學生對於 χ_i 矩陣相乘會得到單位矩陣，可能不會覺得很驚訝，畢竟，在平頂點摺疊活動中已經看過了。

但是想想這裡發生的事。我們相乘的矩陣，是繞著 xy 平面上的線旋轉。摺紙的確必須回到「開始」的地方，才不會撕破，但結果變成繞著在 $\mathbb{R}^3$ 中的線旋轉，而不是 xy 平面。為何 xy 平面旋轉的相乘，會得到單位矩陣？

在此活動中我們所看見的是，使單一頂點摺成三維的形狀，卻仍然保持紙張所有摺痕線的區域的扁平和剛性所必要的條件。這個必要條件不是此類型中唯一可以用來建模的摺紙，而是最容易進行電腦計算的，因為它只需要 xy 平面的旋轉，而不需要追蹤紙張如何在 $\mathbb{R}^3$ 中移動。但想要知道為何為真，則需要證明（截取自[bel02]）。

定理：使 v 為一立體角頂點摺疊，在摺痕線之間具有區域的扁平性。令 $\chi_1, \cdots, \chi_n$ 為旋轉矩陣，來自依序繞著頂點 v 的所有摺痕線，摺痕線各有其摺疊角。則 $\prod_{i=1}^{n} \chi_i = I$。

證明：利用經典的「蟲子走路」來幫助證明。（這個證明與前面扁平矩陣模型使用的方式相同，只是在概念上比較複雜。）想一想，展開的紙位於 xy 平面，頂點 v 位於原點。將摺痕 l_1 與 l_n 之間的區域標記為 F_1，沿逆時針方向旋轉繞頂點走，將其他區域依序同樣標記為 F_2、F_3 $\cdots$、F_n。使 F_1 固定在 xy 平面上，然後沿摺疊圖案將其他區域摺成三維形狀。

現在想像有一隻蟲子站在摺疊模型的 F_1 上，令蟲子沿逆時針方向繞著頂點爬行（想像把紙展開觀察的樣子）。當蟲子穿越摺痕 l_1，會在空中旋轉；設 L_1 代表此旋轉的矩陣。則這隻蟲子會變成在 F_2 區域爬行，不再位於 xy 平面上。然後蟲子會穿過摺痕 l_2；設 L_2 代表繞著摺痕線旋轉的矩陣。以此類推，定義旋轉矩陣 L_3、L_3、$\cdots$、L_n。最後，蟲子會回到 F_1 面，與開始時的方向相同。這代表

$$L_n L_{n-1} \cdots L_2 L_1 = I.$$

這是我們所想要證明的矩陣乘積，但大多數人心裡真正認為它其實「很明顯」。

現在，L_i 矩陣是什麼？由於 F_1 固定在 xy 平面上，故 $L_1 = \chi_1$。L_2 則比較複雜。一種得到 L_2 的方法是，要先展開 l_1，然後用矩陣 χ_2 作 l_2 摺痕，最後重新摺疊 l_1。這三個旋轉的乘積，會得到蟲子在 $\mathbb{R}^3$ 的三維空間中繞著摺痕 l_2 旋轉。也就是說，

$$L_2 = L_1 \chi_2 L_1^{-1}.$$

以同樣的方法，可得 $L_3 = L_2 L_1 \chi_3 L_1^{-1} L_2^{-1}$，方法是在摺疊模型上展開 l_2，然後模擬蟲子爬過 l_3，再展開 l_1，然後作 χ_3，再重新摺疊 l_1 和 l_2。

進行一般化，$L_i =$（重作前面摺過的 Ls）χ_i（反向展開前面摺過的 Ls）。即，

$$L_i = (L_{i-1} \cdots L_1)\chi_i(L_1^{-1} \cdots L_{i-1}^{-1}).$$

現在，經由遞迴定義，這些 L_i 矩陣已化簡，可得：

$$L_1 = \chi_1$$
$$L_2 = \chi_1\chi_2\chi_1^{-1}$$
$$L_3 = (\chi_1\chi_2\chi_1^{-1})(\chi_1)\chi_3(\chi_1^{-1})(\chi_1\chi_2^{-1}\chi_1^{-1}) = \chi_1\chi_2\chi_3\chi_2^{-1}\chi_1^{-1}$$
$$\vdots$$
$$L_i = \chi_1 \cdots \chi_{i-1}\chi_i\chi_{i-1}^{-1} \cdots \chi_1^{-1}.$$

插入我們所得到的單位矩陣，可得：

$$I = L_nL_{n-1} \cdots L_2L_1$$
$$= (\chi_1 \cdots \chi_{n-1}\chi_n\chi_{n-1}^{-1} \cdots \chi_1^{-1})(\chi_1 \cdots \chi_{n-2}\chi_{n-1}\chi_{n-2}^{-1} \cdots \chi_1^{-1}) \cdots (\chi_1\chi_2\chi_1^{-1})(\chi_1)$$
$$= \chi_1\chi_2 \cdots \chi_n.$$

成功！□

另一種證明：我們可用另一種方式來證明，類似平頂點摺疊活動中的「將紙的一個區域撕成一半」，不過需要多注意幾個細節。

每個旋轉矩陣 χ_i 皆由兩件事情來決定：xy 平面上摺痕線的位置，以及摺疊角 θ_i。設 F_1 為紙上摺痕線 l_1 和 l_n 之間的區域，想像我們沿著正方形紙的邊線到原點的位置撕開，將 F_1 分成兩半，然後設 F_1' 為靠近 l_1 那邊的區域，F_1'' 則為靠近 l_n 的區域。然後我們作旋轉 χ_n 到 F_1''，移動離開 xy 平面。接著，再作此變換區的 χ_{n-1}，以此類推，以模擬沿著 l_n、$l_{n-1}\cdots$、l_1 摺痕摺紙的方式，會使撕開的 F_1'' 區域發生什麼事。由於這是一個有效的立體角摺疊，所以經過所有旋轉，F_1'' 的圖象應該會與 F_1 貼合，故得

$$\chi_1\chi_2 \cdots \chi_n(F_1'') = I.$$

現在我們要用的策略與 Activity 26 相同，方法有二，一是使用等距同構（isometries）的三點決定定理，二是利用此矩陣乘積是一種線性變換的事實，來證明它在整個 $\mathbb{R}^3$ 是單位矩陣。但邏輯並不會隨即成立。其一，三點決定定理只適用於平面上的等距同構（在 $\mathbb{R}^3$ 中，我們需要四個點才能決定等距同構）。而且道理類似地，由於 F'' 是平面區域，因此只給我們兩個線性獨立向量，讓我們知道變換 $T = \chi_1\chi_2\cdots\chi_n$ 是單位矩陣，但我們需要三個點才能將之擴展到所有的 $\mathbb{R}^3$。

　　然而，這也的確告訴我們，T是xy**平面上所有點**的單位矩陣。如果設v為$\mathbb{R}^3$中的xy平面上任意一點，則可寫成$v = av_1 + bv_2$，其中v_1和v_2為xy平面中F''區域的兩個線性獨立向量。則根據活動 26 所做的相同證明，顯示$T(v) = v$。

　　到這裡，我們只需要另一個論證，說明T也是不在xy平面上的點v的單位矩陣。由於T是旋轉的乘積，我們知道T是等距同構，故T亦為使xy平面固定的等距同構。而唯一使xy平面固定的 $\mathbb{R}^3$ 等距同構，就是單位矩陣以及xy平面的映射。

　　然而，由於每一個矩陣 χ_i 都是旋轉，因此行列式等於 1（事實上，這些是正交矩陣）。一堆行列式為 1 的矩陣乘積，也是行列式 1，故 $\det(T) = 1$。反射矩陣則為行列式 -1，所以T不為反射矩陣。因此T必為單位矩陣。　　　　　　　　　　　　　　　　□

教學法

　　雖然這部分的基本邏輯很相似，但二維的扁平摺疊（如前面的活動中所見）比較簡單。在平面上想像映射的視覺化圖像，比三維空間的旋轉要容易得多。在二維情況下我們仍有川崎定理來助攻，然而三維的頂點摺疊，則缺乏簡單的類比方式。

　　仔細作完此活動的每一部分細節，其實並不容易，因為陷阱太多。例如，學生不太會記得要確認所用的 R_{ij} 矩陣是在正確的方向上（正軸須位於左上象限）。若是能夠運用電腦科技，學生可以輕鬆檢查成果，那麼去期望學生能夠達成所有細節，我才會覺得這是完全合理的。事實上，本活動講義第一頁很容易測試學生是否真的理解三維旋轉相關的所有事情。如果電腦科技無法取得，則學生需要驗算每個矩陣，手動計算每個乘積，確實會變得枯燥乏味，但無論用與不用，教育價值都是一樣的。

　　雖然一般化的證明極具技術性，但終究不過是利用幾何視覺化，仔細注意矩陣乘法的順序，還有用反矩陣消去法，這些線性代數學生或有學過矩陣的幾何學生應該都會作。教師可在課堂上引導證明的大致輪廓，然後設定為家庭作業，讓學生回家再全部寫出來，或作為學生的數學科展計畫主題。此證明的細節最好是讓學生自己努力掙扎寫出來，如果教師只是在課堂解說這個證明，學生很可能就會忽略細節而導致缺乏理解，沒有什麼進步。

　　另一種證明則很有趣，是展現幾何威力的一個例子。如果學生看過類似的二維證明（只是比較簡單），會特別想要用同樣的方法來證明 3D 摺疊，這樣做會學到很多關於二維和三維之間，等距同構的差異和微妙之處。

　　此活動也開啟了一道大門，可以運用諸如Maple或Mathematica的電腦軟體來製作三維摺疊，真是令人興奮。

　　然而，雖然這裡呈現的 χ_i 矩陣可在電腦軟體中用於模擬摺疊立體角，但對於模擬紙張的開合等，卻沒有足夠的資料。接下來我們將在活動 30「剛性摺疊 2」中，進一步介紹在一些案例中該怎麼做。

活動 28
摺紙與同態
ORIGAMI AND HOMOMORPHISMS

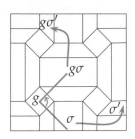

相關課程：抽象代數。

摘要

此活動要嘗試證明以下的假設：摺紙模型的對稱性，應可由其摺痕圖案的對稱性來決定。學生將利用此摺紙模型的同態（homomorphism）摺痕圖案來加以證明。

內容

這是一個較為進階的數學活動。對於代數課程中學過同態的學生，以及學過或摺過某些摺紙模型的學生，此活動提供了同態的實際操作應用，以具體研究物體的對稱性。

講義

此活動包括下列幾份講義。

(1) 方轉鑲嵌（square twist tessellation）摺疊的說明步驟。教師可選用此講義，讓學生接觸鑲嵌摺紙，這是一種有很多對稱性的摺紙模型。

(2) 讓學生認識數學符號，並讓學生證明映射 φ_σ（map φ_σ）為同態。

(3) 讓學生探討同態摺紙的例子。

時間規劃

此活動的範圍相當廣泛。所需時間主要取決於學生的摺紙經驗，以及對於同態和對稱的熟悉程度。完整的探討可能需要數堂課，但對於進階的班級也可能只需一堂課。

講義

方轉鑲嵌的摺疊

　　以下步驟說明如何用一張正方形紙，摺出經典的方轉格紋。首先來看的是怎樣摺一個 4×4 的棋盤鑲嵌格，開始要先摺許多準備的摺痕！

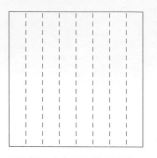 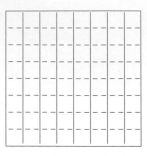 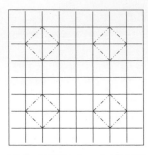

| (1)將正方形紙沿同一方向進行谷摺，將紙摺成八等分。 | (2)然後沿另一方向同樣進行八等分的谷摺。 | (3)如圖所示，仔細摺好 4 個鑽石形的**山摺**。 |

(4)現在我們已準備好，進行 4 個方轉摺疊所需的摺痕。如右圖所示，粗線是山摺，虛線是谷摺。相鄰的方轉，旋轉方向相反。堅持到底吧！

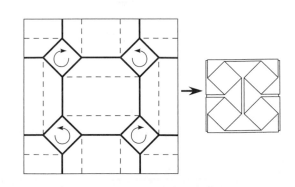

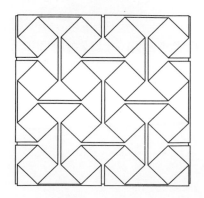

成功摺好一個 4×4 方轉鑲嵌之後，接下來請繼續挑戰摺一個 8×8 鑲嵌！建議用一張較大的正方形紙，這次需要將紙進行十六等分。

講義

同態的扁平摺疊

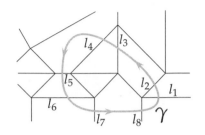

　　假設有一個可摺平的摺疊圖案。設 γ 為摺疊圖案上一封閉曲線，沒有碰到任何頂點，依序穿過 $l_1, \cdots, 1_n$。設 $R(l_i)=$ 線 l_i 映射於平面的變換。由於紙上每一摺皆為摺痕線部分的映射，且摺紙過程中只不可撕破。故

$$R(l_1)R(l_2)R(l_3) \cdots R(l_{2n}) = I,$$

I 代表單位矩陣變換。

　　現在使 σ 和 σ' 為摺痕圖案 C 中的任意兩面。變換定義如下：

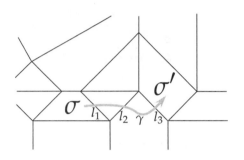

$$[\sigma, \sigma'] = R(l_1)R(l_2) \cdots R(l_k),$$

　　其中 $l_1, \cdots, 1_n$ 依序為摺痕，沒有碰到任何頂點的曲線 γ，從 σ 到 σ' 依序穿過摺線。

問題 1：為何 $[\sigma, \sigma']$ 變換，與曲線 γ 無關？試解釋之。

問題 2：為何摺痕圖案 C 中的所有面 σ、σ'、σ''，皆為 $[\sigma, \sigma'']=[\sigma, \sigma']\,[\sigma', \sigma'']$？試解釋之。

問題 3：對於所有面 $\sigma, \sigma' \in C$，以及摺痕圖案中任何的對稱 g，為何 $[g\sigma, g\sigma'] = g\,[\sigma, \sigma']\,g^{-1}$？試解釋之。（右下圖中的例子，$g$ 為其中一方轉的 $90°$ 旋轉。）

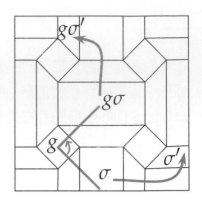

現在用 $\mathrm{Isom}(\mathbb{R}^2)$ 代表平面的等距同構（isometries）。設 C 為可扁平摺疊的摺疊圖案，$\Gamma \leq \mathrm{Isom}(\mathbb{R}^2)$ 為 C 的對稱群（symmetry group，也就是說，Γ 為使 C 保持不變的等距同構的子群。

對於一固定面 $\sigma \in C$，一映射（mapping）$\varphi_\sigma : \Gamma \to \mathrm{Isom}(\mathbb{R}^2)$ 可由此定義：

$$\varphi_\sigma(g) = [\sigma, g\sigma]g \ \text{ for all } g \in \Gamma.$$

問題 4：證明 φ_σ 為同態。（即證明對所有 $g, h \in \Gamma$，$\varphi_\sigma(gh) = \varphi_\sigma(g)\,\varphi_\sigma(h)$。）

問題 5：既然 φ_σ 是同態，我們可從映射集合 $\varphi_\sigma(\Gamma)$ 得到什麼簡單的結論？

對於 C 的一個固定面 σ，C **對 σ 的摺疊映射 $[\sigma]$**（**folding map $[\sigma]$ of C toward σ**）也可以由此定義：

$$[\sigma](x) = [\sigma, \sigma'](x) \ \text{for} \ x \in \sigma' \in C.$$

問題 6：證明對於任何對稱 $g \in \Gamma$，可得 $\varphi_\sigma(g)[\sigma] = [\sigma]g$。

（也就是說，你要證明這些乘積的變換是相等的，所以摺痕圖案中所有點 x 皆有 $\varphi_\sigma(g)[\sigma](x) = [\sigma]g(x)$。提示：任意點 $x \in C$ 必須位於摺痕圖案的一面，我們將此面稱為 σ'。）

問題 7：為什麼問題 6 意指，對於所有 $g \in \Gamma$，$\varphi_\sigma(g) = [\sigma] \, g \, [\sigma]^{-1}$？

問題 7 的意思是，在扁平摺紙模型中，任何 $\varphi_\sigma(g)$ 的動作都等於將它展開（$[\sigma]^{-1}$），再做一個等距同構使摺痕保持不變 (g)，然後重新摺疊（$[\sigma]$）。

問題 8：解釋為何如此證明了 $\varphi_\sigma(\Gamma)$ 是摺疊的對稱群？

講義 28-3

尋找摺紙的對稱群

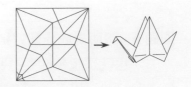

範例 1：經典紙鶴摺紙。

　　紙鶴摺疊圖案的對稱群 Γ 是什麼？見右下圖，請用座標軸輔助摺痕圖案。

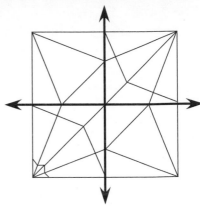

　　你應該會發現，這個摺痕圖案的對稱群 Γ 只有兩個元素，我們將這兩個元素分別稱為 a 和 b。對於摺痕圖案的一固定面 σ，我們要決定 $\varphi_\sigma(a)$ 和 $\varphi_\sigma(b)$。

結論：這代表 $\varphi_\sigma(\Gamma)$ 群是什麼？是否為摺疊紙鶴模型的對稱群？
　　（注意：這樣想，把紙鶴壓扁為平面 $\mathbb{R}^2$，而不是 3D 模型。）

範例 2：無頭紙鶴

找出此摺痕圖案的對稱群 Γ。

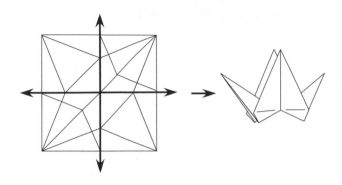

　　右圖中標有一個面 σ。對於每個元素 $g \in \Gamma$，計算 $\varphi_{\sigma}(g)$，從而確定 $\varphi_{\sigma}(\Gamma)$ 群。

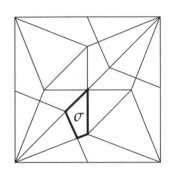

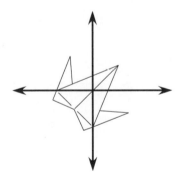

　　結論：$\varphi_{\sigma}(\Gamma)$ 群的計算，是否與無頭紙鶴的對稱群相稱？請注意，摺紙映射平面上，無頭紙鶴的真正方向，是由 σ 來決定。

範例 3：鑲嵌摺紙

設 C 為無限平面 $\mathbb{R}^2$ 上。一扁平摺紙的摺痕圖案，其對稱群 Γ 為壁紙群之一。

例如，方轉鑲嵌具有對稱群 $\Gamma = \text{p4g}$。

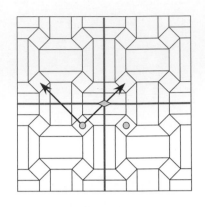

這是一個無限群，生成條件如下：

- 兩個 90°旋轉中心點（圓圈位置）
- 兩條映射線（灰色線）
- 兩條映射線交點有一 180°旋轉中心點（菱形位置）
- 兩個平移向量。

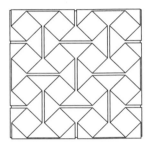

事實：

- 每個壁紙群，包含兩個線性獨立的平移。
- 壁紙群不具有限的正規子群。

問題：證明下列敘述。若 C 為一扁平摺紙的摺痕圖案，其對稱群 Γ 為一壁紙群，如果像集 $\varphi_\sigma(\Gamma)$ 也是一個壁紙群，則

$$\varphi_\sigma(\Gamma) \cong \Gamma.$$

也就是說，這個摺紙的對稱群，與摺痕圖案的對稱群兩者同構。

進階思考：你能想出一個摺紙模型的例子，其摺痕圖案為鑲嵌，但摺疊模型卻不是壁紙群？為何這與上述問題並不矛盾？

解答與教學法

這個活動的程度較高,所運用來學習摺紙的進階數學,主要來自於川崎和吉田[Kaw88]。進行此活動之前,學生須先練習一些基礎摺紙,這些練習目的是在於要讓學生沿著摺痕圖案將紙摺疊時,知道紙會有什麼變化。以最低程度來說,學生須先摺紙鶴(見活動20)。但比較好的準備,則要讓學生也練習摺經典方轉(見活動23),以及第一份講義中的方轉鑲嵌。

然而,此活動的真正挑戰並不在於摺紙,而是讓學生能夠熟悉抽象的代數符號,並能將這些代數符號與摺紙等實際的東西連結在一起。對於學習抽象代數的學生,這是一種即為重要的能力。故此活動為學生提供了認識「同態」等相關抽象名詞的機會,以及其他所有可能混淆的符號,藉由具體的摺紙展現出來。

當然,在進行此活動前,學生應該已知道同態的定義,以及物體對稱群的正確認識(使物體具有不變量的轉換群)。

講義 1:摺疊方轉鑲嵌

這份講義為選修,僅提供給具有摺疊高級對稱模型經驗的學生,摺紙鑲嵌模型的摺痕圖案,是一種常見的平面棋盤鑲嵌;也可以說,隨著紙張的大小,以及我們可以摺出多少摺痕,這些摺痕圖案就可以一種棋盤鑲嵌方式,無限擴展到整個平面。拿紙鶴圖案比較,會發現紙鶴的摺痕圖案雖然也可以用來鋪設一個無限的平面,卻沒辦法摺疊。

方轉鑲嵌是一種高技術性的摺疊。也就是說,前面預摺的摺痕必須十分精準,摺痕也要很清晰。由於步驟(3)有很小的對角線山摺,想要摺好,請拿起紙,確定摺痕線端點的兩個交點,對準以後先稍微壓出山摺,最後再用指甲用力把山摺壓出來。

想要把整面的鑲嵌摺疊摺好,可以先在紙上把摺痕實際繪製上去,這樣很有幫助,因為並非所有預摺的摺痕最後都會真的摺出來。所以教師可以讓學生把步驟(4)圖中所示的摺痕畫在紙上,這樣在進行方轉摺疊的時候,四個方轉就可以同時摺出來。建議必須要「堅持到底!」

如果教師想要要讓班級做講義 3 的範例 3,我強烈支持。學生至少需要實際看過一個鑲嵌摺紙的例子,才能明白為何一摺紙的摺痕圖案,其對稱群會是壁紙群之一。

　　說到這一點，任何想要的壁紙群，都可用摺紙的鑲嵌摺痕圖案作出來，但關於這部分的探索，則遠超出此活動範圍，有興趣的讀者可進一步參考 Eric Gjerde 的傑出著作[Gje09]，以及 Chris Palmer 的重要著作[Pal11]。為了犒賞讀者，下圖提供作者於 1994 年所設計複雜摺紙鑲嵌之一例，此圖的設計是基於（4, 6, 12）阿基米德鑲嵌，非常難以摺疊。

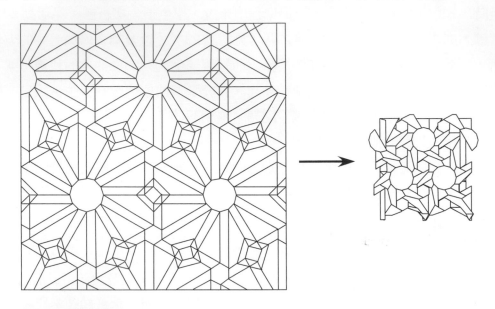

講義 2：同態的扁平摺疊

　　這份講義首先介紹符號 $R(l_i)$，這是一包含摺痕線段 l_i 平面的映射，也曾用於活動 26 中（平頂點摺疊的矩陣模型），用來探索並證明 $R(l_1)\cdots\cdots R(l_{2n}) = I$。實際上在學生練習的時候，很容易就能接受這個式子，因此講義 2 只是敘述而沒有加以證明。但時間足夠的班級，可考慮先進行活動 26。

　　在學生埋首進入此活動之前，必須先解釋取自[Kaw88]的符號[σ, σ']，這個符號很方便，可用來代表重要的代數變換。然而，重要的是學生要知道[σ, σ']是反射的乘積，因此是 $\mathbb{R}^2$ 映成（onto）$\mathbb{R}^2$ 的變換（事實上是等距同構，isometry）。

問題 1：[σ, σ']與我們所選擇的曲線 γ 是完全根據講義開始部分的 $R(l_1)\cdots\cdots R(l_{2n}) = I$。若 γ 為由 σ 至 σ' 不接觸頂點的曲線，且 γ' 為由 σ 至 σ' 不接觸頂點的另一條曲線。令 $l_1, \cdots\cdots, l_2$ 為 γ 所經過的摺痕線，而 $l'_1, \cdots\cdots, l'_2$ 則為 γ' 所經過的摺痕線。

使 γ^{-1} 代表沿著 γ，但方向相反的曲線。則組合曲線 $\gamma\gamma^{-1}$（先走 γ，然後再走 γ^{-1}）是畫在摺痕圖案上的一封閉而不接觸頂點的曲線。因此，我們得到

$$R(l'_1)\cdots R(l'_{2k})R(l_{2n})\cdots R(l_1) = I$$

$$\Rightarrow R(l'_1)\cdots R(l'_{2k}) = R(l_1)\cdots R(l_{2n})$$

故$[\sigma, \sigma']$相同，不管我們用不用 γ 或 γ'。

問題 2：基於問題 1，直接得到$[\sigma, \sigma''] = [\sigma, \sigma'] [\sigma', \sigma'']$。由於與我們選擇的曲線 γ 無關，所以首先可在摺痕圖案上的任一面 σ'，沿著一由 σ 至 σ' 的曲線，執行變換$[\sigma, \sigma'']$。然後便得到這個等式。

問題 3：在講義中此問題所示的圖，是為了幫助學生了解，對於所有 $\sigma, \sigma' \in C$ 與 $g \in \Gamma$，為何 $[g\sigma, g\sigma'] = g [\sigma, \sigma']g^{-1}$。換句話說，如果想要將摺痕從 $g\sigma$ 摺到 $g\sigma'$，其中 g 為使摺痕圖案為不變量的對稱，也可以用另一種方式，從 $g\sigma'$ 的一點開始，作 g^{-1} 以得到 σ'，然後映射 σ' 和 σ 之間的摺痕，接著再作 g，最後到達面 $g\sigma$。這種方法有效的原因是，因為 g 使得摺痕圖案為不變量，故 σ 和 σ' 之間的映射，會與 $g\sigma'$ 和 $g\sigma$ 之間的映射完全相同，只有變換裡面沒有 g。這樣簡單的解釋，已足夠回答這個問題。

如果我們更正式一點，設 $l_1, \cdots, l_k$ 為不接觸頂點的曲線 γ，由 σ 至 σ' 的摺痕。若設 gl_i 代表變換 $g \in \Gamma$ 下、摺痕 l_i 的圖像，由於 g 使摺痕圖案為不變量，則對於所有摺痕線 l_i，$R(gl_i) = gR(l_i)g^{-1}$。故，

$$[g\sigma, g\sigma'] = R(gl_1)R(gl_2)\cdots R(gl_k) = gR(l_1)g^{-1}gR(l_2)g^{-1}\cdots gR(l_k)g^{-1}$$

$$= gR(l_1)R(l_2)\cdots R(l_k)g^{-1} = g[\sigma, \sigma']g^{-1}.$$

問題 4：為證明 φ_σ 為同態，我們應用前面得到的結果，如下：

$$\varphi_\sigma(gh) = [\sigma, gh\sigma]gh = [\sigma, g\sigma][g\sigma, gh\sigma]gh$$

$$= [\sigma, g\sigma]g[\sigma, h\sigma]g^{-1}gh$$

$$= [\sigma, g\sigma]g[\sigma, h\sigma]h = \varphi_\sigma(g)\varphi_\sigma(h).$$

這個問題的價值在於，為了顯示 φ_σ 為同態，我們需要融合符號與抽象概念，並加以運用。使得符號與摺紙之間產生連結，是前述各問題的用途，讓我們可以發現$[\sigma, \sigma']$變換的基本性質。問題 4 需要學生暫時把說明放在一旁，把重點放在符號上面。不過，站在摺紙的角度，上述證明每一步都應該「具有意義」，但我們也不希望學生太過拘泥，如果學生理解並相信

問題 1 至 3 的答案，應該就會願意接受問題 4 中使用的符號。這種對符號的理解和相信，在問題 6 中特別重要。

問題 5：由於 φ_σ 為同態，我們立刻得到 $\varphi_\sigma(\Gamma)$ 是 $\mathrm{Isom}(\mathbb{R}^2)$ 子群的像（可參考任何抽象代數教科書，如[Gal01]）。

問題 6：摺疊圖[σ]的符號會需要一些解釋。（再說一次，我們是從川崎和吉田那裡借用這個符號[Kaw88]）。摺疊映射事實上是一個函數[σ]：$C \to \mathbb{R}^2$，只是摺痕圖案 C 的定義域寫得比較粗略，因為講義中所給的定義，僅適用於 C 面內部的點。摺痕線上的任何點或頂點，都需要另外作進一步的定義，但由於定義的細節太多，難以在這個活動中處理。（基本上是要將[σ]在摺線和頂點上的定義使得[σ]有連續性。）

但既然[σ]是函數，我們可寫成[σ](x)代表特定一點 x 位置的函數計算，[σ]就是這個函數，就像我們把 $f(x)$ 實數值函數(real valued function)寫成 f 或 $f(x)$ 一樣。

因此，當學生看見 $\varphi_\sigma(g)[\sigma]$，會覺得很困惑，就像看見[$\sigma$]$g$ 也一樣困惑。這個問題是一個很好的挑戰，有助於消化抽象符號。學生需要停下來想一想，$\varphi_\sigma(g)$ 只是一個平面的變換，[σ]也一樣，因此寫成 $\varphi_\sigma(g)[\sigma]$ 代表只是把這兩個變換組合在一起。[σ]g 也一樣。

無論是哪一種情況，為了證明 $\varphi_\sigma(g)[\sigma] = [\sigma]g$，我們要跟著（操弄）一點 $\varphi_\sigma(g)[\sigma](x)$，證明它等於[$\sigma$]$g(x)$。我們可以這樣做：

$$
\begin{aligned}
\varphi_\sigma(g)[\sigma](x) &= [\sigma, g\sigma]g[\sigma, \sigma'](x) && \text{因 } x \in \sigma' \\
&= [\sigma, g\sigma][g\sigma, g\sigma']g(x) && \text{因 } g[\sigma, \sigma'] = [g\sigma, g\sigma']g \text{ 來自問題 3} \\
&= [\sigma, g\sigma']g(x) && \text{來自問題 2} \\
&= [\sigma]g(x) && \text{因 } g(x) \in g\sigma'
\end{aligned}
$$

問題 7：只需要在問題 6 結果的左右兩邊同乘[σ]$^{-1}$。

問題 8：這個問題應該是這份講義中最難的問題，因為學生必須要綜合所有學過的東西。問題 8 前面的段落已經把很多部分連結在一起，但想要掌握重點，必須對同態 φ_σ 以及摺疊映射[σ]有扎實的理解。

摺疊映射$[\sigma](x)$的重要性，是因為它代表了摺疊所有的摺痕圖案。也就是說，點集合$[\sigma]$ (C)是紙張摺好的圖。所以$[\sigma]^{-1}$是紙張的展開圖。

令$h \in \varphi_\sigma(\Gamma)$。我們想要證明$h$為紙摺好以後的一個對稱。為此，我們有$h = \varphi_\sigma(g)$，其中$g \in \Gamma$為某一個摺痕圖的對稱。問題 7 告訴我們，$h = \varphi_\sigma(g) = [\sigma]g[\sigma]^{-1}$。

把這些寫成文字，變換h是首先將紙展開到原來的摺痕圖案（$[\sigma]^{-1}$），然後是使摺痕圖案為不變量的g，再重寫把紙摺好（$[\sigma]$）。換句話說，h只是展開紙，形成對稱，然後重新摺紙，使摺好的紙不變。也就是說，h為摺疊紙的一個對稱，而$\varphi_\sigma(\Gamma)$則為摺疊紙的對稱群。

更正式的證明是，對任何$g \in \Gamma$，映射$\varphi_\sigma(g)$對摺紙圖$[\sigma](C)$的作用為：

$$\varphi_\sigma(g)([\sigma](C)) = [\sigma]g[\sigma]^{-1}([\sigma](C)) = [\sigma]g(C) = [\sigma](C).$$

這裡我們可用$g(C) = C$代入，因為g使摺痕圖C不變。

講義 3：尋找摺紙的對稱群

講義 2 中的範例有助於我們理解。講義 3 提供了三個範例。第一個範例，紙鶴和無頭紙鶴一起摺是很好的例子，因為無頭紙鶴比有頭紙鶴的對稱性多一點，會反映在同態中。第三個範例介紹的是一鑲嵌摺紙，其對稱性為壁紙群。

為了計算範例 1 和 2 中真實的對稱群，為了描述變換的對稱性，必須要創造新的符號。例如研究二面群體（dihedral group）D_4的時候，會產生方形的對稱群，此時自然必須讓學生使用符號進行探討。接下來我們要用符號R_{180}來代表原點$180°$的旋轉，$R_{y=x}$代表線$y = x$的映射平面，$R_{y=-x}$代表線$y = -x$的映射平面。

範例 1：經典紙鶴。如講義所示，經典紙鶴的摺痕圖案位於xy平面中，只對線$y = x$有對稱性。故其對稱群為：

$$\Gamma = \{I, R_{y=x}\} \cong \mathbb{Z}_2,$$

其中I代表恆等變換（identity transformation）。

接下來，我們需要知道Γ的每個元素在φ_σ的象是什麼，因此立刻會產生一個問題，這個問題在學生探討講義 2 的過程中也可能會出現，就是φ_σ與摺痕圖案上一面σ的選擇，究竟有何相關。

技術上來說，σ 的選擇非常重要，因為如果我們真的將對稱 $\varphi_\sigma(g)$ 的公式或變換矩陣找出來，只要改變 σ，方式或矩陣也會隨之改變，但 $\varphi_\sigma(\Gamma)$ 群卻不會改變。這是因為對於任何兩個面 $\sigma, \sigma' \in C$，$[\sigma](C) = [\sigma, \sigma'][\sigma'](C)$，代表 C 關於 σ 和 σ' 的摺疊象在變換 $[\sigma, \sigma']$ 之下是全等的，所以具有同構對稱群（isomorphic symmetry groups）。

換句話說，無論我們選擇摺痕圖案的哪一面為 σ 都不重要，紙鶴範例的 σ 為任意，而無頭紙鶴則需選一個特定的 σ。

現在我們回來決定 $\varphi_\sigma(\Gamma)$，注意 $\varphi_\sigma(I) = [\sigma, \sigma'] = I$。很好！映射 φ_σ 會一直將單位變換映射到自己（由於 φ_σ 為同態，因此我們早就知道這一點，但我們可以用式子 $\varphi_\sigma(g) = [\sigma, g\sigma']\,g$ 來驗證，這樣很好。）。而 Γ 的其他元素則為：

$$\varphi_\sigma(R_{y=x}) = [\sigma, R_{y=x}\sigma]R_{y=x} = I.$$

在這個方程式中的最後步需要一些解釋。基本想法是，若任意一點 $x \in \sigma' \in C$，則 $R_{y=x}$ 會將 x 映射到一全等的面，且與 σ' 對稱於線 $y = x$，然後變換 $[\sigma, R_{y=x}\sigma]$ 會將點 $R_{y=x}(x)$ 帶回到原始位置。用 $\sigma' = \sigma$ 會比較容易看懂，因為對於 $x \in \sigma$，我們會將面 σ 摺過 $y = x$ 然後又摺回 σ。但由於這適用面 σ，而且除了 $[\sigma, R_{y=x}\sigma]$ 以外，我們不會沿著其他摺痕去摺紙，因此紙的其他部分也一樣，也就是說，所有摺痕圖案都是 $[\sigma, R_{y=x}\sigma]\,R_{y=x} = I$。不過要注意的是，這種現象實際上是由摺痕圖案而定。特別地，沿 $y = x$ 有一條摺痕線，這似乎是使 $R_{y=x}\sigma$ 摺回 σ 的一個大因素。

至此結論如下：$\varphi_\sigma(\Gamma) = \{I\}$，這代表摺疊紙鶴不具對稱性。這是對的！不要被經典摺紙的簡單給騙了；當我們把它看作 $\mathbb{R}^2$ 中的一個物體時，它並不具有旋轉對稱或映射線對稱（由於是三維物體，它確實具有反射對稱的平面，但由於我們是利用反射為摺疊過程建模，根本沒有在追蹤紙張的不同層，因此不能將摺疊圖 $[\sigma](C)$ 看作是三維。）

範例 2：無頭紙鶴。無頭紙鶴的摺痕圖案，與經典紙鶴幾乎是一樣的。但由於沒有摺頭，所以摺痕圖案更對稱。

故我們所得到的摺痕圖案對稱群為：

$$\Gamma = \{I, R_{180}, R_{y=x}, R_{y=-x}\} \cong \mathbb{Z}_2 \times \mathbb{Z}_2.$$

此例中，找出 $\varphi_\sigma(\Gamma)$ 的元素會比較複雜。講義中我們將 σ 設為一特定的面，如下圖。利用與範例 1 中相同的證明方式，我們可得 $\varphi_\sigma(I) = I$，$\phi_\sigma(R_{y=-x}) = 1$。

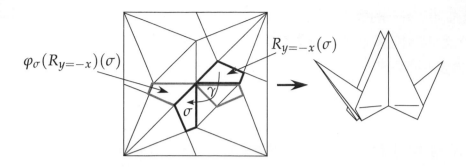

對於 $\varphi_\sigma(R_{y=-x})$，我們不會得到單位變換，主要是因為線 $y = -x$ 並不是摺痕圖案的一部分！由 φ_σ 式可得：

$$\varphi_\sigma(R_{y=-x}) = [\sigma, R_{y=-x}\sigma]R_{y=-x}.$$

由上圖可以看出，如果我們就面 σ 執行這個轉換，則首先會對 $y = -x$ 反射，得到 $R_{y=-x}$ (σ)，如圖。然後在此面取一曲線 γ，如圖，回到面 σ，進行變換 $[\sigma, R_{y=-x}\sigma]$。這代表我們依次先後對 x 軸和 y 軸進行反射（圖中灰線部分），然後得到上面的 $\varphi_\sigma(R_{y=-x})(\sigma)$，從這裡我們可知，至少就 σ 圖而言，

$$\varphi_\sigma(R_{y=-x}) = R_{y=x}.$$

即使是從摺痕圖案中其他任何一面開始，結果也是一樣的。

對於 $\varphi_\sigma(R_{180}) = [\sigma, R_{180}\sigma]R_{180}$，要再度跟隨面 σ。這次我們首先必須旋轉 $R_{180}(\sigma)$，然後沿曲線 γ 從此面回到 σ 面，見下圖。我們所選擇的曲線 γ，代表依序對線 $y = x$，x 軸，y 軸（灰線）反射。由 $\varphi_\sigma(R_{180})(\sigma)$ 的最終位置有：$\varphi_\sigma(R_{180}) = R_{y=x}$。

因此，

$$\varphi_\sigma(R_{180}) = R_{y=x}.$$

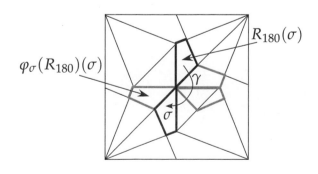

故

$$\varphi_\sigma(\Gamma) = \{I, R_{y=x}\} \cong \mathbb{Z}_2.$$

與無頭紙鶴摺疊型的對稱相同。直覺上，無頭紙鶴只有一條沿著翅膀中間的映射對稱軸，故其對稱群應與 $\mathbb{Z}_2$ 同構。但 $\varphi_\sigma(\Gamma)$ 的計算給予我們更多啟發；這條映射對稱軸應該是沿著線 $y = x$，跟講義中摺疊圖像所顯示的一樣。注意，事實上這種沿著 $y = x$ 的對稱軸，取決於我們所選擇的面 σ。σ 的不同選擇，例如，$[\sigma](C)$ 的映射對稱軸就會變成線 $y = -x$。

範例 3：鑲嵌摺紙。這個範例的結構與前面兩個截然不同。有頭紙鶴和無頭紙鶴都可以明確用符號表示對稱群為 Γ 和 $\varphi_\sigma(\Gamma)$。但無窮方轉鑲嵌的對稱群是壁紙群（又稱為crystallo-graphic group，即「結晶體群」）p4g。即使學生不熟悉壁紙群，依然可探討此範例，一邊研究一邊學習什麼是壁紙群即可。講義的圖和p4g的生成元（generator）的描述呈現了此對稱群是無限的。這樣學生應能懂得，因為很明顯，如果這種摺痕圖案是在一張無限大的紙上，就會有無數的旋轉對稱中心和無數的映射軸。當然，其中每一個都是由三個旋轉生成中心、兩個生成反射軸和兩個平移向量，一起組合而成。此範例提供學生一個很好的無限群的生成元（generator）幾何案例。

講義 3 中所提供的兩個壁紙群事實都很重要。第一個事實每個壁紙群包含兩個線性獨立的平移實際上證明了第二個事實：壁紙群不具有限的正規子群。p4g 範例有大量的有限群，如 $A = \{I, R_{90}, R_{180}, R_{270}\}$ 為一個 90° 旋轉對稱中心，但由於平移向量的元素，這不會是正規子群。如果我們將其中一個平移向量稱為 $\vec{v}$，則元素 $A\vec{v}$ 的旋轉中心便與 $\vec{v}A$ 不同，因此 A 非為正規。唯一可能的有限子群，是由旋轉或映射而生成；不能有任何平移，否則就會變成無限的群。但這樣的有限群中的任意元素經由平移作共軛會得到不在此有限群中的一個對稱。

壁紙群不具有限的普通子群，這個事實，對於講義中提出的問題很重要，使得學生要去證明川崎和吉田[Kaw88]的主要定理：如果一扁平摺紙的摺痕圖案 C，以及摺疊紙圖像 $[\sigma](C)$，都具有壁紙群對稱，則摺疊模型與摺疊圖案必有相同的對稱群，即 $\phi_\sigma(\Gamma) \cong \Gamma$。

這個證明很簡單。如果 $\varphi_\sigma(\Gamma)$ 與 Γ 不同構，則 $\ker(\varphi_\sigma)$ 不是無聊的（trivial）。由於 $\varphi_\sigma(\Gamma)$ 也是一個壁紙群，必包含兩個線性獨立平移，就像 Γ 一樣。因此 $\ker(\varphi_\sigma)$ 不能包含任何平移，故為有限群。但根據第一同構定理，$\ker(\varphi_\sigma)$ 為 Γ 的正規子群，於是我們便為壁紙群 Γ 找到了一個非空的有限正規子群。不過既然這是不可能的，我們必有 $\varphi_\sigma(\Gamma) \cong \Gamma$。

關於後續進階練習，也必須要知道 $\varphi_\sigma(\Gamma)$ 也是壁紙群，我們可以最簡單的摺紙鑲嵌為例，想像如下的無限的網格：

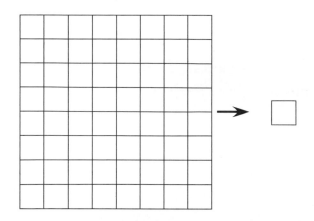

這個摺痕圖案看起來不太可能摺疊，但你可選一個正方形為 σ，就可以定義平面上任何其他正方形的摺疊映射$[\sigma](x)$。這是一個合理的映射，因此為有效摺疊，至少是就無限大的紙和無限數量的摺痕而言。很明顯，在這個例子中 $\varphi_\sigma(\Gamma) \not\cong \Gamma$，看得出以上的證明並不成立。的確，由於 Γ 的平移會映射到 φ_σ 下的單位元，因此 $\ker(\varphi_\sigma) \cong \mathbb{Z} \times \mathbb{Z}$。因為這是無限群，因此可以是非平凡的正規群。

後續練習另一個可能的例子是活動 29「三浦摺疊」。三浦摺疊是用無限大的紙去摺，所形成的摺疊圖也是無限的，在這種情況下因為只有一個平移向量映射到 φ_σ 下的單位元，故 $\ker(\varphi_\sigma) \cong \mathbb{Z}$。

看到這裡，希望能夠說服讀者相信，此活動提供學生一個很好的機會，可以認識具體的對稱群應用、同態和第一同構定理。至少，知道這些主題竟與摺紙有關，真是令人驚訝啊！

活動 **29**

剛性摺疊 1：高斯曲率
RIGID FOLDS 1：GAUSSIAN CURVATURE

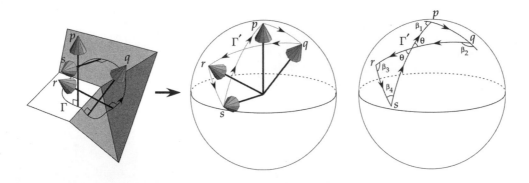

相關課程：幾何、微分幾何。

摘要

此活動的想法是以一系列講義，讓學生探索高斯曲率的概念，知道紙張（即所有摺疊模型）都是零曲率，並探討它對剛性摺疊的影響。三浦摺疊圖是用來呈現通過剛性測試的頂點。其他簡單的頂點摺疊和雙曲拋物面，則是反證的例子。

內容

此活動可用於微分或幾何班級。無須知道前面的平頂點摺疊結論，也可進行此活動。假設學生從沒學過高斯曲率，那麼完成所有活動需要數天時間（如果將三浦摺疊或雙曲拋物面設為回家作業，則或許沒那麼多天）。

講義

(1) 介紹高斯曲率，讓學生練習一些簡單的例子。

(2) 一張扁平的紙，高斯曲率皆為零，我們要驗證這個事實，然後可將結論應用於剛性摺疊。

(3) 介紹三浦摺疊，為剛性摺疊的著名例子。

(4) 介紹雙曲拋物面，為高度非剛性摺疊的著名例子。

時間規劃

　　前面兩份講義，由於三維視覺化，都需要至少 40 分鐘上課時間。其他兩個摺紙步驟大約需要 30 分鐘時間，但亦可設為家庭作業。

講義 29-1

高斯曲率的介紹

定義：曲面上**位於一點P的高斯曲率**是實數κ，可計算如下：在曲面上繪製一封閉曲線Γ，以順時針繞點P。在Γ上數點繪製單元法向量，然後將這些向量平移到半徑為 1 的球體中心，會在球體上形成曲線Γ'。（從Γ到Γ'的映射，稱為**Gauss map，高斯映射**。）然後，使Γ繞點P收縮，我們定義高斯在點P的曲率為：

$$\kappa = \lim_{\Gamma \to P} \frac{\text{Area}(\Gamma')}{\text{Area}(\Gamma)}.$$

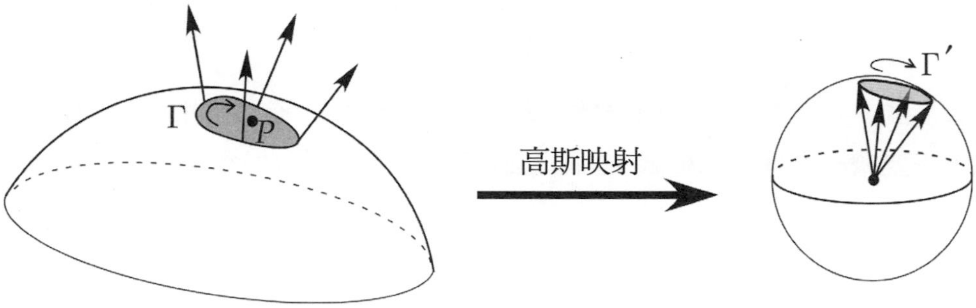

這個計算並不容易，但也不是不能算。

問題 1：在半徑為 1 的球體上任意一點的高斯曲率是多少？半徑為 2？半徑為 1/2？

問題 2：平面的高斯曲率是多少？

問題 3：如果你想要找到**鞍點（saddle point）**的高斯曲率，例如一片品客洋芋片的中心，會發生什麼事？

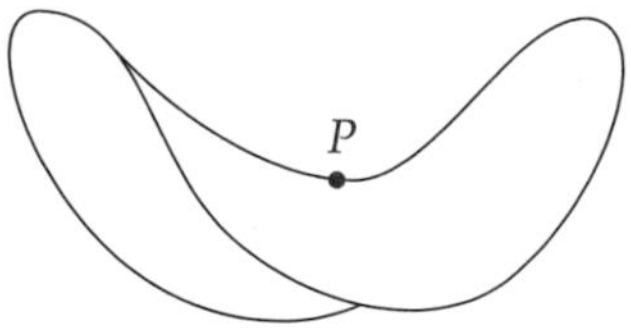

講義 29-2

高斯曲率和摺紙

在前一份講義中，你看到一張平平的紙具有零高斯曲率。這是因為無論我們怎樣選擇 Γ，曲線上任意一點的法向量都會指往同一方向，故 $\text{Area}(\Gamma)= 0$。

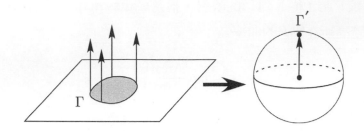

這代表無論 Γ 是什麼，高斯曲率極限方程式的計算皆為零。因此當在一張紙上決定曲率時，我們不需要擔心方程式的極限，因為無論 Γ 怎麼選，都會得到 $\text{Area}(\Gamma)= 0$。這個在後面很有用。

問題 1：假設我們拿一張紙，使之彎曲，這樣做是否會改變這張紙的曲率？如下圖，決定一曲線 Γ 的高斯圖，彎曲如下，試探討之。

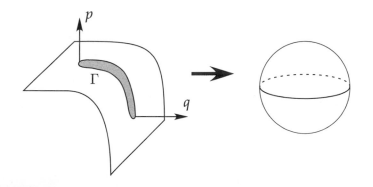

問題 2：假設我們摺疊不只一次，像在摺紙模型中所做的。如下圖，繪製頂點摺疊曲線 Γ 的高斯圖。Γ 所產生的曲率應為何？有道理嗎？

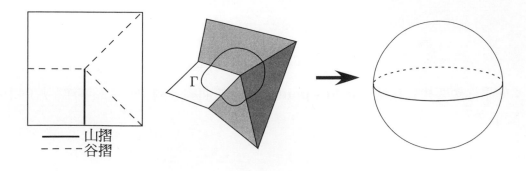

問題 3：在問題 2 中你所應該提出的主張是：在一張摺疊紙上，任一點的高斯曲率皆為零。運用你在問題 2 中所繪製的高斯圖，對於任何繞著 4 度頂點的曲線 Γ 而言，證明其皆為真。（你會用到一點，即單位球面上的三角形面積為（角的總和）－π。）

問題 4：這種高斯曲率與剛性摺紙（rigid origami）有什麼關係？（假設紙上摺痕之間各區都是金屬製成，因此為剛性。）

檢驗剛性準則

問題 5：運用問題 4 的結論，證明在剛性摺紙模型中，不可能有 3 度摺疊頂點。繪製此頂點的高斯圖，以支持你的論證。

問題 6：現在證明，在一個所有摺痕都是山摺的剛性摺紙中，不可能有一個 4 度的頂點。

講義 29-3

三浦摺疊 The Miura Map Fold

日本天體物理學家三浦公亮（Koryo Miura）想要一種能夠在外太空展開大型太陽能電池板的方法，他的摺法也是一種摺高斯圖的好方法。

(1)取一張長正方形紙，依序以山摺、谷摺、山摺，將紙分成四等分。

(2)如上圖，分別在紙條的二等分和四等分位置，用指甲劃一道痕（只在最上層），如圖。

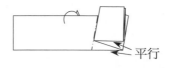

(3)將所有紙層一起摺疊，左下角摺到四等分線位置，如圖。

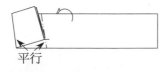

(4)將紙條剩下的部分往後摺，摺痕須與(3)的摺痕平行。

(5)重複摺疊，以步驟(3)為參考線。

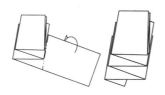

(6)重複，直到紙條摺完為止，然後再將紙**完全展開**。

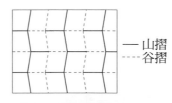

(7)現在重新摺疊模型，但改變一些山摺和谷摺。注意每條 Z 字形摺痕，怎樣從全山摺變成全谷摺。用這種方法重摺。

山摺
谷摺

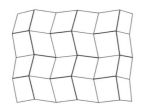

最後，紙摺好的樣子應如右圖。只要抓著紙的兩個對角，便可輕鬆打開和收起模型。

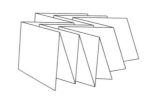

講義 29-4

雙曲拋物面 The Hyperbolic Paraboloid

　　這種特殊的摺疊，多年來受到許多不同的人所發現，形狀與多變量微積分裡面的三維面有點類似，你可能還記得。

(1)取一張正方形紙，摺好兩條對角線，然後將紙翻面。

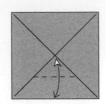

(2)將紙一底邊往上摺到中心，但只在中間摺出摺線。

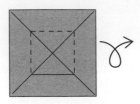

(3)其他三邊重複步驟(2)，摺好後將紙翻面。

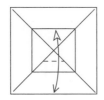

(4)將紙一底邊往上摺到上方摺線，但只在對角線之間摺出摺線

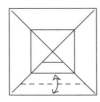

(5)然後再摺到最近的摺線，還是一樣，不要摺出整條摺線。

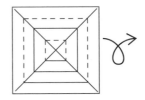

(6)其他三邊重複步驟(4)和(5)。

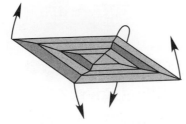

(7)現在要同時將所有摺線一次摺起來，可以先大略整理外圈的摺痕，然後再整理內圈摺痕，這樣比較好摺。

(8)摺好全部摺線以後，整張紙會扭轉成這樣的形狀，大功告成！

 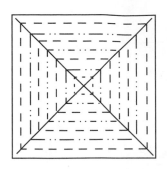

(9)在紙張上多分區，多摺一些摺線，可製作一個更複雜的模型。摺紙重點在於，最後要把同心正方形的摺線，整理成依次山摺、谷摺、山摺…的交替順序。你可以依照步驟(1)－(3)，但先不要將紙翻面，然後依照步驟(4)－(6)進行四等分，然後才將紙翻面進行八等分。或者你也可以進行十六等分！

問題：雙曲拋物面是否為**剛性摺疊**模型？（可用堅硬金屬板製成，摺線用鉸鏈製作嗎？）試證明之。

解答與教學法

講義 29-1：高斯曲率介紹

這份講義對高斯曲率下了一個非常直觀的定義。如果學生已經看過微積分方面的定義，那麼你可能會需要花一些時間來解釋為何兩者是一樣的。這裡所給的定義結果很適用於剛性摺疊建模。然而，講義的確忽略了技術細節問題，例如要證明，無論我們選擇的曲線 Γ 為何，以及如何讓它縮小到 P 點，定義都是清楚合理的。但此範例的重點在於要讓學生看見，這個定義確實可讓我們以一種合理的方式去測量 $\mathbb{R}^3$ 中曲面的曲率。

問題 1：半徑為 1 的球體，曲率也只會是 1，因為極限定義的分子和分母面積相等。

半徑為 2 的球體較難分析。一種比較不嚴格的方式可斷言，由於球體為完全對稱，所以表面應具有連續的曲率，因此面積 (Γ')/Area(Γ) 的分數，對於整個曲線 Γ 也應為連續的。此結論雖為真，卻不是一個徹底掌握曲率概念的學生，所能勇於提出的。這個斷言可讓我們將 Γ 所包圍的曲面設成例如是一個半球面，使 Area(Γ) 容易計算。

因此，Area$(\Gamma) = 4\pi 2^2/2 = 8\pi$，Area$(\Gamma') = 4\pi 1^2/2 = 2\pi$。故 $\kappa = 1/4$。

類似的論證，可得將半徑 1/2 球體的曲率應為 $\kappa = 4$。事實上，半徑為 r 的球體，高斯曲率永為 $1/r^2$，但想要嚴格證明並不容易，至少需要具備更多關於球體的知識。例如，假設我們把 Γ 設為球體上繞著點 P 的完美一圓，然後將平均縮小，保持完美圓形。那麼 Area(Γ) 將是 Γ 所包圍的球冠表面積，邊界為 Γ。令 r 為球體半徑，h 為由 Γ 形成的球冠「高」（也就是說，h 是球體內部，從點 P 到圓 Γ 中心點的距離）。然後我們可用微積分（可用旋轉的表面或可查詢大部分微積分的書末）來求得

$$\text{Area}(\Gamma) = 2\pi rh.$$

現在，在高斯映射下，Γ' 也會在半徑為 1 的球體上產生一個圓。若設 h' 是由 Γ' 所形成球體冠的高，則我們可得 $h' = h/r$，因為球冠 Γ' 就像球冠 Γ 一樣，尺寸要按照 r 的比例縮小（也就是說，半徑 r 按比例縮小到半徑 1，所以球冠高度 h 就會縮小到高度 h/r）。故，

$$\frac{\text{Area}(\Gamma')}{\text{Area}(\Gamma)} = \frac{2\pi h'}{2\pi rh} = \frac{2\pi h/r}{2\pi rh} = \frac{1}{r^2}.$$

問題 2：無論 Γ 的選擇為何，一平面所映射的 Γ′ 都是空（trivial）曲線，也就只是一點！因此，必定 Area(Γ)＝0，得到 κ＝0。這是運用高斯曲率來摺紙的基本觀察。

問題 3：這個問題有點誤導。鞍點是負曲率表面的一個例子。這種情形與我們的定義相關之處，在於如果我們繞著鞍點 P 順時針畫出一封閉曲線 Γ，得到高斯映射，則 Γ′ 會在球體表面上以**逆時針方向**行進。由於 Γ′ 在 Γ 的相反方向上行進，所以我們說 Area(Γ) 將為負，所以 κ 為負值。

　　這樣一來，學生可能會覺得這個問題令人困惑。但問題的關鍵在於迫使學生思考鞍點附近的曲線如何呈現於高斯映射，且像集的賦向會相反。如果學生有發現這一點，你可以問他們：「那麼這個相反的方向，會對 Area 怎麼樣？」如果學生回答「不會怎麼樣。」你就可以說這代表鞍點處的曲率與球體的曲率具有相同值。但這不合理呀。因此，賦向相反的約定會造成負面積，而這使我們可以分辨各種不同的曲面。

　　學生可能認為，這些只是在過程中隨意編造的，不過實際上**的確如此**，可以這樣告訴學生。為了建立定義，背後整個想法在於要發展有用的符號和概念，讓我們能夠使用以前沒有的語言去討論事情。利用高斯曲率的概念，我們可以用一種實際的方法去測量來描述曲面的彎曲程度。這也讓我們得到一種方法，可對曲率進行分類：正曲率看起來像一個球體，零曲率為扁平，負曲率看起來像一個鞍點。

　　還有很多其他的例子都可與學生一起研究，以加強這些想法。例如：

- 錐體表面的曲率是什麼？
- 圓柱體的曲率是什麼？（這是可用於下一份講義的準備。）
- 如果我們**從內部**測量球體的曲率（例如，球體的下半部，從裡面看是碗狀區域），是否會得到負曲率？

講義 29-2：高斯曲率和摺紙

　　這份講義目的在於進行一種非常基本的觀察，即，一平面上或一張紙上的高斯曲率處處皆為零，並加以運用，進行一個同樣簡單但經常令人困惑的觀察，也就是摺紙的高斯曲率。而真正動機是與**剛性摺紙**主題結合，也就是在摺紙過程中，摺痕之間的紙張區域保持剛性。

問題 1：探討一曲線 Γ 的高斯映射，此曲線 Γ 位於一折彎的平面上。由於 Area(Γ) = 0，表示曲率為零。（見下圖）然而，注意到高斯曲率極限定義的學生則可這樣證明，當曲線 Γ 縮小至一點，由於會變得很小，因此我們可想成是一張不彎曲的紙。兩個答案對問題 1 都是正確的，但前者還可用來為講義其他部分作準備。

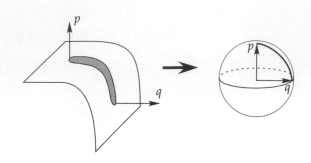

問題 2：繪製這個曲線的高斯映射並不容易。學生需要很小心仔細地繪製向量，並注意細節，但畫成圖仍是視覺性挑戰。

　　由於已知的頂點摺疊為四度，高斯圖只需要考慮四個法向量，各法向量對應摺紙的一個區域。現在，摺痕實際上是紙張的彎曲，因此當 Γ 穿過一條摺痕線，法線將從一個方向（垂直於紙張原來的區域）擺動到另一個方向（垂直於 Γ 所穿過的新區域）。因此，我們會得到四個高斯圖中的法向量，而如問題 1 中，Γ' 是由圓弧組成，連接單元球體上的向量頂點。見下圖所示，其中 p、q、r、s 是垂直於摺疊紙區域的四個向量。

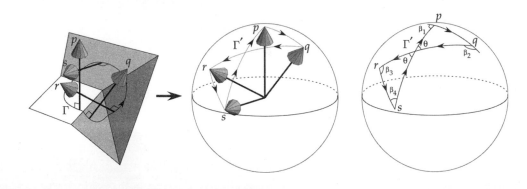

　　現在，由於 Γ 是一張扁平摺疊紙的一條曲線，因此 Area(Γ') = 0，一個原因是因為多條摺痕只是使問題 1 的情況複雜化而已；如果一條摺痕不會產生任何曲率，那麼多條摺痕會什麼會？當然，儘管它確實具有直觀意義，但這仍是一個不嚴格的論證。事實上，學生可能會覺得這個論證很有說服力，但他們也應該清楚還需要更嚴格的證明。

　　一開始其實不太容易看出，要把事實 Area (Γ′) ＝ 0 與高斯映射圖中，與這些向量所形成的蝴蝶結球面多邊形，兩者結合在一起並不簡單。但有幾件事必須等到學生相信之後，我們才能繼續做下去：

(1) 摺痕圖案確實在高斯圖中產生了蝴蝶結區域。在任何四度頂點摺疊中，只要有三個谷摺和一個山摺痕（反之亦然），就一定會發生這種情況。

(2) 可將蝴蝶結視為兩個球面三角形。如果我們注意 Γ 和 Γ′ 行進的方向，就會其中一個三角形具有與 Γ 相同的方向，而另一個三角形具有與 Γ 相反的方向。

(3) 蝴蝶結的角 β_1、β_2、β_3、β_4（如上圖）與紙張上各摺痕之間的摺角 α_i 有很密切的關係。若我們設 α_i 為區域上的角，其法向量與蝴蝶結的角 β_i 會形成一角度，則 $\beta_i = \pi - \alpha_i$。

　　(2)應該令人安心，因為與 Γ 相反方向的三角形都會有負面積。因此，若兩個三角形（非定向）面積相等，則蝴蝶結球面多邊形可能面積的確為零。

　　(3)最令人難以看出，但可引導我們想出下一個問題的解答。

問題 3：$\beta_i = \pi - \alpha_i$，原因在於這些角為互補。現在我們先來看 β_3 和 β_4 角。無論曲線 Γ 如何動，它的法向量都是以同樣方式繞著摺痕線轉。事實上，我們可以想成是法向量以摺痕線為中心而旋轉，沿著垂直於摺痕的軌道進入新區域。這個軌道及其遠離的軌道，會決定角 β_i。但這表示 β_i 和 α_i 相關，如下圖所示，即互補。

　　而 β_1 和 β_2 的情況則不同，因為頂點的唯一一條山摺痕位於角 α_1 和 α_2 之間。如果這條摺痕是一條谷摺，則例如交叉角 α_1' 區域（向量 s 到 p 到 q）的法向量，會像在其他摺痕那樣動作，故得到補角 β_1，位於由向量 p 高斯圖所形成的球面多邊形內部。但由於摺痕是一條山摺，向量 p 將以相反的方向擺動（往右邊，而不是如原來高斯映射那樣往左邊）。角 β_1 仍然如前，但由於 p 往另一個方向移動，所以 β_1 將變成球面多邊形的外角（如圖），這代表球面蝴蝶結位於 p 的內角是 $\pi - \beta_1$。同樣的狀況也會發生在紙的 α_2 區域，其法向量為 q，使蝴蝶結的內角為 $\pi - \beta_2$。

所以，如果我們設 θ 為**蝴蝶結交點** t 的角，則可計算球面蝴蝶結的面積，即 $\mathrm{Area}(\Gamma')$：

$$
\begin{aligned}
\mathrm{Area}(\Gamma') &= （球面三角形\ srt\ 面積）-（球面三角形\ pqt\ 面積）\\
&= (\beta_3 + \beta_4 + \theta - \pi) - (\pi - \beta_1 + \pi - \beta_2 + \theta - \pi)\\
&= \beta_1 + \beta_2 + \beta_3 + \beta_4 - 2\pi\\
&= \pi - \alpha_1 + \pi - \alpha_2 + \pi - \alpha_3 + \pi - \alpha_4 - 2\pi\\
&= 2\pi - (\alpha_1 + \alpha_2 + \alpha_3 + \alpha_4) = 0.
\end{aligned}
$$

在此我們運用球面三角形面積是內角總和減 π（詳細資料請參閱[Hen01]）。這顯示當摺疊四度頂點時，是如何將紙張的零曲率特性保留下來。如果頂點的度數增加，依然可用類似的方法進行分析，只是過程比較複雜。

問題 4：這是在講義中首度提到剛性摺疊，也該是時候了！當以這種方式運用高斯曲率來為紙張摺疊進行分析和建模時，我們其實是假設摺痕線之間的紙張區域上的法向量是連續的。換句話說，我們假設除了摺痕以外，紙張是剛性的。

這代表若摺紙摺疊是剛性的，那麼我們便能計算摺紙上所繪製任何曲線 Γ 的高斯映射，而且會得到 $\mathrm{Area}(\Gamma') = 0$。這是我們對問題 4 所期望學生的答案。

但還要注意，如果這個高斯映射計算無效，則可反證摺疊不是剛性的。我們將在下面一系列問題中使用這個工具。

問題 5：假設我們有一個剛性摺疊模型，它具有三度頂點。設曲線 Γ 是圍繞這個頂點的封閉環，我們會得到三個法向量。由於摺痕，這些向量都不會指向相同的方向，所以高斯映射會在單元球體上形成一球面三角形。這個球面三角形的面積不可能為零（除非三角形為多餘，一邊的長度為零，就不會有三個不同的向量），所以不可能是剛性。

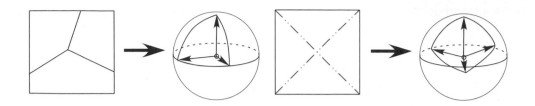

問題 6：這個問題實際上類似問題 5。如果四度頂點的摺痕全部都是山摺（或都是谷摺），那麼高斯映射圖就會形成一個球面四邊形。也就是說，我們不會得出問題 2 中的蝴蝶結現象。這樣一個球面四邊形，面積是不可能為零的，因此不可能。

教學法。這個活動屬於進階級，非常適合已深入探討微分幾何課程或球面幾何課程的幾何班級。學生需要知道計算球面三角形面積的公式，還要能容易想像圖形，知道如何在三維空間中想像法向量的移動。

如果學生並不了解摺紙為剛性的意義，此活動大部分對學生來說就沒有意義。他們特別需要了解，雖然很多摺紙模型都是剛性，例如單頂點摺疊和三浦摺疊，但還是有很多不是剛性摺疊。在進行此活動之前，學生應該具有非剛性摺疊模型的經驗。雙曲拋物面模型便可達成此目的，還有方轉摺疊活動中的「經典」方法（不過要注意的是，想要證明方轉為非剛性摺疊相對更為困難，請見「剛性摺疊 2」活動）。

講義 29-3：三浦摺疊

這是一種非常有趣的摺紙，由於可能是最著名的剛性摺疊範例而入選，甚至還運用於太空科學的各層面中。

三浦公亮（Koryo Miura）為了要將人造衛星的大型太陽能電池能夠打包摺疊，塞入火箭筒中，才發明了這種摺疊法。就目的而言，這種摺疊法看來不錯，因為可設摺痕圖案中的每個平行四邊形區域皆為太陽能電池，然後可將太陽能電池黏貼起來方便摺疊。但此唯有在其真的是有效的剛性摺紙模型（設太陽能電池不可伸展）才有用。為了證明此摺疊確實是剛性，三浦使用高斯曲率來建模，正如此活動一樣。（見[Miu89]）但這樣並不能證明它為剛性，但卻可證明它在某種程度上確實不能否認其剛性摺疊性質。

隨後，三浦發現，由於這個模型很容易打開和關閉，所以是一種理想的地圖摺疊法。其實上，東京地鐵的口袋地圖就是以三浦摺疊法摺起來的。

這種模型教起來可能並不容易，學生摺疊起來也不簡單。摺疊圖案很精巧，雖然看起來只不過是略使標準方格變化一些，但偏離 90°角的微小偏差，使得此模型能夠運作，不過這種些微的變化卻使得此模型有挑戰性。在步驟(7)中，由於一些摺痕的方向需要稍加調整，以獲得正確的山谷摺圖案，但學生在此經常容易失去 90°角的偏離。如果發生這種情況，就不會形成步驟(2)至(6)的 Z 字型摺疊，使得模型不容易打開和關閉。

為避免這種情形發生，必須確保步驟(2)至(6)的摺痕要壓得很深。另外還要注意步驟(2)至(6)所形成的角，教師要向學生強調，這些角要從頭到尾保持到底。

如果教師經事先準備，可用**大型紙張**進行三浦摺疊，向學生展現人造衛星太陽能電池板的排列應用，非常具有戲劇效果。做法是，先準備好一張比較厚的大型長方形紙（比文具店等處所購買的複印紙更厚），在步驟(1)中沿著長的方向，將其摺成八等分或十六等分，然後依序摺疊。到步驟(7)時，會變成要重摺比較多的摺痕，所以摺的時候要仔細，要有耐心。努力會得到回報，最後摺好的模型小得可以放進你的口袋，但展開後足夠雙手拉開的距離（前提是要用夠大的紙）。

講義 29-4：雙曲拋物面

這個模型有一段奇怪的歷史。可在網路上或一些摺紙書中（[Jac89]）找到詳細的說明，但據說這種奇形怪狀的摺紙形狀是由 1920 年代德國包豪斯（Bauhaus）藝術家所發明。由於發明者眾，無法歸功於任何一個人。

把紙摺成同心正方形，此時卻發生令人驚訝的事，紙竟然會形成雙曲拋物面形狀。不妨讓學生想想，為何紙會變成這種樣子，頗為有趣。有一種解釋來自步驟(1)，看看紙張被兩條對角線摺痕分成似等分，在這四等分上，每個區域都有平行的山摺、谷摺、山摺、谷摺交替連續。如今人們已經知道有一種方式可以加強一張紙的強度，就是摺成波浪狀。幾十年來建築師一直都在使用這個技術，他們都知道，垂直的扁平型混凝土板不如之字型那樣堅固。在雙曲拋物面的每個象限中交替的山摺和谷摺產生了波紋，使得模型想要塌陷時，紙張四邊會保持平直。想要維持正方形紙四邊的形狀，不會變得彎曲，唯一的辦法就是要把其中兩邊產生「往上」空間，另外兩邊產生「往下」空間。這就是這個摺紙模型中所發生的事。

教學技巧：教這個模型有一個要注意的地方，在步驟(2)至(6)中，總有一些學生所摺的摺痕會越過整張紙。不過還好還可以挽救，但摺得不好，確實會使最後形狀比較難以整理。

　　下圖所示的版本為一四等分雙曲拋物面（紙的四區各等分為四分之一）。教師請鼓勵學生務必要摺八等分甚至十六等分版本。實際上，教師自己應該至少摺一個十六等分版本，並在課堂上展示給學生看，如果可能，請找一張大型正方形紙摺一個三十二等分版本。這麼大的雙曲拋物面模型，會令學生留下非常深刻的印象。一次組合直線摺痕、平滑曲線和模型幾何性質，對學生來說往往太過，所以人人必須自己動手實際摺一個。摺疊大型紙張模型唯一的技巧，就是要先進行二等分、四等分、八等分等，摺好以後就把紙翻面，再做另一組等分，然後摺痕便會恰當地呈現山摺、谷摺、山摺、谷摺，交替連續。

　　然而，想要將摺好的大型版本潰縮，比較不容易。等到所有摺痕都摺好，我們需要從最外面的正方形環開始整理，然後往裡面整理下一個、再下一個等等，依此類推。隨著整理紙會開始彎曲起來，漸漸形成雙曲拋物面形狀。這樣一來紙會產生張力，正方形環便得越來越難整理。一種處理方法是先整理正方形的角附近，從角開始往中間整理，讓紙角壓扁縮在一起，這樣做會使正方形對角線摺痕分成一段段的山摺、谷摺、山摺、谷摺，但紙角壓扁只是暫時的，等到中心的正方形環整理好，就要重新把紙角展開（放開，不必繼續故意壓扁），這樣最後完成的模型就會產生恰當的形狀。

回答問題：將這種模型納入活動，主要原因是因為它提供了高度非剛性摺紙的一個好例子。在此模型中，紙張只有兩個區域（最中心的三角形）保持剛性，其他梯形區域則會在空間中扭轉。我們可以在實際的摺紙模型中發現這種現象，卻無法解釋為什麼會發生這種現象。

　　高斯曲率和摺紙講義的問題 5 和問題 6，這兩個問題的解答都是在這個雙曲拋物面模型中。下圖說明了這一點。首先，當模型摺疊時，最中心的相對角會出現兩個 3 度頂點。（注意，正方形中心的一條對角線，沒有用在最後摺好的模型中。）平常我們很少看到摺紙的頂點有三條摺線，所以這個模型本身就很有趣。然而問題 5 的解答卻表示，與這些頂點相鄰的區域，不全為剛性。

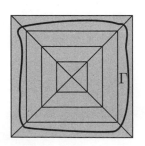

3 度頂點

　　此外，如果我們在紙上繞著一完整的正方形環（如上圖）畫一條曲線 Γ，那麼這條曲線將會穿過四條摺痕線，而且四條摺痕線全是山摺或全是谷摺。依照問題 6 相同的論點，如果模型為剛性，這是不可能的。因為這樣的曲線 Γ 會變成可繪製在正方形環的任何部分，恰好證明整個模型皆為非剛性。

研究功動及其他問題

　　如前所述，三浦公亮開發這種高斯曲率模型的時候，約為 1980 年代初期（見[Miu89]）。然而，發明「霍夫曼編碼」的大衛．霍夫曼（David Huffman）於 1976 年的一篇開創性論文中，探討了同樣的模型（見[Huf76]）。他們的發現似乎彼此獨立不相干，世界各國研究人員經常發生這樣的事，因此誰是誰非很難斷定。

　　在[Miu89]中，三浦將高斯曲率進行了另一種應用，那是一種特殊的摺紙模型，可作為學生的一份有趣家庭作業，或考試題目，或進一步展示的例子。

　　摺疊：拿一張正方形紙，把它對摺兩次，就像我們想要把紙變小一樣地摺這張紙。這種摺法所形成的摺疊圖案很簡單，只有四條摺痕線，而且摺痕之間的角度都是 90°。我們會得到三個谷摺和一個山摺，或三個山摺和一個谷摺。

　　任務：證明這裡的 4 度頂點不能連續進行剛性摺疊，亦即無法同時摺四條摺痕線，使這個 4 度頂點從展開狀態同時變成摺疊狀態。

　　證明：由於摺痕線之間的角度 α_i 皆為直角，我們可運用前面使用過的三谷摺一山摺 4 度頂點的符號，即對於 $i = 1，\cdots，4$，$\beta_i = 90°$

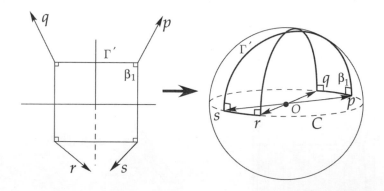

　　當紙完全展開時，在高斯映射圖中頂點的任何曲線 Γ 都只是一點，因此 Area (Γ′) = 0，但等我們開始進行所有摺痕的剛性摺疊時，高斯圖中的點會形成一球形蝴蝶結四邊形，其角 β_i 都是直角。

　　然而，球體上不可能產生一個所有角都是直角的球形蝴蝶結四邊形，除非四個角都位在一個大圓上。（見上圖）我們可嘗試實際繪製這樣的四邊形，會比較清楚，例如拿一顆柳橙或網球，在上面繪製一個四邊形。畫好以後，例如位於向量p和向量q有兩個直角，p和q點位於球面，以一線段相連，線段位於大圓C上，而p和q向上延伸的弧線須垂直於圓C，且必與「北極點」相交。繼續延伸弧線，兩者與向量r和向量s相交形成直角的唯一位置，將會在C的反側。

　　這代表什麼意思？意思是說，我們無法用四條摺痕線，同時由展開狀態變成摺疊狀態。如果我們同時用四條摺痕線，高斯圖就會產生一個蝴蝶結，必須立刻使向量放在一個大圓上。

□

　　然而，高斯圖確實告訴我們，可利用這種摺疊進行怎樣的剛性摺疊。所有向量p、q、r、s都在一個大圓上，這是什麼意思呢？前面我們不需要提到這件事，但高斯圖中的向量之間，圓弧長度等於這些向量紙張區域之間的摺疊角（也就是這些紙面之間的二面角 π）。因此，如果p在大圓C上與s相反的位置，則這些區域之間的摺疊角為π，即它們的二面角為零，p區域會在s區域上方摺平。同樣的，q區域會在r區域上方摺平。換句話說，正方形紙已對摺。高斯映射圖球面上的弧線pq和rs長度，告訴我們其他摺痕已經摺疊了多少。

　　於是我們得到一種合理的方法，可將這個模型進行剛性摺疊：先將它完全對摺一次，然後再對摺一次。當然，我們早就知道這個方法了，只是將此方法以高斯圖呈現出來蠻有趣的。第一次對摺，會在高斯圖中使p在q上方（r和s也一樣）。因此，第一次對摺時，高斯映射圖會呈一圓弧，使$\text{Area}(\Gamma) = 0$。等到第一次對摺全部摺好以後，所有向量就會全部在同一個大圓上。接著進行第二次對摺，結果會分開p和q（還有r和s），產生上圖中的蝴蝶結，顯然得到$\text{Area}(\Gamma) = 0$。

　　在進行這個摺疊時，即使我們只改變一點點角度 α_i，此論點便會完全不成立，頂點會變得可進行剛性摺疊，也可以同時摺疊所有摺痕線。事實上，三浦摺疊的頂點，與全直角摺疊，差異僅在些微之間。

活動 30
剛性摺疊 2：球面三角學
RIGID FOLDS 2：SPHERICAL TRIGONOMETRY

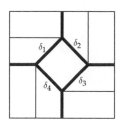

相關課程：幾何學、微分幾何學。

摘要

　　運用球面三角學，學生可發現，將紙剛性打開和關閉時，一個四度扁平摺疊頂角的二面角之間具有緊密關係（即，摺痕線之間紙的每個區域都保持剛性）。所獲得的結果隨後可運用於證明一些可平面摺疊的摺痕圖案，並不能剛性摺疊。

內容

　　本活動主要運用的是球體的餘弦定理，以及「探索平頂點摺疊」活動的川崎定理（4 度的例子）。內容雖為延續剛性摺疊 1，卻不使用高斯曲率。這個活動的結果是非剛性摺疊，與前面的非剛性摺疊結論非常吻合。想要充分理解方轉的剛性結論，學生必須先看過「方轉摺疊」活動。

　　此外，二面角的關係，是用電腦動畫（Maple 或 Mathematica 軟體）使摺紙能夠順利進行剛性的打開和摺疊的關鍵，再結合活動 27「3D 頂點摺疊的矩陣模型」所學，等於具備了所有製作此類動畫所需的技術。

講義和時間規劃

　　講義有兩頁，分成兩個部分，可分別提供給學生。第一頁可幫助學生發現一個 4 度平頂點摺疊的二面角為等角，大約需要 20-30 分鐘完成。講義第二頁引導學生發現其中一些二面角總是比較大，鼓勵學生加以運用在剛性的證明中，以證明方轉不是剛性摺疊，這部分則需要 20-30 分鐘；如果學生從來沒看過方轉，時間還要更長一些。

講義 30-1

球面三角學和剛性平面摺紙 1

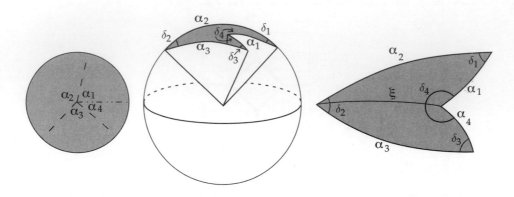

考慮一 4 度的平頂點摺疊，如上圖所示，摺痕線上的角度分別為 $\alpha_1, \cdots, \alpha_4$，紙的摺疊區域之間所形成的二**面角**（dihedral angles）為 $\delta_1, \cdots, \delta_4$。我們可想像頂點位於一個球體的中心，這樣比較容易畫圖，我們要來研究紙在球體表面上所切出的**球面多邊形**（spherical polygon），。

設 δ_4 為唯一的山摺，ζ 為球面上連接多面體角 δ_4 和角 δ_2 的圓弧，這條弧線將此多面體分成兩個球面三角形。

利用球面的餘弦定理，可得：

$$\cos \zeta = \cos \alpha_1 \cos \alpha_2 + \sin \alpha_1 \sin \alpha_2 \cos \delta_1, \tag{1}$$

$$\cos \zeta = \cos \alpha_3 \cos \alpha_4 + \sin \alpha_3 \sin \alpha_4 \cos \delta_3. \tag{2}$$

問題 1：由於這個頂點可以摺平，記得川崎定理說，$\alpha_3 = \pi - \alpha_1$，$\alpha_4 = \pi - \alpha_2$。將此二式代入方程式(2)並簡化，會得到什麼？

問題 2：從方程式(1)中減去問題 1 所得到的方程式，可得到一個二面角 δ_1 與 δ_3 相關的方程式。δ_2 和 δ_4 又如何？

講義 30-2

球面三角學和剛性平面摺紙 2

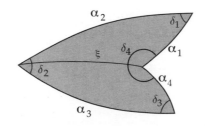

摺紙大師 Robert Lang 在研究這個主題時，利用球面三角學和上圖，得到下式：

$$\cos \delta_2 = \cos \delta_1 - \frac{\sin^2 \delta_1 \sin \alpha_1 \sin \alpha_2}{1 - \cos \xi}.$$

問題 3：這個方程式告訴我們，二面角 δ_1 和 δ_2 之間的關係是什麼？

問題 4：請注意，這些結果是因為我們假設紙張為**剛性**摺疊（否則球面多邊形的邊不會是直線）。請用問題 2 和 3 的答案，來證明下圖所示的方轉不能剛性摺疊。（摺痕粗線是山摺，其餘為谷摺。）

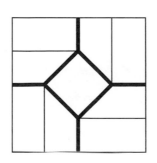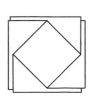

解答與教學法

　　這份教學材料最初是由 Robert Lang [Lang01]所開發，內容與工程師研發機器人手臂運動的數學模型是相同的，稱為**運動學（kinematics）**。Devin Balkcom關於製作一個機器人可進行簡單摺紙的博士論文[Bal04]，對於此方法有整理總結。

　　這兩份講義不要求學生記住球面餘弦定理。事實上，學生都不太可能看過這個定理。但由於講義有提供公式，因此可用來向學生介紹球面餘弦定理。一般來說，學生對於餘弦定律有球體版本通常不會感到太驚訝，教師還可介紹進一步資料，請參閱[Hen01]，但不要因此忘記此活動的主要內容並不在此。

　　想要將此活動繪製成圖，對學生來說並不容易，因此一定要仔細注意**平面角** α_i（摺痕線之間的角）與**二面角** δ_i（紙張摺疊時在剛性平面之間形成的角）兩者的不同。有些學生可能會需要多次解釋如何測量二面角（在紙平面上垂直於兩區域相交的線，所形成的角），以及為何二面角與球形四面體的內角相同（因為摺疊的頂點位於球體中心，每條摺痕線都是球體的半徑，所以與球體在其中一個角相切的平面，就會與這條摺痕線垂直）。

　　這個活動完全符合三維立體角幾何學，有許多相似的平面與二面角之間關係的問題。關於三維立體角幾何學的詳細介紹，以及與多面體和四邊形定理的關係，請參見[Cro99]。

問題 1

　　學生在這裡要記住的主要內容是，對於任意角 α，$0 \leq \alpha \leq \pi$，$\cos(\pi-\alpha)=\cos\alpha$（在此事實上我們利用的是「探索平頂點摺疊」活動中，平頂點摺疊中的所有摺痕線角，必須小於180°。）然後，我們把川崎定理結果代入方程式(2)中，得到

$$\cos\zeta = \cos\alpha_1\cos\alpha_2 + \sin\alpha_1\sin\alpha_2\cos\delta_3.$$

問題 2

　　減掉兩個方程式，我們得到：

$$\sin\alpha_1\sin\alpha_2(\cos\delta_1 - \cos\delta_3) = 0.$$

　　因為角 α_i 都不是零或 180°，代表 $\cos\delta_1 = \cos\delta_3$。現在，這些二面角的範圍是 $0 \leq \delta_1 \leq \pi$，$0 \leq \delta_3 \leq \pi$，因此 $\delta_1 = \delta_3$。

哇！這個意思是說，一個扁平摺疊的 4 度剛性頂點，當頂點摺疊與展開時，具有相同山谷摺奇偶性（parity）的相對摺線，會有相等的二面角。

對於 δ_2 和 δ_4 來說，類似結論是正確的，但由於 $\delta_4 \geq \pi$ 則不同。如果我們是用弧線 ξ 連接球面四邊形的 δ_1 和 δ_3 角，弧線就會在四邊形外面，因為 δ_4 為一個山摺，因此形成四邊形的凹角，見下圖。

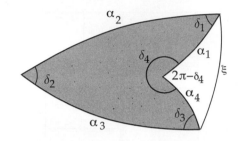

這樣一來，我們仍然得到兩個球面三角形，都可以用來代入球面餘弦定理：

$$\cos \xi = \cos \alpha_2 \cos \alpha_3 + \sin \alpha_2 \sin \alpha_3 \cos \delta_2,$$
$$\cos \xi = \cos \alpha_1 \cos \alpha_4 + \sin \alpha_1 \sin \alpha_4 \cos(2\pi - \delta_4).$$

利用川崎定理，兩式相減，得到：

$$\sin \alpha_1 \sin \alpha_2 (\cos \delta_2 - \cos(2\pi - \delta_4)) = 0. $$。

故得 $\delta_2 = 2\pi - \delta_4$。換句話說，具有相反山谷摺奇偶性的相對摺線，也會有相等的二面角，但 δ_4 為凸角，且必為此角的補角。

講義的第二頁，一開始給了一個與二面角 δ_1 和 δ_2 有關的複雜公式，也沒證明，有點不太公平。原因在於這個公式的推導非常令人倒胃口，內容包括前頁的方程式，球面正弦定理，還有一些可怕的三角學折磨。教師不應該要求學生自行證明這個公式（不過題目的困難程度卻可作為高分作業）。再者，此公式的建立並不能幫助我們回答接下來的問題。因此就剛性摺紙的研究目的而言，重點應放在這樣的公式可以告訴我們什麼，以及如何運用。

問題 3

此處的觀察是，$(\sin^2 \delta_1 \sin \alpha_1 \sin \alpha_2) / (1 - \cos \xi)$ 的值為正。這是因為 $\sin \delta_1$ 項為二次方，$0 < \alpha_1 < \pi$，$0 < \alpha_2 < \pi$，且 $\cos \xi \leq 1$，因此得到 $\cos \delta_2 < \cos \delta_1$。由於 $\cos$ 從 0 到 π 為遞減函數，這表示

$$\delta_2 > \delta_1.$$

換句話說，當一個 4 度扁平頂點進行剛性摺疊與展開時，相反奇偶性的兩個相對的二面角，會比相同奇偶性的兩個相對的二面角（奇偶性指的是山谷摺相同或相反）大。

問題 4

　　這裡舉一個應用的例子，要求學生用這些結論來證明經典的方轉為非剛性摺疊。完成「方轉摺疊」活動的學生會覺得特別有趣。如果學生還沒做過方轉活動，教師需要向學生示範說明如何用下面摺痕圖案，摺疊一個正方形扭轉。事實上摺這個方轉的確可藉此證明非剛性摺疊，因為在正中間的鑽石（也就是扭轉位置）扭轉的時候不會保持剛性。

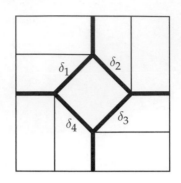

　　為了證明，我們先假設可以進行剛性摺疊，並將上圖中正方形鑽石的二面角標為 δ_1，…，δ_4。然後請注意上方的頂點，δ_1 屬於相同奇偶對（相同的摺），δ_2 屬於相反奇偶對（相反的摺），故 $\delta_2 > \delta_1$。然後是右邊的頂點，可見 δ_2 屬於相同奇偶對（相同的摺），δ_3 屬於相反奇偶對（相反的摺），故 $\delta_3 > \delta_2$。接著是底部的頂點和左邊的頂點，結果會得到一個連續不等式：

$$\delta_1 < \delta_2 < \delta_3 < \delta_4 < \delta_1,$$

這個不等式是不可能的。

進階

　　如果學生已經完成「方轉摺疊」活動，你應該讓他們繼續進行其他不同山谷摺，以發現哪些為剛性。但是請注意，如果二面角像上面一樣屬於相反，即知此摺痕圖案非為剛性。但是，即使二面角屬於相同，也無法證明摺疊為剛性，只能證明二面角不矛盾。加上高斯組合曲率模型，使得此摺痕圖案確為剛性摺疊的證據更加具有說服力。不過，證明是否完備，是否足以為剛性摺疊提供足夠的條件，則完全取決於學生（和教師）。

　　另外還要注意，講義第二頁，Lang等式兩邊同取反餘弦，會得到一個以 δ_1 和 α_i 求 δ_2 的等式。這樣就得到一個方法，可藉由一個摺疊角度為 δ 的 4 度平頂點摺疊，來找到所有的二面角。也就是說，我們可將 δ_1 當作是一個範圍介於 0 到 π 的參數，以決定紙張的其餘部分。事實上，即使我們的摺疊圖案比較大，上面的可摺疊頂點僅為 4 度（如三浦摺疊），則此一參數將會決定**所有**其他摺痕的二面角。

　　因此，我們可以根據一條摺痕來決定摺疊角。此活動結合活動 27 三維頂點摺疊的矩陣模型的矩陣變換，給予我們在電腦代數系統中所需要的一切，可以用來為摺疊和展開剛性摺紙的摺痕圖案而建模。

附錄：活動與數學課程的搭配選擇

此處列出數學課程可與哪些活動互相搭配最為適宜。但請注意一點，在一定程度上這種分類並不容易。有些活動可搭配多種課程。不過，本書中的所有活動也都可以視為數學建模中的幾何學活動或實驗。另外讀者亦可自由探索，自行尋找關連性。

高中教師事實上可完全忽略這份清單，因為這主要是依照大學課程的安排。對高中老師來說，最好是直接翻閱這些活動，尋找自己覺得適合的部分。當然，歸類於幾何學下的許多活動，都可作為高中幾何課程的好練習，不過由於大學與高中課程的差異，教師仍需有所選擇。

想要為數學讀書會或數學團體挑選活動的人，應讀完整本書，因為每一個活動都有機會吸引讀書會學生或團體成員的參與。

參考文獻

[Alp00] R. C. Alperin, A mathematical theory of origami constructions and numbers, *New York Journal of Mathematics*, Vol. 6, 2000, 119–133.

[AlpLan09] R. C. Alperin and R. J. Lang, One-, two-, and multi-fold origami axioms, in *Origami^4: Fourth International Meeting of Origami Science, Mathematics, and Education*, R. J. Lang, ed., A K Peters, Natick, MA, 2009, 371–393.

[Auc95] D. Auckly and J. Cleveland, Totally real origami and impossible paper folding, *The American Mathematical Monthly*, Vol. 102, No. 3, March 1995, 215–226.

[Bal04] D. Balkcom, *Robotic Origami Folding*, Ph.D. thesis, Carnegie-Mellon University Robotics Institute, 2004.

[Bar84] D. Barnette, *Map Coloring, Polyhedra, and the Four Color Problem*, Mathematical Association of America, Washington, D.C., 1984.

[bel02] s.-m. belcastro and T. Hull, Modeling the folding of paper into three dimensions using affine transformations, *Linear Algebra and its Applications*, Vol. 348, 2002, 273–282.

[Bell11] G. Bell, Five intersecting tetrahedra, *Cubism for Fun*, No. 85, 2011, 20–22.

[Belo36] M. P. Beloch, Sul metodo del ripiegamento della carta per la risoluzione dei problemi geometrici (in Italian), *Periodico di Mathematiche, Ser. IV*, Vol. 16, 1936, 104–108.

[Bern96] M. Bern and B. Hayes, The complexity of flat origami, in *Proceedings of the Seventh Annual ACM-SIAM Symposium on Discrete Algorithms*, SIAM, Philadelphia, 1996, 175–183.

[Bon76] J. A. Bondy and U. S. R. Murty, *Graph Theory with Applications*, North Holland, New York, 1976.

[Bri84] D. Brill, Asides: Justin's angle trisection, *British Origami*, No. 107, 1984, 14–15.

[Cox04] D. Cox, *Galois Theory*, John Wiley & Sons, Hoboken, NJ, 2004.

[Cox05] D. Cox, J. Little, and D. O'Shea, *Ideals, Varieties, and Algorithms: An Introduction to Computational Algebraic Geometry and Commutative Algebra*, 2nd ed., Springer, New York, 2005.

[Coxe71] H. S. M. Coxeter, Virus macromolecules and geodesic domes, in *A Spectrum of Mathematics: Essays Presented to H.G. Forder*, J. C. Butcher, editor, Auckland University Press, Auckland, 1971, 98–107.

[Cro99] P. R. Cromwell, *Polyhedra*, Cambridge University Press, Cambridge, UK, 1999.

[Dem99] E. Demaine, M. Demaine, and A. Lubiw, Folding and one straight cut suffice, in *Proceedings of the Tenth Annual ACM-SIAM Symposium on Discrete Algorithms*, SIAM, Philadelphia, 1999, 891–892.

[Dem02] E. Demaine and M. Demaine, Recent results in computational origami, in *Origami^3: Third International Meeting of Origami Science, Mathematics, and Education*, T. Hull, editor, A K Peters, Natick, MA, 2002, 3–16.

[Dem07] E. Demaine and J. O'Rourke, *Geometric Folding Algorithms: Linkages, Origami, Polyhedra*, Cambridge University Press, Cambridge, UK, 2007.

[DiF00] P. Di Francesco, Folding and coloring problems in mathematics and physics, *Bulletin of the American Mathematical Society*, Vol. 37, No. 3, 2000, 251–307.

[Eng89] P. Engel, *Folding the Universe: Origami from Angelfish to Zen*, Vintage Books, New York, 1989.

[Fra99] B. Franco, *Unfolding Mathematics with Unit Origami*, Key Curriculum Press, Emeryville, CA, 1999.

[Fuj82] S. Fujimoto and M. Nishiwaki, *Seizo suru origami asobi no shotai* (Creative Invitation to Playing with Origami, in Japanese), Asahi Culture Center, Tokyo, 1982.

[Fuk89] H. Fukagawa and D. Pedoe, *Japanese Temple Geometry Problems*, Charles Babbage Research Centre, Winnipeg, Canada, 1989.

[Gal01] J.A. Gallian, *Contemporary Abstract Algebra*, 5th ed., Houghton Mifflin Co., Boston, 2001.

[Ger08] R. Geretschläger, *Geometric Origami*, Arbelos, Shipley, UK, 2008.

[Gje09] E. Gjerde, *Origami Tessellations: Awe-Inspiring Geometric Designs*, A K Peters, Wellesley, MA, 2009.

[Gro93] G. M. Gross, *The Art of Origami*, BDD Illustrated Books, New York, 1993.

[Haga95] K. Haga, Origamics, Parts 1–4 (in Japanese), *ORU*, No. 9–12, Summer 1995–Spring 1996, 64–67, 68–72, 60–64, and 60–64, respectively.

[Haga99] K. Haga, *Origamics: Fold a Square Piece of Paper and Make Geometrical Figures, Part 1* (in Japanese), Nihon-hyouron-sha, Tokyo, 1999.

[Haga02] K. Haga, Fold paper and enjoy math: origamics, in *Origami^3: Third International Meeting of Origami Science, Math, and Education*, T. Hull, editor, A K Peters, Natick, MA, 2002, 307–328.

[Haga08] K. Haga, *Origamics: Mathematical Explorations Through Paper Folding*, World Scientific Publishing Co., River Edge, NJ, 2008.

[Hart01] G. W. Hart and H. Picciotto, *Zome Geometry: Hands-on Learning with Zome Models*, Key Curriculum Press, Emeryville, CA, 2001.

[Hat05] K. Hatori, How to divide the side of square paper, available at http://www.origami.gr.jp/People/CAGE_/divide/index-e.html.

[Hen01] D. Henderson, *Experiencing Geometry in Euclidean, Spherical, and Hyperbolic Spaces*, 2nd ed., Prentice Hall, Upper Saddle River, NJ, 2001.

[Hil97] P. Hilton, D. Holton, and J. Pedersen, *Mathematical Reflections: In a Room with Many Mirrors*, Springer, New York, 1997.

[Huf76] D.A. Huffman, Curvature and creases: a primer on paper, *IEEE Transactions on Computers*, Vol. C-25, No. 10, Oct. 1976, 1010–1019.

[Hull94] T. Hull, On the mathematics of flat origamis, *Congressus Numerantium*, Vol. 100, 1994, 215–224.

[Hull02-1] T. Hull, The combinatorics of flat folds: a survey, in *Origami³: Third International Meeting of Origami Science, Mathematics, and Education*, T. Hull, editor, A K Peters, Natick, MA, 2002, 29–38.

[Hull02-2] T. Hull, editor, *Origami³: Third International Meeting of Origami Science, Mathematics, and Education*, A K Peters, Natick, MA, 2002.

[Hull03] T. Hull, Counting mountain-valley assignments for flat folds, *Ars Combinatoria*, Vol. 67, 2003, 175–188.

[Hull05-1] T. Hull, Origametry part 6: basic origami operations, *Origami Tanteidan Magazine*, No. 90, March 2005, 14–15.

[Hull05-2] T. Hull, Exploring and 3-edge-coloring spherical buckyballs, unpublished manuscript, 2005.

[Hull11] T. Hull, Solving cubics with creases: the work of Beloch and Lill, *American Mathematical Monthly*, Vol. 118, No. 4, 2011, 307–315.

[HullCha11] T. Hull and E. Chang, The flat vertex fold sequences, in *Origami⁵: Fifth International Meeting of Origami Science, Mathematics, and Education*, A K Peters/CRC Press, Natick, MA, 2011, 599–607.

[Hus79] K. Hushimi and M. Hushimi, *Origami no kikagaku* (Geometry of Origami, in Japanese), Nihon-hyoron-sha, Tokyo, 1979.

[Hus80] K. Hushimi, Trisection of angle by H. Abe in Origami no kagaku (The Science of Origami, in Japanese), *Saiensu* (the Japanese edition of *Scientific American*), Oct. 1980 (appendix in separate volume), 8.

[Huz92] H. Huzita, Understanding geometry through origami axioms: is it the most adequate method for blind children?, in *Proceedings of the First International Conference on Origami in Education and Therapy*, J. Smith, editor, British Origami Society, London, 1992, 37–70.

[Huz89] H. Huzita and B. Scimemi, The algebra of paper-folding (origami), in *Procedings of the First International Meeting of Origami Science and Technology*, H. Huzita, editor, Ferrara, Italy, 1989, 205–222.

[Ike09] U. Ikegami, Fractal crease patterns, in *Origami^4: Fourth International Meeting of Origami Science, Mathematics, and Education*, R. J. Lang, ed., A K Peters, Natick, MA, 2009, 31–40.

[Jac89] P. Jackson, *The Complete Origami Course*, W. H. Smith, New York, 1989.

[Jus84] J. Justin, Coniques et pliages (in French), *PLOT, APMEP Poitiers*, No. 27, 1984, 11–14.

[Jus86] J. Justin, Mathematics of origami, part 9, *British Origami*, No. 118, 1986, 28–30.

[Jus97] J. Justin, Toward a mathematical theory of origami, in *Origami Science and Art: Proceedings of the Second International Meeting of Origami Science and Scientific Origami*, K. Miura, editor, Seian University of Art and Design, Otsu, 1997, 15–29.

[Kas83] K. Kasahara and J. Maekawa, *Viva! Origami*, Sanrio, Tokyo, 1983.

[Kas87] K. Kasahara and T. Takahama, *Origami for the Connoisseur*, Japan Publications, New York, 1987.

[Kaw88] T. Kawasaki and M. Yoshida, Crystallographic flat origamis, *Memoirs of the Faculty of Science, Kyushu University, Ser. A*, Vol. 42, No. 2, 1988, 153–157.

[Koe68] J. Koehler, Folding a strip of stamps, *Journal of Combinatorial Theory*, Vol. 5, 1968, 135–152.

[Lang95] R. J. Lang, *Origami Insects and Their Kin*, Dover, New York, 1995.

[Lang01] R. J. Lang, Tessellations and twists, unpublished manuscript, 2001.

[Lang03] R. J. Lang, Origami and geometric constructions, unpublished manuscript, 2003.

[Lang04-1] R. J. Lang, ReferenceFinder, available at http://www.langorigami. com/science/reffinder/reffinder.php4.

[Lang04-2] R. J. Lang, Angle quintisection, available at http://www.langorigami. com/science/quintisection/quintisection.php4.

[Lang09] R. J. Lang, editor, *Origami^4: Fourth International Meeting of Origami Science, Mathematics, and Education*, A K Peters, Natick, MA, 2009.

[Lang11] R. J. Lang, *Origami Design Secrets: Mathematical Methods for an Ancient Art*, 2nd ed., A K Peters/CRC Press, Boca Raton, 2011.

[Law89] J. Lawrence and J. E. Spingam, An intrinsic characterization of foldings of euclidean space, *Annales de l'institut Henri Poincaré (C) Analyse non linéaire*, Vol. 6, 1989 (supplement), 365–383.

[Lill1867] E. Lill, Résolution graphique des equations numériques d'un degré quelconque à une inconnue (in French), *Nouv. Annales Math., Ser. 2*, Vol. 6, 1867, 359–362.

[Lot1907] A. J. Lotka, Construction of conic sections by paper-folding, *School Science and Mathematics*, Vol. 7, No. 7, 1907, 595–597.

[Lun68] W. F. Lunnon, A map-folding problem, *Mathematics of Computation*, Vol. 22, No. 101, 1968, 193–199.

[Mae02] J. Maekawa, The definition of iso-area folding, in *Origami^3: Third International Meeting of Origami Science, Mathematics, and Education*, T. Hull, editor, A K Peters, Natick, MA, 2002, 53–59.

[Maor98] E. Maor, *Trigonometric Delights*, Princeton University Press, Princeton, NJ, 1998.

[Mar98] G. E. Martin, *Geometric Constructions*, Springer, New York, 1998.

[Mes86] P. Messer, Problem 1054, *Crux Mathematicorum*, Vol. 12, No. 10, 1986, 284–285.

[Miu89] K. Miura, A note on intrinsic geometry of origami, in *Proceedings of the First International Meeting of Origami Science and Technology*, H. Huzita, editor, Ferrara, Italy, 1989, 239–249.

[Mon79] J. Montroll, *Origami for the Enthusiast*, Dover, New York, 1979.

[Mon09] J. Montroll, *Origami Polyhedra Design*, A K Peters, Natick, MA 2009.

[Mor24] F. V. Morley, Discussions: a note on knots, *American Mathematical Monthly*, Vol. 31, No. 5, 1924, 237–239.

[Mos] J. Mosely, *The Menger Sponge* and *The Business Card Menger Sponge Project*, available at http://theiff.org/oexhibits/menger02.html.

[ORo11] J. O'Rourke, *How to Fold It: The Mathematics of Linkages, Origami, and Polyhedra*, Cambridge University Press, Cambridge, UK, 2011.

[Ow86] F. Ow, Modular origami (60° unit), *British Origami*, No. 121, 1986, 30–33.

[Pal11] C. Palmer and J. Rutzky, *Shadowfolds: Surprisingly Easy-to-Make Geometric Designs in Fabric*, Kodansha International, New York, 2011.

[Pet01] I. Peterson, *Fragments of Infinity*, John Wiley & Sons, New York, 2001.

[Riaz62] M. Riaz, Geometric solutions of algebraic equations, *American Mathematical Monthly*, Vol. 69, No. 7, 1962, 654–658.

[Rob77] S. A. Robertson, Isometric folding of Riemannian manifolds, *Proceedings of the Royal Society of Edinburgh*, Vol. 79, No. 3–4, 1977–78, 275–284.

[Robi00] N. Robinson, Top ten favorite models, *British Origami*, No. 200, Feb. 2000, 1, 34–42.

[Row66] T. S. Row, *Geometric Exercises in Paper Folding*, Dover, New York, 1966. (This is a reprint of older editions dating back to 1893.)

[Rupp24] C. A. Rupp, On a transformation by paper folding, *American Mathematical Monthly*, Vol. 31, No. 9, 1924, 432–435.

[Sch96] D. P. Scher, Folded paper, dynamic geometry, and proof: a three-tier approach to the conics, *Mathematics Teacher*, Vol. 89, No. 3, 1996, 188–193.

[Ser03] L. D. Servi, Nested square roots of 2, *American Mathematical Monthly*, Vol. 110, No. 4, 2003, 326–330.

[Smi03] S. Smith, Paper folding and conic sections, *Mathematics Teacher*, Vol. 96, No. 3, 2003, 202–207.

[Tan01] J. Tanton, A dozen questions about the powers of two, *Math Horizons*, Sept. 2001, 5–10.

[Tuc02] A. Tucker, *Applied Combinatorics*, 4th ed., John Wiley & Sons, New York, 2002.

[Wang11] P. Wang-Iverson, R. J. Lang, M. Yim, *Origami^5: Fifth International Meeting of Origami Science, Mathematics, and Education*, A K Peters/CRC Press, Natick, MA, 2011.

[Wei1] E. W. Weisstein, Cubohemioctahedron, *MathWorld—A Wolfram Web Resource*, available at http://mathworld.wolfram.com/Cubohemioctahedron.html.

[Wei2] E. W. Weisstein. Chiral, *MathWorld—A Wolfram Web Resource*, available at http://mathworld.wolfram.com/Chiral.html.

[Wen74] M. J. Wenninger, *Polyhedron Models*, Cambridge University Press, London, 1974.

英文索引

國家圖書館出版品預行編目（CIP）資料

數學摺紙計畫：30 個課程活動探索 / 湯瑪斯.赫爾
（Thomas　Hull）著；鹿憶之譯. -- 初版. -- 新
北市：世茂，2018.06
　　面；　公分. --（科學視界；217）
　　譯自：Project origami：activities for exploring
mathematics

　　ISBN 978-957-8799-21-9（平裝）

　1. 數學教育　2. 幾何
310.3　　　　　　　　　　　　　　107004676

科學視界 217

數學摺紙計畫：30 個課程活動探索

作　　者／湯瑪斯・赫爾
譯　　者／鹿憶之
審　　訂／游森棚
主　　編／陳文君
責任編輯／曾沛琳
出 版 者／世茂出版有限公司
地　　址／（231）新北市新店區民生路 19 號 5 樓
電　　話／（02）2218-3277
傳　　真／（02）2218-3239（訂書專線）
劃撥帳號／ 19911841
戶　　名／世茂出版有限公司　單次郵購總金額未滿 500 元（含），請加 60 元掛號費
世茂官網／ www.coolbooks.com.tw
排版製版／辰皓國際出版製作有限公司
印　　刷／祥新印刷股份有限公司
初版一刷／ 2018 年 6 月
　三刷／ 2021 年 8 月

ＩＳＢＮ／ 978-957-8799-21-9
定　　價／ 490 元